THE LANGUAGE OF EMOTIONS

WHAT YOUR FEELINGS ARE TRYING TO TELL YOU

[美]卡拉·麦克拉伦◎著　杨佳慧 袁念念◎译

情绪的力量

台海出版社

只 为 优 质 阅 读

好
读
———
Goodreads

2009年7月3日，星期五早晨，距交此书初稿仅剩三天，我的好友埃斯梅打来电话说我母亲昏迷了。我心下一惊，不过心里很清楚这意味着什么——五年来，母亲数度因肾衰竭晚期被送入安宁病房①。我告诉埃斯梅即刻到，随后拉上儿子伊莱，以防万一需要抬运母亲，或是其他什么……

在驱车赶往母亲公寓的途中，我镇定如常，脑中却一直在琢磨着该给谁打电话；思考着母亲之前服用的药物；想着哪些药品有可能相互作用，引发昏厥；告诉伊莱接下来可能发生些什么；调整自己，做好心理准备。二十分钟后，我们赶到了母亲的住处，母亲躺在床上，肤色苍白，一动不动，一瞬间，我难以自持地呜咽。尽管我的脑海中盘桓着各种可能的原因和对策，但我的身体仍能清醒地感知所发生的一切。我一时之间陷入彻骨的悲伤中。只因我当时正潜心创作你此刻捧在手里的这本书，所以没有与丧恸对抗，也没有妄图装出镇定的模样。我相信自己的身体和情绪展现出的一切是必要的，因此顺其自然。

---

① 安宁病房或宁养中心是指进行安宁缓和医疗（临终关怀）的病房或医院，一般是针对处于癌症末期或罹患绝症，治疗已不再见效的患者。——译者注

我们给医生、安宁病房和亲属打去电话，准备好食物，（笨手笨脚地）学着如何照料昏迷的母亲。接连数日，我不分昼夜地以泪洗面，不过我并不是每分每秒都在哭，因为这不是悲伤的表现；我的丧恸似有节奏般一阵阵地出现，悲伤袭来我便哭泣，悲伤退去我便止住泪水。我仍能正常生活，哭一阵，倒头睡觉；吃完饭后再哭一次，然后订药、向安宁病房报告母亲的情况，聊电话，再哭一阵；接着安排事情，又陷入悲伤；随后接待客人，回家洗澡，继续痛哭。

　　周六晚上（距离母亲昏迷不醒已经过去大约二十小时），我们全家人在母亲的公寓阳台上观看了独立日焰火，最后我留下陪伴母亲。我在母亲床边放了一些垫子，躺在那里，以便能听见她需要什么东西时的召唤，我尝试着入睡，却无法做到。我已经筋疲力尽了，唯一能做的事情便是流泪，为自身的绝望和母亲流逝的生命哭泣，为她心中挥之不去的层层隔阂而啜泣，为她从不在别人面前展露自己坦率且脆弱的一面而悲戚。突然，我发觉自己无法停止哭泣的原因是我正在体会母亲的悲伤，这种情感非我所有。我难以放松心情，无法抵御母亲生命流逝带给我的困扰，无法入眠——如此种种皆表明，这种悲伤并不属于我，我的悲伤不会让我如此心如刀绞。

　　于是我用一只胳膊肘强撑着起来，对母亲大声说道："妈妈，我做得够多了，我不会再去感受你不愿感受的悲伤。你知道我爱你，但你把一切都搞砸了！我不能为你弥补什么，并且我需要睡觉。"我的身体逐渐放松，我重新躺下，翻了个身，倒头睡去。因为母亲还在昏迷，需要悉心照料，我并没有睡太久，不过毕竟合了会儿眼。那种痛苦而陌生的悲伤一去不返，取而代之的是属于我自己的安慰性丧恸。在余下的漫长周末，我依然哭泣，仍旧丧恸，不过所用的方式无害健康。

7月6日星期一上午，母亲与世长辞。我与埃斯梅、嫂嫂詹妮尔及母亲的临终关怀护士卡门一起，为她梳洗、穿戴整齐。我给母亲化了妆，因为在她所处的时代，女人出门都必须化妆。当一切就绪，等着殡仪车到来时，我觉得……很圆满。渡过难关了，我再也不用以泪洗面了。这着实让我惊讶。对于母亲的去世，我多年来一直在做心理准备。我的脑海里总是浮现出自己悲恸欲绝、愤怒不已、疲惫不堪的样子。那样的我甚至希望接连数周或数月闭门不出、与世隔绝。但我错了。我的情绪挺身而出，把我照顾得非常周到。

大睡几天后，我重新拾起本书，仅延搁了两周时间便交稿了。我想人们都以为我会崩溃，但我没有——在母亲弥留之际我的确崩溃过。不过，我不必将余生都耗在这一件事上。这便是深埋于情绪世界里的惊天秘密：如果你信赖并呵护你的情绪，它们也会体贴你；否则，你会在悲伤中度日，撒手人寰时还会撇下一堆需要别人处理的烂摊子。

在我有生之年最难熬的那个周末，是情绪一直伴我左右、佑我周全。为此我感激不已，我爱它们；这些情绪令人惊叹、充满力量、治愈力强、幽默风趣，我很荣幸能够将情绪的语言化作人类的语言，希望你们能在这些文字中像我一样受益。欢迎来到情绪的世界。

读前声明：本作品涉及的内容仅发生于私人的神圣空间，不适合借以用作案例研究或历史综述。在本书中，我反而是通过讲述故事、类比和列举个人经历等方式，与你一同创造与之类似的神圣空间。

你才是了解你自己的专家——任何书籍、理论系统、意识形态或个人说辞都不能替代你本人的智慧。如果这本书中的理论与实践对你来说有意义，那么请带着我的祝福运用它们；如果你觉得其毫无意义，那么我仅送上祝福，你无须理会此书。如果你正持续不断地与焦虑、抑郁、惊慌、愤怒或其他一切让你感到不适的情绪做斗争，那么有必要找医生或心理治疗师进行检查。目前，凡是采用这种做法的人都可以得到帮助，而且是极大的帮助。因此，如果两性关系、遗传因素或是过往经历导致你的大脑或情绪领域失衡，那么无论如何，请去看看医生。无论你此刻是否在服药，这都会对你的情绪有一定帮助，你会想要提问或是尝试考虑某些事情。最重要的是，在开始寻求帮助前，先确保自身安全、舒适，确保自己可以得到精心照料。尊重你的个性和独特的情感组成，根据你的节奏调整进度（或维持原样），以应有的谨慎和对自身完整的深切追求去寻求帮助。

愿祝福与宁静同在！

卡拉·麦克拉伦

2009年12月18日

目录
CONTENTS

超越雕塑及交响乐，

非杰作和经典能及，

是创造自觉生活的伟大动人的艺术。

天才四方皆有，

但从没有人能昂首挺胸

活得有滋有味。

第一部分

重拾与生俱来的语言

第一章

导言：创造自觉生活

　　设立严格自我边界的同时，与他人建立某种亲密且健康的关系是一种怎样的体验？每时每刻全凭直觉行事又是一种怎样的体验？假如心中的指南针能准确无误地指引你回到最合适的道路，找到最真实的自我，结果又是怎样的？若你能够源源不断地获取恒定的能量、活力和信心，结果又会如何？

　　此时此刻，凡此种种能力其实都藏在你的身体中，植根于你的情绪里。在情绪的帮助下，你可以在任何人际交往中认清自己，与人相处得游刃有余。倘若你能学会以专注和崇敬之心感知每一种隐藏在自身情绪里的惊人信息，那么便可以与自己的智慧源泉紧密相连，听到内心深处的声音，治愈自身最难以抚平的创伤。如果你能学会把情绪看作洞悉最深层意识的工具，便可以作为一个完整而健全的个体踏上征程。这本该是个好消息，但我们所处的文化环境对情绪展现出了一种根深蒂固的抵触态度，使得这一观点难以被接受。

我们目前对情绪的认知几乎远远落后于对生命其他方面的认知。我们可以探索宇宙、分裂原子，却似乎无法理解或管控自己在面对挑衅时的自然情绪反应。在生活中，我们通过补充营养、加强锻炼来增加活力，却忽视了自身拥有的最丰富的能量来源——情绪。我们才智超群、身强体壮、思维开阔，唯有情绪"发育不良"。非常可惜，其实情绪中包含着一种不可或缺的生命力，可以指引人们认识自我，培养人际意识，进行深度治疗。不幸的是，我们对待情绪的方式与此背道而驰：情绪被分类、被赞扬、被诋毁、被压抑、被操纵、被羞辱、被倾慕、被忽视，但极少得到尊敬或被视作独特的治愈力量。

我是一名共情者，这意味着我能够读懂、理解情绪。其实你也是共情者，我们都是，只不过我发现了自身具备这种能力。早在牙牙学语之时，我便学会将情绪当作不同的实体去体味、去看待，每一种情绪都有自己的声音、个性、目的和用途。情绪于我就如同色彩和色调对于画家一样真实而独特。

共情的能力并非鲜见，它是一种正常的人类特质，见诸每个人身上：一种非语言沟通技巧。通过共情作用，我们可以听出话语中的弦外之音，解读人们下意识的小动作，体会他人的情绪状态。目前，人们认为共情能力依赖于一种特殊的脑细胞，即镜像神经元。20世纪90年代，相关学者在猕猴的大脑运动前区皮质中首次发现镜像神经元，随后发现人类大脑中也存在此种脑细胞。这一发现令人振奋异常，因为其有助于科学家们了解灵长类动物之间社交信息的传递方式。[1]

共情作用使我们善解人意、反应敏捷,与此同时,它也是一把双刃剑。共情者可以切中任意问题的要害(他们经常能觉察到其他人不愿承认的事实),但我们所处的文化环境不理解情绪为何物,更不用说如何应对情绪,因此强大的共情能力实难掌握。共情者可以切实地感知周围的一切情绪,但鲜少有人能意识到这些情绪背后蕴含的治愈能力。这实在遗憾,要知道帮助我们向前发展、深入理解本质,推动我们与自我、他人、愿景和目标相联系的,就是情绪的敏感性和灵活性,即共情能力。事实上,神经科学家安东尼奥·达马西奥(Antonio Damasio)的研究表明[参见其著作《笛卡尔的错误》(*Descartes' Error*)],一旦大脑情绪中心与理智处理中心失去联系(由于手术或脑损伤),患者便会丧失决策能力,甚至在某些情况下根本无法理解他人。语言技能和纯理性思维或许可以让人们变得机敏,但真正让我们才华横溢、运筹帷幄、恻隐他人的当属情绪和共情能力。

虽然共情能力是人类所具有的正常能力,然而大多数人在习得语言表达的同时,便学会了抑制该种能力的发展。长到四五岁时,大多数人就已懂得要在社交场合隐藏、压制或掩饰自己的情绪。我们很快意识到一个事实,即多数人在交往中有失真诚——他们谎述自己的感受、闪烁其词、漠视对方明显流露出的情感迹象。在大多人际交往中,学习说话这一过程无异于学着说假话甚至学会伪装。每种文化和亚文化群内都有关于情绪的不言而喻的规则,但这些规则无一不要求人们掩饰、美化或忽视某种特定情绪。结果是,原本对于身边人的情绪能够感同身受的大多数孩子，为了在这个社会中生存，最终弃用自己的共情能力。

三岁时，我经历了生命中的一次严重创伤，这次创伤对我影响颇深，使我没有选择像其他孩子一样封锁自己的共情能力。我当时遭受多次猥亵以及无数次心灵伤害，导致自己错过了成长道路上的一个转化阶段，即将语言作为主要交流手段。我尽可能地将自己与人类文化隔离开来，因此没有参与同龄人之间的情绪社交。而我们这些没有抑制共情能力发展的人，仍能对周围暗涌的情绪保持清醒（这通常是痛苦的）。

身为一名共情者，该身份一直引导和助推我对情绪的研究。情绪作为来自本真自我的真切实体和精确信使，使我在成长过程中一直找寻有关它们的信息，却发现情绪很少受到尊重。人类目前已获取的大多情绪信息常常告诉我们要停止自然的情绪流动，或将其简单分为几类（这些情绪是积极的，那些情绪是消极的），如此种种皆反映出早期社会化过程对人们理解情绪的影响，它告诉我们何种情绪是对，何种情绪为错，何种情绪可以接受，何种情绪不能接受。我苦苦求索，仍无法用一种富有启发或实用的方法来解释情绪。

青少年时期，我对情绪的探索引领我走向所谓的能量疗法。在其中，我发现了一些有助于管理共情能力的有效手段，但仍无法明确解释情绪的运作方式。在许多唯心主义的信仰体系中，身体与疾病、世界与动乱、思维和观点、情绪和情绪的明确需求互相对立，后者被看作前者需要克服的绊脚石，或者要跨越的干扰项。此类信仰排斥我们的能力和各方面固有的丰富性，且大多数教义是支离破碎的。从那些学说中我得到了所能得到的帮助，但可以用在情绪方面的少之又少。

举例来说，有利于健康的愤怒形同守卫心灵的可敬哨兵、边防战士，但是大多数愤怒包含的信息是一种不健康的勃然大怒的表达状态，或是一种怨恨、冷漠和抑郁的压抑状态。悲伤能够有效提神，恢复身体活力，但很少有人欢迎悲伤。大多数人几乎都无法忍受悲伤的存在。此外，抑郁并不是一种单纯的情绪，而是由一系列异常敏感的因素导致，在人们的精神领域亮起一盏至关重要的红灯。健康且目标适当的恐惧是一种直觉，如果没有它，我们将一直处于危险之中，但这与我们接受的恐惧概念明显相悖。

我内心非常清楚，一旦人们将幸福和喜悦鼓吹为被偏爱的情绪，即我们每个人唯一应感受的情绪体验，其可能变得颇具危险性。我亲眼看过许多人为了仅拥有快乐，拒绝愤怒带来的保护、恐惧产生的直觉、悲伤进行的修复以及抑郁衍生的创造力，最后生活走向崩溃。简言之，回顾过去的人生，我发现我们学到的情绪知识不仅有误，而且常常大错特错。

由于我错过了一段重要的早期经历，即在语前时期具有的共情能力没有被掩饰情绪的语言表达能力所取代，这使得我承担不起倾听那些危险想法的后果。我无时无刻不被翻涌的情绪包围着，也因此，我知道我们对情绪的惯常认知太过荒谬。我用愤怒的表现拒绝大家都接受的情绪文化惯常认知，因为我知道自己在此类情绪下无法生存或成长。我很清楚我必须找到属于自己的突破口。我也明白研究像情绪这样包罗万象的主题，不能单纯着眼于智力、历史或心理层面，而是必须从心灵、思想、身体和灵魂多个层面进行全面而深入的研究。作为一名身处非共情文化下的共情者，我意识到如果我想在这一社会生存下去，必须善于运用自己的天赋，这并非意味着在数学、物理等通常能与天才扯上关系的领域智慧超群，而是在情绪方面天赋异禀。

这本书是我深入体悟情绪及其功能的毕生研究结果。当中提及的信息和技能体系并非来自任何特定的文化或教育，而是直接来自情绪世界本身。当然，我已经研究了我能获得的一切材料，但我也做了一些不同寻常的事情：不是强迫自己用语言将情绪倾吐出来，而是仔细聆听情绪的声音，并将其投入共情对话。

这种形式的对话倒不困难，只不过不常见。共情能力让我们看见了被知识和意义充盈的有机世界。它们能够帮助我们听懂话外之音，欣赏地理风物和自然风光，并与周遭世界建立情感联系。听一曲器乐演奏，听它娓娓道来一段故事——这是一种共情对话。大家都知道该怎么做。我只不过是借助一些不同寻常之物来进行，比如情绪本身。

与情绪对话并非将其视作路标，给其命名；也并非将其视作病症，时时监管。这种对话会让人深入所有情绪之中，以便体味它们深层的、原初的面貌；对话能帮助消除情绪的感知障碍，同时以全新且富有意义的方式看待情绪。简言之，如果能将情绪当作一种专门的机敏信使，并与情绪进行共情交流，那么你将会掌握自己所需的全部能量和信息，进而创造有意义的、有意识的生活。

虽然我们一直以来接受的教育和训练都在帮助我们分类情绪，克制情绪，忽视共情能力，但情绪其实从未离开我们，它就在触手可及的地方。我发现，只要用心体味，人人都能获得共情能力，并读懂每种情绪中蕴含的精彩信息。

本书阅读指南

此书以共情的逻辑逐层铺陈，意味着我们开启了一次充满麻烦和困难的冒险——内心总是相信，情绪会帮助我们找到解决麻烦的方法。当以共情的态度看待事物时，我们就可以深入表象之下，挖掘隐藏在纯理性背后的事物，透过表层看到事物的发展状态。当我们学习倾听自身的情绪时，这种共情的方法至关重要，原因在于我们自身早已被社会化，我们耳濡目染学会以取悦他人的方法运用情绪。然而，我们不曾学会用共情的方法那么做。

第一部分，通过把情绪当作一种问题来处理，我们一步一步地陷入自己制造的麻烦。前几章中，我们像处理健康情绪一般，先罗列问题，深入问题根源，找出问题症结，随后带着更丰富的知识和技能返回现实世界，更深入地处理问题。

第二部分，每种情绪独占一章，内容包括原理及实践；不过你会发现，该部分的内容不断涉及第一部分中的信息，具体内容包括合理判断、五种元素、七种智能、分心症和成瘾症，以及创伤如何影响我们的情绪解读能力。情绪的语言和智慧扎根于内心深处，但只有在进行一些共情训练后，才能摆脱社会化的情绪束缚。

第二章

我的共情之旅：共情的艰难开端

野蛮女孩

树上风声呢喃，

我惊闻你的母亲吐露后悔生子。

篱下猫声入耳，

我眼见父亲与陌生情人缠绵。

草坪上云彩低语，

我听见邻居说生活无望。

少顷，骑单车疾驰，

耳边回响教堂里弥漫的谎言。

你以为我未曾察觉。

奈何旁观者清，

而当局者迷。

20世纪60年代，我在一群天才和艺术家中间长大。我的父亲是一位作家兼业余发明家，我的母亲和姐姐金伯莉是了不起的视觉艺术家，我的两位兄长——迈克尔和马修是音乐作曲家和琐事专家，马修还是数学和语言天才，姐姐詹妮弗是天才驯兽师。在当时，社会群体仅把天才看作拥有某种智力素质的群体，但在家的绿洲中，无论智力的、语言的、音乐的、数学的还是艺术的天才，都可以受到同等的重视。我们兄弟姐妹在艺术和文字游戏、数学和绘画、智力测验和逻辑，以及电影、音乐和喜剧的熏陶下长大。我们家的大多数成员都是智力天才（经过"斯坦福—比奈智商测验"的测试），但由于受到母亲的影响，我们各自朝不同的方向发展，成为艺术天才、音乐天才、天才驯兽师、烹饪高手——随你怎么称呼。我们主导着天才的概念，能随时随地按自己的心意展示。

我们时常嘲笑父亲的打鼾天赋，母亲的健忘能力，还有詹妮弗的编笑话天赋——我们看似寻常的东西，她总能使之出其不意。哥哥们创造了一个带些傻气的短语——"情绪天才"，这个词总是让我们哄然大笑。没有人能将一个情绪化的人——一个庸俗伤感的、爱哭的、暴躁的、胆小的人——想象成一名天才。情绪和天才这两个词似乎水火不容，彼此以一种最为可笑的方式互相攻击，这也是我一生中不断地提到它们的原因所在。我想知道，人的情绪生活是否可能会像智力或艺术生活一样精彩、丰富？人们能否学会超越压抑情绪或表达情绪的两极模式，将情绪本身的功能理解为一种生命的拓展？类似的问题总是令我着迷。

可是三岁那年，一切都变了。我和妹妹以及社区里的许多女孩一样，一再受到对街那户男主人的猥亵。那些经历让我一头扎进了家人从未考虑过的天才领域，当然我相信他们也永远不曾希望自己蹒跚学步的女儿有此经历。不仅如此，那些经历也使我陷入激烈的情绪和失控的共情乱境。

（**给敏感人士的提示**：共情能力让我深刻意识到文字和图像对人的影响。虽然接下来我会讲述曾经的黑暗时刻，也将描述各种强烈的情绪，但不会详谈自己或他人曾经历的创伤。我会非常小心地照顾到你的敏感神经，因为我没有理由，也没有借口，用骇人听闻的故事伤害你。我会以一种温和而不具体的方式讲述我的故事，既保护我的隐私，也尊重你的尊严。）

当大多数孩子开始逐渐丧失自己的共情能力，转向更易接受（且更安全）的语言王国时，我却完全陷入了人类的罪恶之中。我并没有像一般孩子那样远离非语言王国，在遭受侵犯后，我反而更加深入地学习这些技能。我的成长轨迹以一种惊人的方式发生改变；语言（以及许多其他东西）反倒成了一件麻烦事。我开始口吃，简单的单词也会忘记，慢慢地我开始出现轻微的诵读障碍，变得异常多动。当无法用语言表达或无法理解他人时，我开始依赖自己的共情能力，但这种依赖对我的外在和内心都产生了剧烈影响。

无论他人是否希望被我感知到情绪，我都能通过自己的共情能力对他们感同身受。我能感受到家人们的争吵或谎言，即便别的成员未曾发现。我能感受到其他一些孩子不喜欢我，也知道其中的原因。老师们看不懂题目，校长讨厌学生，这些我都能感受到。当那个猥亵我的人四处游荡时，我同样能察觉到：我可以逃出他的魔爪，或者选择冲进他的屋子避免更小的女孩遭受侵犯。我收集了太多信息，但我并不清楚如何用条理分明或易于接受的方式将其公之于众。大多数人不愿听成年密友讲述真相，而愿意听一个孩子讲述真相的人则更是几乎没有。我以一种非常艰难的方式了解到这一点。我能感觉到人们面具下的真实情绪，并对我目睹的任何真相都做出反应。我常常不假思索地说出真话（但常常不受欢迎），指出社交玩笑背后的实际情况，找出看似常态下的荒谬——简言之，我搅乱了周围的一切和每个人的心。

两年来，我的家人虽没有发现我遭受侵犯，但在某种程度上他们的确保护了我。他们把我不寻常的能力和缺陷视为天性。尽管需要尽快做检查、进行药物治疗，但我的家人一直保护我免受更深的药物和心理伤害。（今天，受虐待、智力障碍及多动症儿童可以得到多方帮助，但在20世纪60年代，心理治疗领域尚是一片荒芜。）在家人的支持下，在满是"异类"的家庭环境中，我成长为一个打破传统、与众不同的孩子。我的家是艺术和天才的王国，我整日沐浴在音乐、文化、戏剧和家庭成员的爱中。我可以将自己的情绪注入艺术或音乐中，让想象力驰骋，在一定程度上谈论所见所想。

我确实尝试过融入社区里的那帮孩子，但我实在不擅与人交际。我太过实诚，也太过古怪，总在诉说没有人愿意讨论的事情（比如，为什么家长装作互相喜欢，为什么学生撒谎骗老师说完成了作业，抑或是为什么被人冒犯后不愿承认自己是被打的输家），我常常无法控制自己，火暴脾气一触即发。我童年的大部分时光是与动物一同度过的，因为它们更容易相处。我不需要隐藏自己的共情能力——我不必装作没看见或不理解那群毛茸茸的朋友。家养动物喜欢被注视、被理解，喜欢与人建立亲密的关系。最重要的是，动物不会对自己的感情撒谎，因此我也不需要。我不必控制我的动物朋友，因为它们对自己的行为有所控制。对我而言，这是一种极大的解脱。我找到了同类，至于它们是猫是狗，这都不是问题。我甚至还找到了自己的守护天使。

在遭受骚扰的混乱岁月里，我说话结结巴巴，终日焦躁不安，母亲每天早上都会让我去前院玩耍、散心，但她不知道从我们的院子可以直接看见那个骚扰者的家。被打发去前院时，我总是感到恐惧、恶心，于是每次去前院，我便给草坪浇水；我总是紧紧抓住水管，伸出舌头，瞪大双眼，浑身发抖，喷涌而出的水几乎淹没了草坪。每当这时，我的家人和其他孩子便哄堂大笑（客观地说，我的行为的确看起来很搞笑），这让我更加孤立无援。数日后，一只名叫汤米·泰格的橘色长毛虎斑猫从我家的树篱中探出了鼻子。草坪长舒了一口气，终于不用再忍受我的浇水行为，我和汤米的友谊也正式展开。

汤米绝对称得上特立独行，聪明自信，却甘愿装傻。它凶猛好斗，保护意识极强，但对我有使不完的耐心和温柔。之后，我也结识了许多优秀的猫咪，但没有一只能与汤米相提并论。它是我的守护者、我的老师、我最亲密的朋友。只要有它在，一切万无一失；它赶走坏狗，减轻那些回忆带给我的痛苦。每天早上，我和汤米蜷缩在草地上，向它顺滑的橘毛低声诉说我的秘密——全部的秘密。因为我俩待在一起的时间太久了，我开始以它的视角看待世界。我能感受到它慵懒地躺在洒满阳光的柔软草地上的惬意；我知道抚摩哪里它最舒服，可以舒服到打呼噜；它曾因捍卫领地与隔壁无礼的大笨狗抗争，后来腹部留下了一道伤疤，我知道它时时怒吼是因为疼痛。在我的记忆中，我们无时无刻不在说悄悄话；但很快，只要我能全身心地静静躺在它身边，我便十分满足。与汤米的这种交流方式极大地改善了我的口语表达能力。

与汤米在一起时，我心境平和，内心充满安全感，可以尽情思考人类和他们的怪行。我每每想到人类的可怕，脑中便浮现出一幅情绪的图片，提醒我不要轻信任何人。我想起父母和兄弟姐妹们无休止的忙碌——没人有时间陪我——然后我脑海里便闪过他们疲惫、绝望和焦虑的画面。和汤米躺在一起，我开始学习如何再次与人类共情。在汤米的帮助下，我熬过了那段时间。那些年是撕心裂肺的痛苦，时常充满恐惧，但我已经把它们看作一种深深的福祉。我的创伤使我脱离了正常世界，让我有机会以独特的视角看待人类及其相处之道。

启蒙

作家兼神话学家迈克尔·米德（Michael Meade）曾在演讲中说道，性骚扰是一种"启蒙"——在错误的时间，以错误的方式，由错误的人，怀抱错误的意图——但无论如何，它是一种"启蒙"；既是一次与常规世界的脱离，又是一种伤害，永远改变了受害者的原始心态。童年转瞬之间倾塌，短短一个下午我好似老了一千岁。三岁时，我就了解了残忍和脆弱，学会了爱和恐惧，懂得了愤怒和宽恕，感知到丑恶的人类自己创造却从未感受过的各种情绪。我看到了人性中最丑陋的部分，但在这些时刻我有汤米和其他动物伙伴，有艺术和音乐，有我的家人以及共情能力可以依赖。我对人类罪恶核心的探索，并没有像许多类似的故事（毒瘾、精神失常、疾病、监禁、自杀）一样告终。不，这段启蒙经历让我跌进了人类灵魂最脆弱的深处，让我学会理解绝望的痛苦的地方。我并没有因共情能力变得歇斯底里，它反到指引我更好地度过童年时光。

虽然我如今懂得如何运用共情能力，但我要强调一下，这种技能最初于我并不是什么天赐。如果我可以选择的话，我希望自己不要那么敏感，不要那么善于感受他人的情绪。然而，我别无选择，因为一次次的侵犯摧毁了我所有的边界和安全感。我失去了自我意识，失去了多数人灵魂外包裹着的"皮囊"。我失去了许多正常的技能，只得向骚乱、喧嚣的世界毫无保留地敞开心扉；这种状态极为危险，因此我迫切需要愤怒的保护。整个童年时期，我常常发脾气。发脾气并不仅仅是坏事发生的一种信号，它同时也是一种权宜之计，为暴露在危险之中的自我确立边界。

简言之，我的共情天赋在过去仅是一种机敏的生存反应。现在我明白了，我的共情能力是一种面对创伤时的保护反应；不过在学会运用该项技能之前，它们根本无法展现出保护作用。我忍受着与他人全方位、全身心的接触，渐渐地能够看到并感受到他们的情绪，好像自己真实地感受过一般。或来自自身，或来自他人的情绪常常让我遭受打击。你们可能也经历过类似的事情。

诚然，你的情绪紧紧包裹着你，或令你吃惊，或让你困扰，或帮你强大，或像一吨重的石头一样将你击倒。如果你对非语言的信号和肢体语言十分敏感，那么他人的情绪，甚至是隐藏的情绪，可能也会以同样的方式影响你。我们都知道，与愤怒的家长、沮丧的朋友、兴奋的孩子或受惊的动物相处是什么样的感觉——他人的感受是可以传递的。当然，别人的情绪带来的影响很大程度上取决于我们对他人痛苦或快乐的体悟能力，因为我们也曾亲身体验这些情绪。这是合乎逻辑的完美解释，即便他们并未展露任何面部表情或社交信号，大多数人也可以觉察出别人的情绪状态。我们观察到或体味到的情绪，如同是我们自己的。

这对我毫无帮助。我身上体现的这种情绪失衡被称为机能亢进、脑损伤或其他什么，没有一种可被治愈或被解释。没有人想过要问，为什么我的体内每时每刻拥有这么多种情绪。一位神经科医生发现，我无法进行社交或感官过滤，但他也无法给出什么有益的建议，只能建议我在黑暗的房间里独处。当然，有人劝我服用哌甲酯（利他林），但被母亲坚决拒绝。她觉得如果我有那么多的精力，或是如果我必须需要那么多的精力，那也绝非依赖药物，我应该学会自己处理、安排精力。从长远角度看，她或许是对的，但过度兴奋让我的学校生活（以及绝大部分童年时光）

变成了一场清醒的噩梦。我能看见许多，听见许多——大部分时间都处于兴奋状态。我试图剖析所有的情绪内容，但我几乎完全远离人群，因为我不知道如何向他人解释我的感知。我不知道如何告诉人们，他们阴郁、可恨的情绪正影响着我。不管在那时还是现在，情绪从来都不被当作真实的存在。

但情绪真真切切地存在着。情绪蕴含着独特而多样的信息，与绝对的事实截然不同——我对此深信不疑。对我来说，这些情绪截然不同且十分明显——然而没有人支持我，我也无法在别处获取相关信息，在我的感知中，我是绝对孤独的（和人类在一起，无论如何都是）。我很早就意识到，我与情绪的关系在现实世界里不可能得到解决。因此，解决措施只能来自完全不同的地方。

超乎寻常的防御机制

在经受骚扰的那些年里，我学会了如何"解离"，即意识离开身体，逃离正发生在我身上的侵犯。我学会了转移想象力和注意力，远离那个房间里发生过的事情。许多事故或创伤受害者都表示在经历痛苦折磨时，自己也有类似的解离感，感觉身体轻如浮物，或四肢百骸一阵酥麻，抑或是以其他方式得到解脱。因受到强烈刺激而发生的解离现象，是一种正常的保护性神经反应。不过，当强烈的刺激反复出现时，解离就成了一种确保生存的重复性行为。解离往往是孩子唯一的防御手段，也因此成为一条可靠的和安慰性的逃避路径。许多反复受到创伤的孩子能够随时进入解离状态。

在许多情况下，反复遭受创伤的幸存者不仅学会将解离作为一种生存技能，而且也将其当作一种生活技能，一种在各种情景下强效的减压工具。对我来说，解离状态不单单是一种紧急逃生手段，更是一种缓和、调节共情能力的重要方式。我学会依靠该种状态轻而易举地摆脱周围人展现出的消极情绪。当我无法在社会关系中发挥自己的作用时，我便从身体和生活中解离，创造出一处隐秘之地。事实上，对于童年时的创伤我已记忆无多，甚至对高中后的事情，也只有一些粗略的记忆残片。我的意识当时真的不在那里。

　　我不想人们将解离认作一种可怕的特异技能。它完全不是。事实上，我们每天都会在清醒意识领域进进出出；白日梦就是一种常见的解离体验；一些重复的机械作业，例如驾驶，也会使人进入解离状态。你可曾有过这样的经历：回到家或到达上班地点后，丝毫不记得自己途中有无转弯或是换道；身体熟练地驾车、换挡，但自己的注意力却根本不在此？解离实属平常，只是一种由本能占据身体主导的状态，思绪只是突然开小差了，不是什么大问题。然而，对于许多曾受创伤的人来说，开小差成了一件常事。这些人在日常世界中与生活的联系几乎为零。他们置身事外，活在未来、过去和幻想中，很难重回当下。他们或许聪明能干，或许经营公司（并非毫无用武之处），但自我的主要部分仍是生人勿近，不受这个世界的影响。

　　当思绪抽身离开时，我可以暂别这个苦不聊生的世界。我变得百毒不侵、遁形于人，因为我已经去向别处。在那些幸福的时光里，我一身轻松、满心宁静，遇见了存在于精神世界的指引，那个世界意义深刻，与我们所处的现实世界比邻而立。许多受创幸存者在神思游离时只能感觉到一片虚无，但我明确地感觉到自己进入了一处真实而独立的空间。也许，共情能力能够帮助我看破世俗生活的表象，在不断交替的游离状态中织就新的真实。借助共情能力和解离能力，我学会游走于两个世界：现实肉体存在的世界——包括我的家人、学校、三餐等一切；肉身之外的世界，它飘浮不定、充满能量、令人浮想联翩。不过，我仍然和如同绿洲般的家保持一定联系，但无休止的侵犯——以及孤立无援的事实——让我意识到人类这种生物简直是在挥霍氧气。大部分时间里，我都处于解离状态，淡出原本的生活，也将这个尘嚣四起的世界远远抛在了身后。我变成了冷眼看世界的旁观者。我不是他们中的一员。

动物女孩

虽然社区里的孩子大多不理解我，但他们找到了一种能让我融入集体的方法。他们叫我"动物女孩"——敢走近并抚摸恶狗的女孩。在我七岁那年，我学会利用自己的共情能力安抚受伤的动物，因而一度被邻居们当作分诊兽医。孩子们带着迷路的小鸟、被咬伤的小猫或生病的小狗来找我，我会尽力找出症结所在。每当抚摸受伤的动物时，我都能感觉到它们情绪的低落和疏离，就像是它们在对我私语自己的感觉，但仅此而已。我感觉它们真正的自我并不在眼前这具受伤的身体上。我心里一清二楚！

在这些动物的帮助下，我逐渐了解游离状态对它们和我来说意味着什么。在那种被人需要的氛围中，我能够重新进行社交，并将心思放在当下的情境中，为动物创建出一个平静安宁的氛围。强烈的、极度活跃的能量对我而言唾手可得，我转而将这股能量化为温暖和宁静。热量自我的双手或身体散发出来，包裹着动物受伤的身体。我要为动物割裂的自我筑起一处家园，它安静、温暖、热情洋溢，盼其归来。

起初，许多受伤的动物只是缓缓地深吸一口气便死去。我以为是我杀害了它们，但母亲说它们本就濒临死亡，只是在我的抚摩下安详离去。我学会更加淡然平和地看待一切，存活或死去顺其自然。我明白了营造氛围是我唯一力所能及之事。如果动物苏醒，它们常常惊恐地进入意识状态，身体摇晃、颤抖，猛然间活过来。这一过程用不了多久，但从受伤状态恢复到活蹦乱跳总是让人心惊、令人激动。我逐渐学会了保持冷静和耐心，等到动物再次醒来时，再处理它们身体上的伤口。当动物苏醒后，我就可以为它们包扎伤口或准备病床，让它们慢慢疗养。在那个年纪，我目睹了该过程，心中有所体悟。然而，我仍无法将这类经历与我自身的游离状态及心理创伤融会贯通。那都是后来才学会的。

形而上学之旅

我十岁那年，母亲患上了严重的关节炎，后来恶化到要靠轮椅行动。当时的传统疗法见效甚微，所以母亲转而寻求其他治疗方法。她的方法是练瑜伽，同时转变思想、调整饮食与心态、注重保健——后来一切渐入佳境。随后，我们全家同她一道学习，包括非常规类型的保健、冥想以及各种各样的治疗方法。母亲的身体状况日渐好转，后来担任了多年瑜伽老师。我常去母亲的瑜伽课，发现很多学生和我一样，练瑜伽时无法全身心投入。瑜伽中有一些元素似乎在鼓励人们解离（或是帮助人们更简单地解离），我喜欢找一个无人的地方，进入解离状态，在精神世界畅游！当其他人在两种状态间苦苦挣扎时，我的解离能力帮助我轻而易举地自由切换状态。我花费了若干年进行精神性领域的学习，享受意识离开身体的状态，每当此时便觉得自我完整、不再受伤。第一次，这种解离能力给予我一种优越感，感觉自己成为人类群体"之中"的一员。为此，我欣喜不已。

当时，我觉得一群人同时进入解离状态极其怪诞——我虽然很高兴，但总感觉奇怪。受创幸存者，他们与这个世界格格不入，却又是社会居民的重要组成部分。我在随后的几十年里，了解到各种派系的灵性论和玄学对这一群体产生的巨大影响。解离这一方式对受创幸存者颇具吸引力（他们的现实经历较为悲惨）。此外，受创幸存者的许多典型心理标志——他们对待责任的专横态度（态度中包含着许多奇奇怪怪的想法）、对暗流情绪的极端敏感以及他们的解离能力——得到了某些灵性团体的支持和鼓励。在多数情况下，这些幸存者只有在此类团体中才能找到一种集体感、归属感，进而治愈创伤。

问题在于，某些此类团体未曾意识到，他们存在的意义是紧急救助频繁解离的受创幸存者（多为共情者）。对于那些无力承受的人而言，这种意识和敏感性的缺乏造成了大量不必要的混乱和重复伤害。当我不断通过种种精神练习发展自己的解离时，我发现一些按照此种方法练习的受创幸存者在进入解离状态时常常不甚稳定，这种情况十分严重，他们看上去仿佛精神崩溃。造成这种局面的原因是处于解离状态时，人们的注意力远远超离了现实生活，他们往往难以重回当下。

十六岁时，我学会了如何帮助人们重回当下，并将其作为此后治疗练习的重点。我对其中的步骤熟稔于心，这和我之前医治受伤的小猫、小狗和小鸟相差无几。我同样要营造出安全、温暖、安静的氛围，即可供回归的安全之地。我还要守候着这些受创者，直至他们的意识回到肉体。这种短暂的意识出离似乎总是令灵性团体感到意外，但实际上这种情况十分常见。解离是精神领域的紧急求生方法，当你将其传授于人时，便会触发自己精神的紧急状态。作为一种强大的工具，解离必然具有强大的效力。

随着对人类解离的理解步步深入，我逐渐意识到专注的意识和坚定的现实感是个体完整性得以保持的先决条件。个体需要充当自身安全的圣所，不断拓展个人能力。我学会了确立边界的步骤，同时也掌握了帮助他人恢复完整自我的方法。很快，我便将其传授于人。最终，我能够自如地借用在治疗动物的过程中学到的知识。我回想起情绪并不是糟糕、可怕之物，它只是心灵试图进行自愈时发出的信号。我逐渐领悟到，情绪实则是难言真相的外现，意义重大。但由于我对情绪的看法一度偏颇，该过程着实费时不短。

童年的创伤以及早年的练习使我懂得，所有情绪都是人类深层问题的展现，如内心世界失衡、思维模式错误、不充分的解离以及精神发展畸形，等等。我知道许多人在情绪的折磨下心灵扭曲，变成了悲哀的魔鬼。由此可见，将情绪视作失衡信号合情合理。我开始倾向于相信，情绪是一切罪恶的根源。

为了精神的进一步升华，我努力克制自己，避免情绪化及失去判断力，仅留愉悦在心中。可事实证明，我并不长于此道。我的情绪状态变得极端失衡，频繁陷入解离期。好在治疗经历让我发现，其他玄学训练学员（甚至那些童年美好的学员）在摆脱情绪时的处境也十分糟糕，每个人都在情绪的战场上败下阵来。我渐渐体会到情绪的存在是必然的，于是便试着与之共存。表面上我装出一副精神抖擞、心情愉悦的样子，但私下里我会在必要时将情绪（尤其是愤怒）通通发泄出来——这是我唯一能想到的办法。从来没有前辈或导师告诉过我其他方法。

在对抗强大情绪期间，我从未停止学习治疗方法。在治疗他人的过程中，我接触到许多受创幸存者。我帮助他们重建私人空间的外部边界，并通过"接地"这一疗法使其回归现实世界。然而在运用过程中，幸存者们的反应令我心惊。他们一旦回归当下，往往会被愤怒、焦虑或抑郁包裹。我就此作罢——很显然，我是在伤害别人，不是吗？

然而，事实并非如此。一系列事件及景象让我懂得了这种强烈情绪的意义所在：它们可以为心灵提供保护、进行深层净化、增强防御，并提高人们着眼于自身的能力。我很快便发现愤怒与重建个人边界之间的特殊关系（愤怒中孕育着确立边界的特有能力），以及恐惧对保持心理健康的绝对必要性（流动状态下的恐惧便是直觉）。同时，我也从解离者身上觉察出强烈情绪与恢复完整自我之间的联系。虽然脑海里充斥着敌对情绪的观念，但我还是重现出当初那个动物女孩的认知。我开始感觉到一股强烈的情绪流在涌动、在战栗、在挣扎，像受伤的动物苏醒时的反应。我开始小心翼翼地将愤怒、抑郁、丧恸和兴奋纳入我的治疗范围，我惊叹地看着人们找回完整的自我。这些情绪给予我的教诲多过任何人或事。

我了解到情绪时刻在帮助我们进行自我保护和自我治愈，包括受创之前、期间，尤其是之后——它们在整个精神领域创造了至关重要的联系纽带。除了回归当下，它们还帮助人们更深入、更清晰地思考，真正做到泰然自若、有自知之明。我明白，情绪旨在为我们的生命保驾护航。它们无时不变，且极端反复无常。情绪是流动的，承载着大量信息。只要我们恰当地接近它们，诚恳地解读它们，并礼貌地对待它们，便会发现其深刻的洞察力及强大的治愈力。

当我懂得将情绪的信息与我在研究中所学到的有用技能结合起来时，我便逐渐能够进行自我治疗（并将方法传授于人）。在过去的二十多年里，我在治疗实践过程中与情绪打交道；1997年至2003年间，我创作了一系列图书和录音磁带，介绍切合实际的情绪智能精神疗法。治疗解离创伤是我的专长，我找到了稳妥而协调的方法来运用冥想技能，同时又不会削弱人们主导身体及生活的能力。

最重要的是，我尝试管控自己的共情和解离能力以免受其折磨。我学会了保持心神合一，即使在身处逆境和遭受创伤时依然如此。我还学会了协调自身的共情能力；学会了注重人和动物的隐私，仅在必要时给予其高度关注。

继续前进

2003年，我的治疗生涯告一段落，主要有两大原因：其一，我不愿再看到人们在不可靠信息的影响下伤痕累累或疑惑重重；其二，经历了"9·11"恐怖袭击后，美国等多国公民以可怕且极不可取的方式运用精神信仰及其产生的情绪。为了重新思考我先前完成的研究或认定的事物，包括灵性、情绪、社会运动、真正的信徒、非常规治疗、判断和智能以及宗教等认知，我需要彻底脱离精神世界。我重返学校，修习精妙的社会学，探索人类社会及其结构。我研究了异教、致命暴力行为、情绪社会学、宗教社会学、神经学、认知与社会心理学、犯罪学、谋杀的社会建构，以及精英学术派系的内部运作方式。我还在最高安全级别的监狱里教授艺术和音乐，编辑学术书刊，开展社会学研究。[2]

结束职业生涯令我很痛苦，但也的确让我受益匪浅，因为我得以治愈童年时支离破碎的心。我曾通过探寻幼年时光恢复身体与意识的结合，遨游灵性信仰的王国，深入研究每种情绪。不过，我当时对智力的专注程度不及情绪。如今，在掌握相关智力知识后，我带着新的信息、新的认识以及新的关注点重新投身于此项工作，即自我治疗。我不再深挖形而上学的领域，也放弃了自己的那些神秘思想，而是回到情绪的奥秘上，因为对大多数人来说，情绪的语言仍是一个全然陌生的概念。

但是，情绪并非我研究的全部内容，因为人这一研究主体存在于物理、智识、直觉、情绪等多个维度，我必须广泛涉猎，保证其完整性，或者其中的理念适用于一切重要研究。倘若一个人能四平八稳地挺立于生命中心，深思熟虑、呵护身体、尊重情绪、目光长远，他便能明智地处理情绪，获得心理等各方面的平衡，成为敏而好问的探索者，洞察深层问题，珍惜每段关系，助力未来世界。

第三章

迷沼：我们怎会如此困惑

　　情绪为何物？这个问题看似非常简单，然而心理学家、行为学家、神经病学家、进化生物学家和社会学家至今未能对此达成一致。情绪是种心情、感觉、冲动、神经化学反应，抑或兼而有之？究竟是情绪源于思想或本能，还是思想和本能皆由情绪衍生？情绪多种多样，究竟有无主次之分？以灵长类动物为代表的哺乳动物的情绪与我们的究竟是完全吻合，还是部分吻合？

　　这些问题对研究者来说极其重要。20世纪后半叶以来，社会心理学和神经生物学领域的研究皆已取得长足进步。分类和分级系统对于科学必不可少，而分类和分级系统下的科学研究似乎与日常生活关联不大。这些研究令人叹服，但我们仍然会有这样的想法：我们要去读懂我们当下的情绪，在每天的日常生活中与情绪共舞。

　　总之，我对分级系统担忧不已。我发现，日常生活口的分级系统容易禁锢人们的思想。我曾听过这类言论：愤怒是消极的，快乐是积极的；愤怒是种次要情绪（实际上，大多数分级系统都将愤怒归为主要或者说普遍情绪）。你肯定也有类似的感想，但这类说辞在现实生活中对你我都没有益处，有时甚至会令我们刻意压抑自身真实的"消极"情绪，伪装出"积极"情绪（如果你想对自身情绪了如指掌，不要借鉴这种方法）。即使将情绪精确分类，我们对于情绪的认知仍过于简单粗暴。

社会公认的观点是，情绪有好坏之分。各类情绪之间有一些相互作用，但基本上，好的情绪容易应付，而坏的情绪总是把事情搅得一团糟。好的情绪包括幸福、愉悦、快乐和个别情况下的悲伤（如果悲伤的情况出现得适当，并且持续时间不长）。由不公激发的愤怒属于好的情绪范畴，不过人们可接受的保持愤怒的时长要比悲伤短得多。请注意，人们会期待你为无意义的死亡感到悲伤，却不愿看到你为之愤怒。

实际上，不良情绪的范畴很广。持续时间过长的悲伤（或加剧为绝望及丧恸）是绝对消极的。抑郁也属坏情绪，而产生自杀冲动的抑郁更是属于需要急救的消极情绪。各种愤怒皆属不良情绪，如乖戾、义愤、怨愤等。狂怒和盛怒危害极强，而仇恨的危害更是不言自明。嫉妒这种情绪恶劣至极。恐惧如此糟糕，以至于我们每个人都曾看到保险杠贴纸上醒目地标着：我们从不畏惧，毫无一丝畏惧！推而广之，凡是基于恐惧的情绪都是消极的。焦虑、担忧和惊恐相当可恶，惊慌更是急需就诊。羞愧和内疚这两种情绪简直糟糕透顶，我们甚至无须知晓其真正含义！为让他人感到舒适，我们自始至终都在训练自己表达，更多时候是压抑自己的情绪。

我们把不良情绪包裹得严丝合缝，却也是亲手为自己缝纫满身束缚。倘若一个人内心五味杂陈，感受到的并非阳光而清新的正面情绪，那他必定被认作消极阴暗之人。这个简单划分好坏的体系禁锢了许多人——他们或愤怒满腔，或丧恸满怀，或恐惧缠身，或羞耻难耐。许多人都面临着正当的不良情绪问题，却不得不将其消除，仅留那些让人快活却浮于表面的正面情绪。大多数情绪化的人都在苦苦挣扎，其原因在于尽管我们已经将情绪分门别类，仍难以明智地对待情绪或那些有着七情六欲的普通人。

我有幸被迫以异乎寻常的方式看待情绪。童年经历对我产生了一定影响，后来的共情治疗经历又让我接触到那些无法受益于传统疗法的人。大多数情况下，最终来到我面前的人都曾试遍其他各种疗法；人们不会在第一时间想到共情治疗！许多人都接受过心理和传统治疗，追求过宗教庇护，尝试过用适量运动和规律饮食来治愈创伤、平复心绪和净化心灵。为他们治疗时，我无法依靠一切传统或非传统疗法缓解其情绪失衡，因为它们全都不起作用。

我也不能求助于广为世人接受的情绪观念，因为这些观念也无计可施。举例来说，我的许多治疗对象认为仅有快乐和幸福属于健康情绪，这简直是无稽之谈。真正的快乐和幸福只能建立在所有情绪共同存在的基础之上；每种情绪都必不可少。我们不能只挑选中意的情绪，这样的做法无异于挑选特定的腺体和器官

（我只想要心脏和大脑，那些黏糊糊的消化器官一概不要），或决定只用每只脚上最有魅力的两根脚趾走路。快乐和幸福就其本身而言是惹人喜爱的，但是以任何想象能及的尺度衡量，它们并不比恐惧、愤怒、丧恸或忧伤更加优越。生活中，每种情绪都有其合理有效的位置。情绪群丰富而灿烂，快乐和幸福只是当中的冰山一角而已。

我的许多治疗对象都曾试图将消极情绪神奇地转化为积极情绪，诸如将愤怒转化为快乐，但结果都以失败告终。愤怒与快乐、快乐与满足、悲伤与丧恸不尽相同。在精神领域，每种情绪都有独特的信息、渴望与需求以及用途，它们不可能仅因我们的一己私欲而脱胎换骨。

转化情绪通常意味着压抑真实却不适的情绪，然后凭空创造更好的情绪，或想方设法转移我们的注意力。这种转变乍一看还不错，但最终会让人陷入困惑、情绪紊乱。据我观察，那些向我寻求帮助的人对情绪有很多"应该""应当"和"必须"的看法，但他们根本不为情绪本身考虑。他们遗失了自己的感情和与生俱来的智慧。

每次进行治疗时，我都会要求患者抛开所有的先见与成规、类别与体系、藩篱与支柱，从而回归最初情境，用异乎寻常但恰当合理的方式看待、感受或体验生活。为他们找到真实自我后，治疗师会营造出一种安稳的氛围，并共情地看待他们的情绪。一旦将共情能力融入情境，我们便更加擅长理解情绪。

你太过情绪化

当人们说对方"情绪化"时，我总是忍俊不禁。想问问他们："你指的是哪种情绪？要知道情绪千千万，你可知道自己说的是哪一种'情绪化'？"

让我们去查一下《韦氏大学词典》和《罗吉特词典》：这两本词典都写有"情绪化"的同义词和定义，部分解释相当令人欣慰。韦伯斯特和罗吉特表示，倘若某些人是情绪化的，则说明他们自知、敏锐、热情、灵敏、敏感、明智。这都是些很好的形容词啊！不过，这两大词典还做了进一步说明，情绪化的人还是多情、激烈、夸张、歇斯底里、矫揉造作且不安的。这些词有点不妙。然而，再来看看与之相对的反义词有哪些：冷漠、漠不关心、无动于衷、冷静、镇静、憩息、平静、静止——尽是些表示与社会脱节的词语。其中有三个甚至是死亡的近义词！而无情绪是指解离、冷漠、基本上不接受任何关系的建立。由此看来，处于无情绪状态可不是件值得庆祝的事。

即使是那些令人不悦或有碍社交的情绪也是必不可少的，因为它们是你心灵、神经网络、人际交往乃至人性的一部分。情绪本不是我们的敌人，却由于共情意识稀缺而饱受非议。在当前文化中，情绪时而被践踏，时而被赞美。嘲笑啜泣的男人，指责发火的女人十分容易，但对于这些不良情绪，想要安抚却谈何容易。假装自己未曾被他人的冷漠挫伤并不困难，将真实情绪隐藏起来并在他人面前不露声色也很容易，然而，唯一的问题在于我们真的需要情绪。没有情绪，我们无法过上健康良好的生活：无法抉择，无法认清心之所向，无法设定恰当边界、游刃有余地与人相处，无法看到生活的希望或为他人增添希望，亦无法联结或找寻内心的至爱。

在当前文化下成长的我们，一旦脱离情绪，就如生长在不适土壤中的树木，日渐挺拔却叶黄枝脆，增岁却不增智。早在童年时期，我们便将自身情绪意识埋藏起来，转而致力于其他各方面的发展，包括身体、学术、艺术、理财、智力、信仰或运动等。在情绪以外的领域，我们知识渊博、注重实践。五岁左右，我们便开始疏离自身情绪，对情绪的理解也就此停滞。长大后，情感并未随时间变得丰富，我们成了习惯不动声色的大人。我们的成长轨迹如同反比例函数：随着智力水平的不断提高，情绪却一直在衰退。

目前，相当多的疗法、冥想体系、书籍和治疗师试图挽救这种极度失衡，其中不乏优秀作品（丹尼尔·戈尔曼的作品《情商》卓有创见，可列入必读书目）。这些努力正在改善人们对情绪的认识，使得自我意识的被认可度有所提高。一些人正在学着关心他人，聆听他们的心声，得体地进行互动，并巧妙地给予支持。但大多数情况下，这些情绪要么被丑化，要么被美化。人们并没有把情绪当作有助于改变生活的特殊强大力量来对待，也没有把它们看成杰出的信使来给予应得的尊重。

在做进一步论述之前，希望你们能明白，我并不是在提倡不明就里地堕入情绪，为了某种情感而纵情狂欢。这不属于共情疗法的范畴。想到情绪时，人们往往会僵在原处，无法正确处理信息。当我谈到尊重这些情绪时，并非希望大家在情绪的庙堂前对其顶礼膜拜，或从诋毁情绪转向粉饰情绪，因为这两种立场都不可取。这两种立场都将情绪视作非黑即白的偶然降临之物，而非助推人类发展这一最伟大进程的工具。

共情作用教导我们在贬低和褒奖、表达和压抑情绪之间找到和谐地带。当我们把每种情绪都看作可利用的，便可与其共赴有益的对话。当我们将情绪当作母语等自身基本组成部分时，便会明白可以用得体的方法应对和看待它们。当我们能够得体地对待情绪时，便会寻求和谐地带，让所有情绪和谐共生、各司其职，而非将某些情绪打入无间地狱。

表达、压抑与和谐地带

表达情绪时，我们将它们传递到外部世界，希望它们得到注意、受到尊重并带来改变。情绪表达依赖于外部世界对人们内心情绪的解读。虽然这种真实情绪的表达有时是健康的，但有时这并非处理情绪的最佳方式。情绪表达会使我们在需要缓解情绪时对外部行动、书籍、家人、朋友或治疗师产生依赖。一旦无法获得外界支持，我们很可能应付不了自身情绪，因为我们的情绪表达技能需要依托外物或他人。很多人都陷入过此类困境，如被愤怒或抑郁压垮却无人倾诉。如果我们缺乏情绪调控能力，就会深陷其中，无法调节甚至理解自身情绪，除非外物或他人施以援手。

在这种非此即彼的情绪管控系统中，另一种选择是压抑情绪。当情绪遭到压抑时，便被输送到我们的内心世界。我们希望它们就此烟消云散、自动化解，或者在更合适的时间卷土重来（无论那个时刻何时到来）。压抑是大多数人唯一拥有的内在情绪管控技能。如果我们在表达情绪时缺乏安全感或对表达情绪的技能较为生疏，便会将其全部藏进心里。情绪压抑借助无意识的内心世界（也常常依靠身体）来容纳和处理情绪。当压抑一种内心抗拒的情绪（如忧伤或狂怒）时，我们会把它郁积在心里——从一数到十，想些开心事，或是至理名言。我们不知道何以应付这种不适、窘迫或危险的感觉。我们只想快刀斩乱麻，开启新的一天。殊不知，压抑情绪存在着极大的弊端：内心世界是情绪的发源地，强迫情绪退回其中（而非清醒处理）会使精神领域发生短路。

情绪是本我发出的信息。它们可能是绝对（而且通常令人抗拒）真相的重要载体。虽然部分情绪令大多数人厌恶，但它们都有其不可或缺的功能，传达着某些珍贵的特定信息。纵使情绪被忽视和压抑，它所传递的信息仍无法抹去——我们只是射杀了信使，干扰了这一重要的自然过程。随后，无意识的本我只剩下两种选择：其一，增大情绪的强度，让它再次涌现（未化解的心结或加剧的情绪痛苦大概就是这样出现的）；其二，不再信任我们，将全部情绪能量深深注入我们的心灵。

表达情绪要比压抑情绪稍微可取一点。至少，它让我们的生活更加真实。放声大哭、大发雷霆等宣泄方式至少使情绪得以涌流。然而，如果情绪过于激烈，表达它们便会造成内部和外部混乱。当我们把强烈情绪倾倒在某个不幸的人身上，试图让他或她对我们的情绪负责时，外部混乱就会出现。我们会说："都怪你惹我生气，让我伤心！"那个人不仅会受伤，还要背负替我们控制情绪的责任。我们将不再是积极主动、有责任心的个体——我们将成为任人摆布的傀儡，在周围人和情境的操纵下手舞足蹈。

当我们意识到自己可能多次因情绪爆发而伤害、轻蔑或威吓别人时，内心会备受煎熬。而把强烈的情绪表达出来后，我们会获得某种释放感，但也会为自己不善人际交往而失望，或为自己缺乏控制力而羞愧。向他人表达强烈的情绪会破坏自我结构、伤害自尊心。接着，自尊心降低往往会令我们愈加难以合理管控自身情绪，从而受困于一种几乎无法控制的习惯，即肆意宣泄强烈的情绪。我们陷入攻击与撤退、纠缠与孤立、爆发与道歉的恶性循环。内部平衡机制似被打破，情绪变得反复无常。

目前已有神经学和心理学研究表明，反复表达强烈情绪极有可能在大脑中形成一道沟壑。释放愤怒或焦虑时，大脑会慢慢熟悉愤怒或焦虑的产生过程，因此，再次遇到会引发愤怒或焦虑的情况时，大脑便可能受先前经验引导轻易爆发。大脑的可塑性不仅适用于习得新技能或语言，也适用于学习管控情绪。

压抑情绪和表达情绪的益处在特定情况下都会彰显出来，但它们绝非解决情绪问题的万能钥匙。就拿压抑情绪来说吧，当我们想对婴儿发火时，抑制怒火是个好主意，因为对婴儿发怒必定是件错事。然而，一旦我们成功抑制住怒火、确保婴儿平安脱险，我们就得有能力私下化解，否则它会再次露出苗头，也许下次还要强烈。情绪总能道出我们的真情实感，它们往往是真实的，但无法确保在每种情况下都是正当合理的。因此，我们必须掌握理解、诠释以及协调情绪的技能，在压抑情绪和不当表达情绪之间找出一条折中的道路。学会以一种更深层、更成熟、更高超的方式尊重并关注情绪。停止用压抑来对抗情绪，或用宣泄来顺应情绪。我们必须学会管控自己的情绪。

情绪领域存在和谐地带，有一种处理情绪的方法既可取又得体。我称之为引导情绪，不要误以为我在宣扬某种招引虚幻灵魂的玄学观点。我指的是"引导"一词的实际意义，即诚恳地沿着选定的道路引导或传达某种事物。如果我们能学会恰当地引导自身情绪，就能够以充满活力和独创性的方式与其合作。我们可以剖析情绪承载的信息，利用情绪包含的本能。

宣泄情绪（传递给外部世界）并没有赋予我们任何情绪处理技能。同样，压抑情绪将其推回内心世界，我们只是变得更加不擅长应对情绪。这两种方法都不奏效，因为它们都不承认情绪传递着重大且有利的信息，有助于我们的学习和成长。当我们不再回避情绪，而是学着恰当地引导它们时，我们就能把情绪掌握在自己手中，更能倾听它们，且有意识地感受它们，在表达情绪时保持个人形象、增强人际关系。

我们一旦学会引导情绪，便会发现这个鲜为人知的事实：每种情绪都包含有利于生存与发展的重要技巧及能力。未察觉到情绪不代表情绪不是客观存在的。相反，每种情绪都时刻在你体内流动，并赋予你独特的天资和才能。让我向你详细阐述一番。

三项共情练习

我希望大家能切实地体验接下来的共情训练，从而明白引导情绪是多么容易和舒适。让我们先从一项简单的流动诱导练习开始。你可以坐着、站着或躺下。

练习1

请深呼吸，感受气流涌进胸部和腹部和它带来的些许紧张——不至于慌乱，只是稍微有一点。屏住呼吸几秒钟（数三下），然后呼气，保持手、胳膊、脚、腿、脖颈和躯干轻微扭动。平和、从容、轻松地活动身体。

现在，再次吸气，扩张胸部和腹部，直至感觉有点紧张，屏住呼吸三秒钟，然后随着手臂、腿和脖子的转动舒口气。你甚至可以把舌头伸出来。放松点。

现在正常呼吸，检查一下自己。如果觉得身体更加轻盈、内心更加平静，甚至有些疲倦，那就感谢情绪吧，是它帮助你释放了紧张感、恢复了活力：感谢你的悲伤情绪吧。

以上便是流动的、健康的悲伤情绪带给人的体验以及它带来的功用——帮助你放松，帮你找回个人系统中遗失的流动感。每种情绪都可以处于这种自由流动状态，为你带来特定才能，成为你的工具。人们仅会识别明显心境状态下的情绪，但实际上情绪本身具有多种状态。不必痛哭流涕以感受悲伤，只管放手。悲伤的意义在于从过往中解脱并放松心情。

花点时间注意一下你对身体的认知。悲伤是种内在情绪，带你回归自我，洞察内在状态。人们总是害怕面对自我，这也是日常生活中人们倾向于逃避悲伤的原因。不过我们也不能时刻怀揣悲伤，因为它有碍于自我边界的保护作用，也会令人无法集中注意力，无法做好行动准备。而这些都不是悲伤到来的本意——它不想为你制造苦难。直面悲伤会使你恢复活力，平静下来，帮你消除迟迟逗留的不安表现，比如肌肉紧张、疲劳、失望或沮丧。悲伤能够帮你不再介怀。利用悲伤带来的技能意义重大，因为定期释放极有必要，它能够防止所有事情郁积成明显的情感痛苦、肌肉疼痛或不幸。就像刚刚了解悲伤的感觉一样，保持情绪流动和放手也很容易。

每逢必要时刻（也许是无人在场时），都可以有意识地欢迎悲伤，重温生命流动感。方法如下：深呼吸并聚拢任意一种紧张感，然后一边让身体做旋转运动，一边轻轻呼气，抖动身体、摇晃、打哈欠或叹气。就是这么简单。想要引导悲伤，只需要放松心情，放下过去。

练习2

现在，让我们尝试一下其他练习。首先，请感谢悲伤帮助你放松，请挺直腰杆坐好。微睁双眼，面带微笑，就像在和关系甚好的朋友打招呼。你甚至可以说声"你好啊"。伸出双臂，舒展身体，保持微笑，不要闭上眼睛，呼吸放缓，然后向你拥有的幸福道谢。

幸福这种情绪转瞬即逝，它能帮助你发现有趣且有益的事。它是灵魂中绝佳的休憩中心，睁开眼睛、面带微笑便能展示幸福。面部表情与情绪关系密切，仅仅做个表情就能显露其相应的情绪。所以留心脸上的表情；大脑可能会依据你的面部表情来简单判定你很愤怒、悲伤或快乐。

微笑时，你便展示并传递了幸福。幸福这种情绪非常值得与他人分享（如果感到幸福的时机恰当）。当把一些更深层的情绪妥善处理好时，幸福往往会自然流露。例如，当你痛快大哭一场后，常常会放声大笑。还有，如果你化解了和某人的激烈冲突，你们都会笑得很开心。幸福的确是一处绝佳的"休憩场所"。然而，你不应该把幸福牢牢拴住，强迫它持续处于活跃状态，因为它仅能赋予你一部分技能，无法保证你过上圆满的生活。每一种情绪都是必需的。

练习3

感谢幸福带来乐趣。接着，让我们尝试下一项共情练习。这一次，你需要进入安静的场所，舒适地坐着或站着。

找到安静的地点后，身体稍微前倾，努力捕捉所在区域最细微的声音。肩膀下垂，拉大与耳朵的距离；保持良好姿势有助于聆听。你也可以稍微张开嘴巴（放松下巴，使耳朵内部的空间更大），当你透过层层较为明显的声音，听到最深层的细微声音时，轻轻摆动头部。眼睛睁开，但现在主要还是依靠耳朵。

当你抓住那最细微的声音时，保持静止不动一小会儿。如果你正坐着，请站起来，试着用眼睛找到声音发出的位置；然后慢慢朝它移动，靠近几步后再度校准。时间似乎流逝得愈加缓慢，皮肤的感觉会变得更加敏锐（几乎能感觉到周围空气的流动），大脑会自动排除一切与那个声音无关的事物。当你成功找到声音源的准确位置时，感谢那个帮你找到它的情绪，即恐惧。

惊不惊讶？自由流动的健康恐惧其实是你的本能和直觉。当你需要它时，恐惧会使你本人和身上的所有感官全神贯注，扫描你所处的环境和储存的记忆，增强有效应对新情况或变化的能力。当恐惧舒缓地流动时，你会变得专注、集中、能干、机敏。谢谢你的恐惧。

自由流动的恐惧能激活你的本能、直觉和专注。如果你在困惑或沮丧时表现出恐惧，便能获得冷静分析情势所需的信息；不必在恐惧给出的赠予面前畏缩。当你无所适从或在人际交往中感到不适时，也可以向恐惧求助。恐惧能使你与周围环境相互联系，帮助你专注于内在知识。所以它与悲伤不同，悲伤聚焦于内心，重点关注你需要释放何物来放松自己、卸下烦忧。恐惧则重点帮助你笔直站立，略微前倾，使本能和直觉发挥作用，就好像你在聆听内心最细微的声音，那个很难被听到的声音。与流动的悲伤不同，流动的恐惧能够向前、倾听、感知，从而帮助你与环境及他人互动。

共情练习的核心技巧在于学会信任和恰当地引导情绪——倾听它们，感受它们，关注它们，并与它们交谈。但是为了练就这种情绪的敏感性，我们必须能够理解流动状态、心境状态，以及被我叫作"汹涌激流"状态下的情绪。要做到这一点，我们需要一些工具及一定的支持，就像我们需要一些切实的情绪工具来过好平凡琐碎的生活一样——与家人争吵、因工作或学校中的人际关系矛盾而手足无措、渴望培养更深的交情、学会在情感上支持我们所爱的人、发现真实自我并找寻正确道路。对于情绪，我们要找到方法辨识它们，理解它们，并着手学习它们的语言。这样一来，便能与它们共情地交流，而非任由它们摆布或残忍地对待它们。因此，我们必须深入洞悉为世人所推崇的情绪观点，清除那些对所有人来说有麻痹性的胡言乱语。为了做到这一点，我们必须吸纳不寻常的共情信息。乐趣由此开始。

第四章

心灵故园鼎力相助：做情绪的坚强后盾

当人们体验流动状态下的情绪时，他们常惊讶地发现，情绪其实并不危险，也并不浪费时间或令人窘迫。流动状态下的情绪极其平缓，一开始很难识别出来。情绪被推搡到幽深的阴影中，而我们常常意识不到自己心中所想。我们天生的共情能力不受欢迎、无处施展，也不受尊敬。

但共情能力是一种正常的人类技能，并且就我对动物的了解，我认为大多数动物同样具有此项技能。共情能力帮助我们读懂他人或动物的内在状态、意图、情绪、欲望和行为倾向。如果我们非常善于解读情绪，我们的社交能力和情商往往不可能低。我们了解人和动物以及他们的需求，如同智商超群的天才精通数学或物理，或艺术天才敏于捕捉色彩、形状并具有独特的视角。共情能力是我们拥有的多种智能之一。

然而，大多数人是在并不了解多元智能的世界中长大的。

直至1983年，哈佛大学心理学家霍华德·加德纳（Howard Gardner）在其著作中提及多元智能理论，人们才逐渐对此概念有所了解。加德纳博士发现，当时大多数人仅关注逻辑智能，即进行数学计算和科学研究、识别不同图样，及运用逻辑推理和演绎推理的能力。几十年来，逻辑智能可通过智商测试进行量化，它是唯一被传统理论信奉为智能的能力。

不过，加德纳博士并不认同这一观点，除逻辑智能外，他还列举了其他六种智能。①语言智能，指熟练地写作、交流以及学习外语的能力；②音乐智能，指识别音调、音高和节奏，欣赏、创作和演奏音乐的能力；③身体运动智能，指熟练运用自己的身体和肌肉系统（想想舞者、运动员）的能力；④空间智能，指识别空间模式并以新颖方式利用空间的能力。设计师、建筑师、几何学家以及大多数视觉艺术家都属于空间智能领域的佼佼者；⑤人际交往智能，指理解他人的意图、动机和欲望的能力；⑥自我认知智能，指理解自身动机、意图和欲望的能力。这些都是至关重要的智能形式，引导我们在社交世界中更好地生活。

虽然每种智能都十分重要，但是对于有志成为高效共情者的人来说，专注于人际交往智能和自我认知智能尤为重要。此刻，你正在阅读书籍，便是在运用语言智能。在之后讲述五种共情能力的那一章，你还要运用身体运动智能和空间智能。只要有一种智能缺失，所有智能都将不复存在。因此，你不能摒弃任何一种智能。事实上，你无时无刻不在使用你的逻辑智能，而此刻似乎你的音乐智能并未凸显出来，但实际上，音乐智能与语言运用及理解能力的关系十分密切，因为语言中包含了节奏、音调、措辞和聆听。当你阅读本书时，同样需要依靠人际交往智能转化书中的文字，并思索我的含义、意图以及我想向你传达的内容。与此同时，你还借助了自我认知智能对本书内容做出回答、反应，并通过你所阅读的文字来反思自己的行事方式。

根据加德纳博士著作中的理论，我们可以把智能看作一种能力集合，而不仅仅是你在智商测试中运用的技能。然而，共情者会面临以下问题：在成长过程中，大多数人只注重逻辑智能和空间智能。也许在学习生涯里，我们的音乐智能曾得到一定发展，身体和侧重于运动方面的能力也是如此。然而，即使是在学校里，体育和艺术也无法得到与其他学科同等的关注度。当初我上学时，人们从不认为体育和艺术是不可或缺的学习内容。而现在，相比于学校面临的预算问题和学生面临的考试问题，显然没有人愿意将大把校内时间花在体育和艺术上。因此，我们在上学时往往无法充分训练自身的全部智能。

也就是说，我们所受的正规教育根本不包括对人际交往智能和自我认知智能的训练。我记得我曾上过一门关于公民身份的课，但具体细节已经记不太清了。我依稀记得，课上的老师说，无论是在校内还是校外，我们学到的行为和社交技能都如同空中楼阁般虚无缥缈。我们通过窥视别人被表扬、被批评来调整自我表现。然而，自始至终我们从来没有接受过任何切实的指导。我们耳濡目染或凭直觉学会建立关系，结交为兄弟姐妹或朋友。除非犯下重大社交错误，使得我们无法获得关于人际关系或情绪的直接指导，例如，在心境状态下公开显露愤怒、妒忌或嫉妒等不受欢迎的情绪。我们学习数学和逻辑、艺术和音乐、体育、阅读以及写作和语言。但是关于情绪、人际交往技能及自我认知技能，我们不得不以某种方式独自参悟。

我们的行为能带来惩罚或奖励，但我们不曾学会如何识别自己的情绪，以及如何熟练地应对它们。如果我们把愤怒体现在行为中，可能会被送到校长或学校辅导员那里，或者不得不留校察看甚至放学后被关禁闭。愤怒会让我们偏离正常的学校生活，远离教室，脱离正轨。其他孩子就会由此懂得："你那样做是不对的。你不能发怒，不然会在大家面前丢脸。"如果我们表现出恐惧或悲伤，可能会被视为弱者，成为其他孩子嘲笑的对象，还有可能成为老师特殊关照的"宠儿"，这通常和前者无甚差异。

我们肯定无法理解：愤怒能帮助我们设定合理的边界；恐惧是我们的直觉；悲伤帮助我们放松心情并放下无须纠缠的过往。你们看到的情况可能不是这样的，但我在上学时就曾察觉到对弱者表示同情也会遭人白眼。举例来说，如果某个孩子被孤立，并被视作怪人或欺凌对象，如果你试图和他交朋友或维护他，你将亲手改写自己的社会生存状况（假如你不够格的话就将如此）。有时候，我看到够格的孩子（你懂的，就是指那种酷小孩）带着同情伸出援手，本质上是在为社会弃儿披上一层防护衣，但这种情况发生的概率不如人愿。

不论是在成长过程中还是现在，我都目睹过人们被迫走向成熟，同时隐藏起最为重要的两种智能。尽管这些智能仍然潜藏在我们的身体里，且关乎差不多我们所做的每一件事，但作为成年人，我们往往需要治疗师、咨询师和精神病学家帮助我们重拾情绪、人际交往智能和自我认知智能。这并不稀奇，因为我们不知道情绪为何物，情绪的目的是什么，情绪的用途是什么。所以，我们不得不亲手建立支撑情绪的基础。加德纳博士的多元智能理论为我们提供了坚实的基础，但我还想补充另一种模型，即四元素理论或四位一体模型。

亲爱的，这是四元素

为了更充分地支持我们过渡到共情意识，我将介绍四元素理论或四位一体模型。在这种模型中，土元素是物理世界和身体，气元素是空间、语言和逻辑智能，水元素是情绪和艺术王国，火元素是幻想和精神王国。如果我们能把人或情境放置在四位一体模型中，观察其土性特征、气性表现、水性涌流、火性本质，我们就会加深对它们的理解。

四元素理论并不是一门科学。我们并不仅仅由四种元素构成——世上任何一件事物都不是。这个基本框架的起源颇具神话色彩且富有诗意，多种文化将其作为一种理解世界的方式沿用了数百年。正如我们现在所了解的，火元素所象征的梦想和幻想看似"凭空而来"，实则代表着精巧协调的大脑和神经系统。因此，当我们谈到火元素时，重要的是要记住，很可能是神经系统的（而非超自然）活动过程形成了整个火元素王国，包括梦想、灵性和幻想。然而，这并不会使火元素褪去迷人色彩或减弱实际效用。

当今世界，人们对宇宙、地球、人类和动物行为以及大脑的认知突飞猛进，然而人们将理念付诸日常实践的能力并未提高。探索该四位一体模型不仅需要我们的逻辑能力，而且需要我们运用自己理解细微差别、神话和梦想的智能。事实上，只有让大脑中更老练、共情能力更强的部分参与进来，我们才能更好地理解五彩斑斓的深层情绪国度。

尽管四位一体模型未经证实，但了解四种元素及其相互作用会给我们的生活带来超乎寻常的稳定。当我们能把情绪想象为内在的水元素——身体中体现流动的一部分——我们的自我认知智能和人际交往智能就会变得格外清晰。以水为模型，我们可以理解情绪的功能、特性，及其在我们整个生活中应有的地位。

水有许多独特的属性，研究它与情绪的关系很有价值。水是柔和的、流动的，但它可以磨蚀巨石和山脉。它是重要的热传导体和能量传导体，通过浮力，其上可负载物体。它能绕过道路上的一切阻碍物继续流淌，并且通常可以成功流向最深邃、最坚实的地方。水甚至可以逆流而上，川流不息。如果水吸收或释放能量，会变换形态，它可以气化成水蒸气，也可以凝结成冰。不断流动的水在各种状态之间变换，就像不断流动的情绪在自由流动和明显的心境状态之间游移（或可能移动）一样。水使植物得以生长，孕育并滋养着世间万物，调节整个地球的温度。水的特殊性能和特征使地球具备了存在生命的条件。

如果你愿意，你那水性情绪的不寻常特性和品质也会对你的生活系统产生同样的影响。如果你了解水流动的特征，那么当水在精神领域流淌时，你便逐渐可以应对自如。只要让情绪像水一样流动并恰当地回应它们，就能创造内心世界的平衡。流动是水的核心属性，也是情绪的核心属性。在神话和心理学中，水是无意识的博大容器，是一切生命和脉动的源起之地。英文单词"emotion（情绪）"的词根与水相关，来自拉丁文emotus或emovere，指的是向外移动，向外流动。让情绪自然流淌是你能够恰当且熟练地引导情绪的基础。只要让情绪流动——关注它们、欢迎它们并让它们在你的生活中自由地流淌。你无须公然表达情绪，加快其流动速度（如果你的情绪过于激烈，通常会产生过多的情绪流动）；相反，你可以有意识地接纳所有情绪。

接纳情绪：一则事例

这是一个接纳个人情绪的例子：假如你正在高速公路上行驶，突然车被别停，这时你通常会感到恐惧和愤怒。恐惧会增强你的本能和直觉，让你明白自己正身处危险之中，而愤怒则会奋不顾身地帮助你重建毁坏的边界。如果想要表达这些情绪，你可能会尖叫、咒骂、做粗鲁的手势，甚至追赶无礼的司机，但这些都无法帮你脱离危险或重建边界。如果抑制恐惧（你的直觉）和愤怒（你设定边界的能力），并试着不去理会那些粗鲁行为，继续驾驶，在接下来的路程中，你极有可能放松警惕，并且你面临的危险不会减少，你的安全感也无法找回。但如果欣然接受这两种情绪，并允许它们在你的系统中流动，你就可以利用它们来提高警惕。你可以利用恐惧使感官更加敏锐。这就是恰当流动的恐惧所带来的效用，即增加专注度并增强意识。恐惧可以帮助你问自己，你在注意什么，以及你为何如此震惊。恐惧还能帮助你思考如何防患于未然，以免重蹈覆辙。你也可以利用愤怒来纠正自身做法，适当地远离粗鲁的司机。如果你得当地尊重愤怒，就能迅速而有意识地在你的汽车周围重新建立起"交通界线"，它将保护你免遭他人鲁莽行为的侵犯，并帮助你成为一名技术更加娴熟的司机。当你有意识地接纳并留意自身的恐惧和愤怒时，两者都不会危及你或其他司机。相反，它们只会有利于你提高自身意识和技能。

在你连人带车成功脱险，同时留意到自身的情绪时，那么恐惧和愤怒都会流动起来，顺势流走——正如它们本该具有的模样。无论恐惧还是愤怒都不需要保持活跃的状态，所以你也不必过度回想别车事件，或者在当天其余时间心不在焉地驾驶，因为你已经恰当地处理了这种局面和这些情绪。如果你能尊重情绪，并把它们当作充盈生命的水元素来热情对待，它们就会表现得完全像水一样。它们将会流动、变换形态，恰当地做出反应、与你互动，并创造出供你蓬勃发展的完美生态系统。让情绪在精神领域内自由流淌，维持生命所需的水和共情意识也会更加丰沛。

学会共情地生活

通过土、气、水、火四元素模型，我们能够看到，情绪是一种流动的重要力量。若是没有它们，我们将无法生存或成长。然而，我们仍然试图在忽视（或不理会）情绪的状况下生活。我们努力改变或消除情绪。我们试图带着缺乏水性的灵魂生活，然后纳闷生活为何不如意，或我们的世界为何充斥着无法缓解的情绪痛苦。如果把四元素模型放在我们眼前，我们就会发现，任何一种元素（事实上，任何一个人亦是如此）在缺乏水性情绪的情况下都将不复存在。我们不断提醒自己，我们可以脱离心境，超越躯体，忽视精神渴望，改变情绪……这都是一派胡言。我们需要认清现实：每个人都在以不同的方式做傻事。

　　凭借四元素模型，我们可以以更加实用且成熟的方式进入每种元素的世界。有意识地将每种元素放在与整体的关联中，有助于我们想象各部分的平衡和流动。当任一心理元素失衡时，我们便慢慢懂得了生活何以正常运行或陷入混乱。当我们想以卓越的方式感受自身情绪（或生命的任何组成部分）时，便能逐渐意识到平衡是必需的。我们必须自觉且充分地运用气性的逻辑智能、土性的身体感知智能、火性的幻想智能，以及水性的情绪智能。如果我们想变得强壮、警觉、情绪敏锐，就必须在内心世界建起一座故园，学会完全尊重土、气、水、火四种元素以及全部七种智能。

　　当我们共情地研究某个主题时，我们就需要这座内心的故园，因为我们并不仅仅是依靠理性研究它，而是向内探寻，进行深度研究。我所观察到的是，情绪识别出失衡状态，然后理解这种状态，再到确定对策。我们常常试图忽视这一情绪过程；我们试着先跳到解决措施上来，但是那些不以深入洞悉问题为基础的解决措施，根本算不上真正的解决方案。它们只是权宜之计，缺乏真正使人受益的能量。不过，由于我们都是社会化的产物，所以总是不惜一切代价来避免麻烦（和大多数情绪）。这样看来，逃避那些让我们陷入麻烦的情绪波动也很正常。好消息是，如果我们愿意遵照情绪的指示欣然投入麻烦之中，并且允许情绪自然流淌，它们将提供给我们走出困境需要的能量和智慧——迅速且无须经历任何波折。

举例来说，悲伤的情绪状态会使我们放慢脚步，让我们停止假装一切都很好。如果错误地与悲伤做斗争，我们的生活很快就会彻底停滞。但是，如果能得体地体验悲伤，我们就将找到存在于悲伤核心的复原力和治愈力。设想心境状态下的愤怒会激怒我们，让我们不再假装自己没有受到伤害或冒犯。如果压抑愤怒，我们就会彻底错失良机，还可能会再次受伤，因为我们没有坦率地表达出来。如果能得体地体验愤怒，我们将学会用愤怒所包含的火性力量和确定感来重建受损边界、保护自己和他人。摆脱失衡的不二法门是有意识地去经历。如果能全身心地进入失衡状态，全面地洞悉问题，你就能想出完备的解决方案。

当我们学着邀请整片故园里的元素和智能参与共情进程时，重要的是看一下在气性的逻辑智能和水性的情绪智能之间产生的意外争端。如果固执地错把情绪化当作理性的对立面，我们就会在内心挑起一场凄惨的斗争。实际上，是情绪与逻辑的协同合作——它们本就应该这样——建构了健康的心灵。

气性智能包括逻辑智能、空间智能和语言智能。这类智能十分美妙、意义非凡，是智能中必不可少的一部分，也是整片故园的一部分。只有与四元素中每种元素所象征的智能紧密且协调地连接在一起，气性智能才有可能保持平衡或稳定。除非我们知道如何共情地对待自身逻辑智能，以及如何明智地对待个人情绪，否则我们必然无法尊重和审时度势地引导情绪。这需要我们把良好的判断力放在首位。

捍卫判断力

引入"判断"一词后，仿佛打开了潘多拉魔盒般，一连串未解决的问题接踵而至，因为人们对判断的看法就像对情绪的看法一样令人费解——如果可以这样说的话。我所说的判断指的是作为个体的反应能力和辨识的能力。如果精于判断，你就可以反对别人的观点，挣脱惯常的思维模式，并另辟蹊径。这是一系列重要的技能。然而，在过去的几十年里，这种合理有效的成熟判断力大受批驳。

有理论认为，判断阻碍人们全身心地体验生活，因为忙于分门别类的人无法在每一个徐徐降临的时刻尽情展现自己。这种未经判断的规则产生了一些积极影响，但也造成了极大的混乱。这种对无判断主义的呼吁见诸我们熟知的几乎所有宗教或哲学核心人物（包括耶稣、佛陀和老子）的思想，但它在日常生活中的应用却极其混乱。这种混乱并不罕见（联想一下人类在解读任何神圣经文或律令时遇到的重重阻挠），但当人们拒斥判断力时，他们就会剔除自己体内所有的气元素。

我们需要挽回受尽冤屈的判断力，使其不再被迫流放，并将其带回我们生活核心的荣耀之地，因为如果想要睿智且巧妙地运用共情能力，我们必须成功借助气性智能。我们可以自我拷问："为什么我们会忘记'判断力'是'智力'的同义词？"当我们说某人判断力差时，那可不算什么委婉表达！

我当然明白，在指出了价值判断的弊病后，精神导师们反对骂人，反对简单判定一个人或一段经历的"对"或"错"。我同意骂人通常是一件坏事情，但判断的概念一经扭曲，许多人便茫然不知所措。他们认为不应该做出任何客观、成熟的判断，那么很不幸，他们会因此几乎无法正确地处理情绪。许多人不仅没有优雅地摒弃蒙蔽他们的非对即错思想，反倒彻底禁用自身判断力。然而在现实中，恰当使用判断力十分必要。

判断力的正确运用

真正意义上的判断只是告诉你一件事物是什么以及它是否适用于你。健康的判断是气性智能和水性情绪协作形成的经过深思熟虑的观点。思虑成熟的良好判断绝不等同于暴躁的谩骂，它远非简单笼统地对万事万物进行分门别类。判断是对某一事物定性以及确定它是否适合你的内部决策过程。如果试图不加思考——也就是不加评判——地表达情绪，你会突然之间大发雷霆。但是，如果在决策过程中的判断不掺杂任何情感，你也永远无法做出决定。思想和情绪是我们的战友，而非敌人。

健康的判断有助于我们定义行走于世间的自己，帮助我们分清良莠。这个定义的过程让我们保持专注和集中注意力。健康的判断帮助我们在不同想法和选项间抉择取舍。健康的判断不需要抛弃未选择的道路；它只需要自由地做出裁决，并全身心地融入环境。试图压制判断是徒劳的，因为我们是积极的、反应灵敏的、热衷回应的生物。我们总是对事件有自己的想法和感受，独立地判断和应对周围环境——不管我们遵循了多少规则，也不管我们的老师多么有权威。健康的判断是做出明智而有利的决定的自然过程。在这个过程中，心灵和头脑共同行动，逻辑智能和内省能力礼貌地相互沟通。这与暴躁的谩骂或"给人贴标签"迥然不同。

让我们通过一些简单事例来观察判断和谩骂之间的区别。假设我们房间里的地毯不能用了。我们可以判断地毯的好坏，发现显眼处有些绒线头，又长又不美观，并且颜色太浅，比较显脏、显旧。我们一致认为这块地毯不适合这个房间。也许我们会为浪费这么多钱而感到难过，也许我们应该考虑在大厅或楼梯另铺上一块长条地毯。我们自由地获取关于地毯的信息，并用一系列技能来处理它们，这就是判断。这不是谩骂，而是经过深思熟虑的权衡过程。我们就地毯产生了一些疑问，对它有感性的认识，我们肯定是在进行评判，但这没有对我们的思想、情绪或心理造成伤害。因此，我们从总体上来讲已经掌握了更多关于地毯本身以及地毯护理、购买地毯的知识。

现在让我们来谈谈对于同一块地毯的谩骂情况："这样的地毯怎么还有人买？哪个傻瓜会在公共区域放这么一块颜色快掉

光的毛绒破地毯？看看这些明显的冲突配色，活像是有人吃了蜡笔，然后吐在了地板上！怎么会有人把这种东西铺在地上……"谩骂带来的是对个人的冒犯和挑衅，这不再单纯是地毯的问题，更关乎我们根深蒂固的不满，我们的童年问题，或暗藏的情绪。谩骂时，我们对任何人或事都大加谴责，并没有吸收任何关于地毯的有用信息。在以上两则事例中，同样是不喜欢地毯，但谩骂造成的结果却是突如其来的怒火、天马行空的臆测和不明就里的指责。

这类攻击会伤害我们，使我们肆意宣泄情绪，破坏自身情绪状态。当我们使用谩骂诋毁其他人或事时，这还会损害我们的智能。更有甚者，它伤害了作为个体的我们，因为我们的行为让自己和周围的人感到尴尬。这种谩骂丝毫不会让我们变得更加聪颖、强大或清醒。当判断得当的时候，我们根据掌握的信息做出决定，恰当地处理个人情绪。良好的判断力帮助我们做出选择，使生活朝着更好的方向发展。它帮助我们用思想和情绪仔细地评估情境和人物，引导我们做出真诚的反应、给出真诚的建议。良好的判断有利于将我们塑造成更加睿智的人，帮助我们在流动状态、心境状态，以及"汹涌激流"状态下（如果出现的话）识别和表达每一种情绪。

智能至关重要且意义非凡，但在气性的逻辑智能至上的社会中，一方面，它存在的意义不在于执行我们强加给它的艰巨任务；另一方面，它也不应被当作垃圾丢弃。逻辑智能具有专门的功能和属性，但大多数人都试图将其扭曲变形、改头换面。想要对智能有所了解，我们需要理解这种智能与其他三元素所代表的智能之间的相互作用。

为智能正名

让我举几个例子来说明四位一体模型的运作方式：情绪在潜意识和意识之间传递信息，赋予我们处理各种情况所需要的技巧和能力。如果没有四位一体模型相助，我们可能会因无法立即理解某种情绪而对它不抱希望。然而，当我们借助四元素模型时，便可以邀请智能参与到情境中并为我们提供帮助。我们会同等重视情绪和关于情绪的思考。相信情绪和思想能够协同工作，因为我们能够在感受情绪和辨别情绪之间切换自如，向逻辑智能和语言智能发出指令："这是恐惧吗？""不是。""这是焦虑吗？""有点接近。""这是担忧吗？""正是。""担忧什么呢？"

当逻辑智能和情绪智能协同工作时，我们就能有意识地感知和思考事物。当我们能机敏地识别出情绪状态并对其了如指掌时，就能得当地处理情绪。平衡的心理就是这样形成的。在失衡的心灵中，逻辑智能可能会占据、压制或贬损无名的情绪，但在健全的心灵中，逻辑智能将扮演一名译员的角色，尽力帮助人们完善理解情绪的技能。

许多人都对另一种生活有过憧憬，对未来的机遇有过憧憬。逻辑智能可以帮助我们收集数据，并为追梦的旅途绘制逻辑路线。情绪可以为我们提供技能和动力，帮助我们坚持下去。身体可以帮助我们行动起来，使梦想在我们的日常生活中真正实现。当我们疲惫不堪或充满疑惑时，幻想精神可以提醒我们未来激动人心的事。

在该例中，直觉看到并发起幻想，情绪将这个幻想转移到我们的身体里，身体感知到这个幻想并不断实践，逻辑智能制订计划使幻想成为现实。而在一种失衡的心理中，我们的逻辑智能可能会过度思考，最终搞砸我们的幻想（逻辑智能可能会压制并非由它创造的幻想），或者我们不光彩的情绪可能会反应过度，把我们从幻想中吓跑。但从整体上看，我们的逻辑智能将用它的翻译、筹备和计划能力尽全力支持我们达成幻想。

遇到的情况不同激发出的强项也不相同，但我们身体每部分的功能往往趋于一致。通过做出反应和在生活中摸索着前行，情绪将能量、能力和信息转移到不同地方。逻辑翻译、分类并存储事物。身体出于本能地感觉并加工事物，并将其付诸实践。幻想精神提供了宏观的总览，即综合其他各种情况的全局性蓝图。四种元素和七种智能就像舞者一般在精心编排的芭蕾舞剧中舞蹈；每个动作和表演都自有韵律、别出心裁。在缺乏节制的心灵或系统中（不幸的是，这是我们文化中的常态），元素和智能无法共舞；它们在混乱和狼狈中猛然相撞，扑倒在地。

大多数人都极不擅长调节心理。这没什么值得羞耻的，事实就是如此。我们就是这样被训练和教育的，也是这样训练和教育他人的。我们可以学习将民主带入内心世界（下一章将重点探讨这一点），但只有当我们能够理解自己所承受的严重失衡时，才能达到真正的平衡。

　　大多数人都被教育要重视显性的"智力"智能，习惯了将四元素割裂开来，如此一来，我们的精神或幻想生活就与日常生活割裂了，智力生活也和情绪生活脱节。我们都被训练过压抑情绪，过分重视智力。我们似乎不知道如何同时做到深刻地感受和出色地思考，而且几乎无法将情绪流与思考过程联系起来。大多数人还处于精神和肉体相分离的状态，因为这是我们唯一知道怎么做的，我们不知道如何将冥想、幻想或沉思融入日常生活中。

　　无论自我分裂存在于身体与精神领域，还是思想与情绪领域，灵魂的某个部分都必然会经历分裂。这就是现代生活的真实写照。你会在非此即彼的人格中观察到或感觉到这种分裂。要么展现"他的此人格"，在这个充满竞争的金钱世界里立足；要么展现"他的彼人格"，与世隔绝，像方济会修士般隐居。但是，由于肉体与精神无法交汇，因此两者不可兼而有之。要么展现"她的此人格"，研究所有可用的信息并且胸有成竹；要么展现"她的彼人格"，抛开所有想法，在经历过每种情境后小心翼翼地前行。但是，智力智能和情绪智能两者不可能同时发挥作用。

　　当肉体与精神相互矛盾并忽视情绪的传输能力时，智力智能往往会急速运转。它别无选择，因为其他所有元素都被禁锢了，精神领域亦如一潭死水，毫无波澜。当停滞状态出现时，逻辑智能、空间智能和语言智能几乎总是向前迈进——不是因为它们比其他智能更优越、更智能或更敏捷，仅仅是因为它们是我们在学校教育和文化环境中唯一得到大量训练或关注的智能。

假如有两份工作供你选择，一份工作地点在家附近，但薪水较低，另一份薪水较高，但要奔波到遥远的城市去工作。如果仅凭理智来决定，你会重点权衡旅途周折和经济消耗——是搬家还是留在原地更可取。由此做出的决定再合理不过了。但是，如果旅途周折和经济消耗会抵消掉第二份工作的额外收入，从而使两份工作在薪资支付上相差无几，那又会怎样呢？如果两份工作皆无优势，你很可能会陷入一种踌躇不定的纠结状态，会在脑海中反复思考哪份更好？应该选择哪一份？如果气性智能是心灵中唯一能自由运转的元素，你可能会在两份工作之间来回徘徊，在心里完全没底的情况下选择其中一份。即使是在做出决定后，你可能还会继续对自己产生猜疑，因为仅凭逻辑判断，力量不足，方向也不明确。

然而，倘若尊重内心的指引，便会有更多的选择。如果无法区分两个同样合乎逻辑的选择，情绪智能可以让你感觉到这两份工作之间的情绪差异。留在原处感觉如何？搬到别处会有怎样的感觉？两份工作分别包含哪些职责？这些职责和未来的同事给你一种怎样的感觉？如果能对每一份工作都有所了解，就会更清楚哪一份工作对你而言更有意义。情绪智能可以帮你感觉到两份工作和两座城市之间的差异，这将帮助身体感觉到不同选项之间的内在差异，例如，其中一个选项可能意味着气候更加湿润或离山更近。如果能让身体和情绪参与关键过程，头脑就会冷静下来，并回归心灵中的适当位置，产生有远见的观点。当做到思维合理、思想集中时，你便会淡定从容。问问自己：你的人生在宏伟的计划中会走向何方？是否有一份工作能帮助你实现目标？当你依靠自己的所有智能做出判断时，判断将不仅仅是合理的，它将以情绪为基础，稳妥、富有远见且明智。

然而，如果过分依赖逻辑智能，将无法做出清晰或完整的判断，因为逻辑智能只能处理呈现出来的简单事实。它无法深入事实背后的情绪和细微差别——如果缺乏水性情绪，它定是不能；如果没有火性幻想，它将无法翱翔于所有事实之外；如果没有土性身体的帮助，它也无法使事实变得实用。一旦逻辑智能完全脱离四元素整体，它就变得不那么机敏、有益、明智。仅凭一种智能，人们总会缺乏判断力，因为它无法掌握全貌。气性智能独自能做的只是不断地思考，由此生出幻想并制订计划，数百次地重温问题，折磨你的肉体和精神，连它自己也备受煎熬。然而，一旦气性智能在心灵故园的适宜处落脚，在元素和智能的平衡状态中安身，它就将卓越不凡。

当可以用心灵故园中的技巧和能力来支持情绪时，逻辑智能和情绪智能便能相互协作。当情绪自由流淌时，进退维谷的逻辑智能便能从独自管理全部生活的艰巨任务中解脱。随后，逻辑智能本身将如空气般自由流动，能够熟练地翻译信息，因为人们并不指望它真的能将信息从一个地方运送到另一个地方。传递信息、技能和能量是情绪的本职工作。翻译、组织、存储和检索信息才是逻辑智能的职责所在。当以上两者在平衡的精神状态下协作时，你将变得更加睿智。

在思考精神与科学、逻辑与情绪、物质生活与精神生活之间的关系时，许多人都会陷入一种思维误区，认为以上种种彼此间相互矛盾，但这种想法其实是十分荒谬的，我们体内的各种智能并不冲突，自然世界中的四元素也可以融洽共存。 只有当人类的心智失衡或是混乱时，我们体内的智能和元素才会互相排斥。神秘与美，智能与元素，人皆有之，但只有真正的天才才能够在它们的交织处翩然起舞。

第五章

唤回你的本性：迎接中心自我

如果想以共情的方式与情绪合作，那么就必须全身心地投入这一过程，并保持平衡状态。而进入平衡状态，意味着欢迎每种元素和智能充分融入心灵。从此刻起，从发挥强项出发，从走出舒适区开始，将行动贯彻到每种元素和智能中去。无论身处何时何地，你总能拥有四元素之一或者说一部分供你依赖的智能，总能做那个独一无二的自己。如果可以在掌握了一两个训练有素的元素的基础上，进一步加强这种平衡练习，你会感觉更舒服。如果可以说出"好啦，我的土性身体已经得到了充分的训练"或者"我已经是一个极富智慧的人了"，那么你的训练起跑线便更加靠前。然后，你可以将直觉和想象、情绪流、艺术技能和语言技能、智识或身体智能收为己用，并不断向完整的自我迈进。

平衡诸元素

了解每种元素的功能有助于诊断自身的失衡情况。举例来说，如果无法完成某些任务，如果梦想或希望不可能在这个世界得到实现，那么你就会明白，其实这是因为自己忽视了体内的土元素。如果只是无法理清事情的来龙去脉，找不到其意义，你就会明白自己的气元素的作用没有得到发挥。如果无法充分感受或体验生活，具体来说就是如果对你而言，事物毫无流动性或相互没有关联，不知道自己感知事物的方式，那么这就意味着你的身体里缺乏水元素。如果你没有任何距离感或权衡轻重的能力，那么你需要明白体内的火元素并没有发挥作用。我们体内的元素和智能构建出了一座内在故园，保持故园平衡需要我们进行终生练习。不过，一旦意识到自己体内存在这样一个故园，那么这种练习就变得相当简单。

平衡土元素

如果土元素失衡——如果你忽视或透支了身体智能——那么此时你应当自觉进行体育活动、补充营养并注意休息。恢复土元素的平衡意味着将现实生命融进意识里，这不仅仅是允许身体发展、感觉、探索和创造，而且要给予自我无微不至的关怀和照顾。舞蹈、园艺、攀岩、武术，任何一种能够拉近你与身体、与周围世界距离的运动，都能帮助平衡你的土性智能。如果你是一个理性的人，可以自行设计出绝妙的锻炼或饮食方案，若有任何不对劲的地方，只需要让身体告诉你。如果你是一个感性的人，当想让自身得到休息，或是身体需要进行更为纯粹的锻炼时，可以选择比如制陶（或者任何你最喜欢的），或者跳一些像萨尔萨舞、桑巴舞、非洲舞之类的富有感染力的舞蹈。如果你是推崇心灵至上的人，可以选择一些锻炼精神的静修运动，如瑜伽、太极拳或气功之类。你只需要让身体休息、玩耍、放松，并在需要的时候与世界搏斗。如果你是更为朴素的人，且试图平衡拥有四种元素的内在身体，那么便可以利用体育运动或舞蹈，把情绪的、幻想的或智能的意识带入现实生活。

平衡气元素

如果代表逻辑的气元素歇斯底里般爆发（或死一般沉寂），这时就要进行心理建设。研究、阅读、学习一门语言，或者探索一些感兴趣的事物。如果不喜欢阅读和研究，可以拼图、玩游戏，或者处理数据。凡是具体且目标明确的任务，都能够帮助大脑获取清楚的意图，从而更好地集中注意力。制订计划，并确保执行过程符合逻辑。如果是感性的人，当思绪在非必要时刻自由驰骋时，可以对艺术、心理学、神话学、社会学或文化人类学（或任何以艺术表达、人际关系、文化或人类发展为中心的学问）进行深入的研究。如果是智力导向的人，并且希望让气元素更加平衡，便可以开动脑筋支持你的实际体验、情绪认知和幻想意识。

平衡水元素

　　如果水元素涌流（或干涸），这时便应该注意进行表达活动。凡是能通过身体或大脑释放情绪的活动，都会帮助恢复体内水元素的平衡。恢复水元素的平衡意味着学习情绪的语言，有意识地将其运用到生活中去。舞蹈和富有表现力的动作、各种形式的音乐、文学（尤其是诗歌）以及任何对自然的追求都能深度治疗情绪自身。情绪需要自由流动、感受万事万物之间的联结，也需要通过艺术或行为将其蕴含的知识表现出来。如果是朴素、无相关经验的人，可以通过舞蹈、雕塑、水上游乐等健康的感官享受试着放慢节奏，去感受食物的质地、自己的身体以及周围世界的微妙之处。通过非结构化的涌流，能够掌握平衡体力和稳定性的方法。如果是智力导向型人，可以研究情绪，就像此刻正在阅读本书一样。此外，也可以通过写作、音乐和诗歌来表达情绪。只要能给情绪以自由，让它们在必要时刻不拘于形式和理由地传达话语和想法即可。如果是注重精神的人，不妨通过太极拳或气功等流动的（而不是静态的）静修运动来进行自我表达。只要能让情绪没有束缚地自由流动便是可取的。也可以在大自然中冥想或在水边度过宁静时光。如果属于感性者，希望内心的故园更加平衡，可以试着将人际意识和内省意识融合进思想追求（观察人们如何相互联系）、实践经验（认识到你的内心感受）和精神幻想（探讨它们与日常生活有何关联）中去。

平衡火元素

如果火元素熊熊燃烧抑或死气沉沉，这时应当进行有意识的精神或冥想活动。平日里，留些余地给梦想、直觉和幻想。宗教仪式和冥想对于部分人来说有治愈能力。不过，其他方法也可以带来精神上的治愈：在山野间徒步；与动物、孩子和老人相处；在水边赏玩。幻想需要其专属的领域（以及与生物建立诸多联系）来达到最佳状态。如果是身体导向的人，那么不妨尝试瑜伽、太极拳或气功等身体静修练习，让自己不时进入幻想状态。如果是智力导向的人，可以在思考过程中，考虑一下心灵所要传达的信息和想法，效仿伟大的梦想家和远见者。如果是感性的人，可以在情绪表达过程中描绘自身的幻想蓝图，并从文化、跨文化、家庭内部和心灵深处等多个视角俯瞰情绪。如果是幻想导向的人，则可以将敏锐的幻想带入现实生活、思想过程和情绪意识，最终达成心灵平衡。

汇集所有元素

当把自身的情感、智能天赋、身体技能以及幻想精神融入人际关系中时，你便能大放异彩。如果能使以上诸种要素保持平衡，你便能遵照真实情绪、智能信息和确定的梦想行事、发展。当逻辑思维拥有自由后，它能为你翻译四种元素语言，并为支持身体知觉、情感现实和梦想提供信息与真相。一旦允许情绪自由地游动，它便可以在精神愿景、身体和智力活动之间传递能量和信息。当幻想得到尊重后，便能自由翱翔，为物质生活、情感生活和思想生活带来永恒的智慧。

然而，一旦完成这种平衡，意想不到的事情便会随之发生。当体内的所有要素共同协作时，你便会突然意识到，自己不属于体内的任何一种元素或智能——身体、情绪、智能、艺术才能抑或是幻想，那一瞬间着实会让你心头一振（甚至十分迷惑）。你会茫然不安，像双脚离地、飘浮空中一般。你拥有每一种元素和智能，但并不单属于其中任何一种。走出失衡和迷茫（处于那种状态时，即把自己看作偏思想型、精神型、情感型或物质型人格）的那一刻，迎接你的是一个全新的世界。当元素和智能的故园在体内处于平衡状态时，心智中心就会出现第五种元素或元智能——一种智能之上的智能。在各种杰出的传统理论中，这种新元素被称为自然、木或以太。一方面，一旦这种元素消失，自身的四元素无一例外必将不复存在；另一方面，只有当自身的四种元素彼此处于适当的关系时，这一核心本性才会真正繁荣发展起来。自我、自尊或人格将不再仅仅基于某一两种元素或智能，反而会以这一新元素为中心。当这个真正的本性出现时，你就能自由平等地接近所有自我。因此，有了核心本性，你就能作为一个完整而机敏的个体去生活，去呼吸。然而，在心灵故园彻底得到认可和尊重之前，这种真正的核心本性并不十分活跃（甚至不会露出半点踪迹）。

这种自平衡及完整状态下诞生的新兴观念或新元素，曾出现于多种传统学说以及文化之中。中国道教的五行学说中就有金、木、水、火、土五种元素。在此体系框架中，金是智能的气元素，而木是所有元素达到平衡时产生的一种新元素。中国五行中的木并非朽木，而是一棵有生命的树，或者说是土、金、水、火平衡后形成的植物王国。道教思想还包括一种有趣的饮食五行说，即甜、酸、咸、苦、辣。有人认为，当一道菜能融合这五种口味时，便能够治愈各种身体病痛，平衡身体中的一切器官及系统要素。

当这四种元素在人体里达到平衡时，相应的生命状态便会产生——一个进化了的、完整的新自我，即第五元素本身。这一自我突然觉醒，并开始用新视角看待世界，随着元智能的出现，个体自身的能力与选择面也将变得更广。你不再挣扎于太疯癫或太呆板、太现实或太浪漫、太感性或太冷血、太遗世独立或太世故圆滑之间。一旦居于四元素的中心，你便焕然一新。

全新的自我幻想

当元智能的、第五元素的人格出现在自我中心时，一些想法便会随之消失，例如，认为身体是低俗的、需要禁锢的。这一刻，人们反而会相信俗世中的身体实际是四位一体的坚实基础。随着大脑将其涌动的才智充分发挥，那种认为大脑是令人厌恶的、不值得信赖（或绝顶聪明）的想法也逐渐消失。随着情绪为心灵注入其赖以生存的流动性，那种认为情绪是变化无常且十分危险的想法也渐渐消失；人们不再相信精神是虚幻的或是与生活脱节的，因为精神会将激情燃烧的幻想扩散至周身。关于判断问题的错误信念也会消失，因为当我们一视同仁地尊重土、气、水、火时，便可以做出全面的判断，而非在失衡的心理中做出表面判断。从本质上说，四元素平衡状态的出现，几乎改变了我们关于人格和自尊的一切认定，取而代之的是充满活力的健全之人的新图景。

当我听到仅拥有一种、两种，甚至三种元素的人自以为是地谈论人格功能时，我总会摇头，因为所有这些未达到四元一体的人所能看到的，只有阴影、幻象和破裂的自我碎片。当从一种失衡的角度来看待像心灵这样复杂的事物时，基于这种观点得出的结论也将是失衡的。当一个人没有中心自我时，是根本不可能理解甚至描述它的。所以，当人们贬损自我意识或提倡人们要无私奉献时，请警惕，那是一种在失衡状态下，鼓动人们对抗灵魂的做法。

当人们攻击中心自我或四元素中的任何一种元素时，请问问自己："他们是在全知状态下说话吗？"只有在看到人格健全而丰富的个体时，才能体悟人格的真谛，就好像只有当对四元素有所了解后，才能对四元素中任意一种了如指掌。当自尊、人格或自我出现在平衡而丰富的心灵的核心地带时，你才可能全面地描述它们。在失衡的系统中产生的破碎、绝望的事物只是真实个性、真实人格或真实自我的影子。

当四元素状态失衡时，人们会时不时忘记行动、忘记思考、忘记感觉，也忘记梦想。个体和心灵只会愈加失衡，而非日益充实和深刻。个性将变得要么平淡无奇，要么浑身带刺，自我会在极度沮丧和极度膨胀之间来回摇摆，自尊心会在毫无根据的高点和不切实际的低点之间疯狂倾斜。但是当每种元素及智能具有稳定和平衡的特征时，个体就会拥有稳定的基础和一座心灵故园。你将能够在生活中创造奇迹，因为你将充分地、有意识地利用一切供自身在地球上生存的工具，不论是原初就存在的工具还是演进发展来的工具。

这种平衡行为在理论上很简单，只需将物质生活、感情、思想进程和精神认知全部囊括进现实生活中。你可以每天回顾之前提到的平衡练习，或者独创一些练习来平衡你的四元素，但现实情况是你首先得每天坚持练习。身处不支持或不理解平衡的文化环境中，保持平衡绝非易事。到了一定年纪，你就能深深地感觉到与特定的人分享自身的情感或幻想是多么不容易，这时其他人大多对你的话充耳不闻，除非他们能够从你的话语中汲取某些智慧。当完全沉浸在自身的心灵故园里时，你将兴奋不已并热血沸腾，但也有些许不适。我就直说吧——刚开始时可能会是一段痛苦的孤独时光。当摆脱那些蒙蔽你、阻碍你的体制和思维定式时，你将获得不可估量的自由，但会把很多朋友和熟人抛在身后。拥有完整智能和五行的人极其稀少，因为我们的文化环境本身缺乏对元素和智能整体性的支持。

如果告诉别人身体是智能的、思想是稳定的、情绪是有治愈能力的，或者火性幻想可以让他们解脱，有些人甚至会对你产生戒备心理，因此，为了个人成长和幸福，最好不要动摇身边的任何人，而是在亲密朋友的支持下，找到一种方法来圆满完成这些平衡练习。即使找不到这样的伙伴，也别担心，我可以向你保证，孤独只是暂时的。所有的个人成长都会面临关系渐行渐远的状况，但是这样的成长也会给生活带来新事物。很快你就会找到新的支持，以维系这种变化。然而，即使在支持未出现时，你也会获得别的益处。一旦掌握了窍门，欢迎多元智能的五行人就会爱上自我的陪伴，很少感到孤独。当你能够从完整的自我故园中出发时，就会发现有如此多需要自己亲眼见证、亲身体验的事物，那些孤独的想法便很快随风飘散。

但是，我要友情提示一下。如果你像我以前一样试图改变周围失衡的系统或群体，很可能会阻碍自己前进的步伐。失衡的系统需要许多替罪羊、追随者、奴仆和亲信来维持正常运转——在发现异常之前，它们会如磁石一般将你拖回先前的深渊。所以千万留心，与失衡的人或系统接触过多，反而会延缓找到完整自我的进程。以下是象征失衡的明显征兆：（人、元素或智能之间）互不相容的现象；无法忍受神秘；对元素或智能的完整性持否定态度；幽默感的缺乏。如果想与四种元素和谐共处，我给你最重要的建议是，请最大限度地冷静、谨慎地对待身上正在发生的改变。最好是让那些失衡的人和系统自求多福去吧，主动从他们的波及范围中挣脱出来，专注于自己的核心任务和情绪。当然，研究一下周围那些让你心心念念的失衡的人和体系倒也无妨，但务必谨记要保持你神圣核心任务的私密性，以防自己反受其控制。

拥有完整的自我后再看待这个世界，你会发现，自己的心智中心丰富多彩且瑰丽无限，自己与世界的盘结牵连颇深。然而，旅程之初，你会不断经历失去——失去朋友，摒弃根深蒂固但并不适用的思维模式，去除旧有的自我意识。但要明白一点，这些损失有其用处，它能帮助你真切地意识到改变正在发生。然而，我们要清醒地意识到这一点——在多数文化中，学习情绪的语言并非正常的或可接受的转变。情绪存在于不被我们珍视的一种元素中，存在于不被我们有意识地去锻炼的智能中。因此，进入情感领域就意味着脱离现实状况。

如果需要一些帮助来摆脱固有的生活方式，请重复第37至38页的让悲伤自由流动的练习，或者直接跳至"悲伤"那一章。通过那一章的学习，你会发现，恰当的尊重缺失能够让你恢复活力并获得新生。当你拒绝放开那些不适合你的事物时，将无法自由地生活或呼吸。悲伤会使你更加清楚，只有清醒地面对失去，才有可能重获新生。

健全丰满的人格

我想给你举一些例子，来说明健全丰满的自我如何在智能和元素中心发挥作用。找到这些恰当的例子着实费了我好大的力气（一点也没妄言），但如果你知道要找寻的目标，难度就会降低不少。我在《哈娜侯！》（*Hana Hou!*）杂志上发现了一篇关于夏威夷人奈诺阿·汤普森（Nainoa Thompson）的报道，他是波利尼西亚航海协会"霍库勒阿"号（Hokule'a）远洋独木舟的领航员，是拥有完满自我的绝佳人选。汤普森曾经接受过良好的"探路"训练，那是古代波利尼西亚人特有的一种不借助任何工具的探路艺术。早期的塔希提人随独木舟扬帆远航，在见到了从夏威夷群岛方向飞来的一群海鸟后，最终发现了（并定居于）夏威夷。如果你知道这些，就会叹服探路真不愧为一门艺术和科学。

　　首先，探路需要牢牢掌握潮汐和星体方位相关的逻辑知识，能够深入全面地绘测航程。其次，探路还要依靠着眼现实的能力、驾船航行的能力、感知海域状况和海上气候微妙变化的身体智能、静观自身情绪反应的深度内省力和察觉船员情绪状态的交际能力。除此之外，因其目的地为波利尼西亚部落，探路过程中，船员须深入了解当地传统习俗、信仰和梦想，毕竟这是一次精神历练。只有深刻了解这个部落并且怀有满腔热血的人，才能理解众海神的旨意。最后，探路还需要第五元素的自我，只有第五元素能够根据来自各方的信息流，做出全面的决定（并在缺乏重要信息时自动填补）。

　　1980年，在汤普森第一次担任领航员的长途航行中，他和他的船员驾着"霍库勒阿"号自夏威夷航行至塔希提岛（不借助任何仪器）。航行途中，"霍库勒阿"号不幸被困于赤道无风带，这条无风带本就令人无望、危机四伏，而当时他们还面临着一阵阵暴风雨。接连数日，汤普森几乎日夜无眠，狂风中，"霍库勒阿"号在风力作用下不停地变换方向。黑夜一片死寂，独木舟在狂风暴雨中急速前进，但驶向哪里呢？汤普森不得而知，黑色的天空完全被笼罩在云雨之中。汤普森精疲力竭，感到深深的困惑，好像无法掌控自己的灵魂和身体。他靠在栏杆上，刹那间感到一阵平静，他看见了月亮——尽管并非肉眼亲见。片刻间，他的理智跳出来与幻象相抗，但汤普森强烈地感受到了幻象发出的某种信号，于是他掉转独木舟。就在这时，他的身体和情绪都隐隐体验到一种正确感，接着云层稍开，月亮精准地出现在幻象预测到的方位之上。汤普森无法单独用他的理性思维来解释这次经历——他甚至没有尝试过。他的核心自我知道，航海需要的技能，远不止优秀的逻辑能力和一名水手应掌握的技能。

有一句富有见地的拉丁谚语：Adaequatio rei et intellectus，意思是真理即为物与知的契合。奈诺阿·汤普森航行多年，他的体力和能力、他对幻想的信任、满身疲惫仍处变不惊的情绪技能和技巧、与祖先的契合感，都为这句谚语提供了绝佳的例证，因为他确实胜任了摆在他面前的任务。由于没有任何外部力量可以依附，他便寻求内在力量，在自己的心灵故园里找到了答案。

当尝试伟大的或新鲜的事物时，我们需要丰满的内在资源和自我——内心各元素之间完善的制约平衡机制，这样我们就不会在"流动现象"面前感到困惑。当能够平等地依靠每一种元素和智能时，我们就能充分而有意识地获得做出决定和强有力行动需要的一切。然而，除了强有力的获取层面外，还存在着与诸种元素和智能分隔开来的中心，它能够协调每一种元素流（就像在看似不合逻辑的月亮幻象出现在他眼前时，汤普森成功做到的那样）。这个核心自我会说："我的逻辑思维无法理解这种强烈的幻想，但这并不意味着幻想不真实。"有了核心自我掌握大局，每种元素都可以与其姐妹元素保持平衡，并相互联结。

关于五行还有另一个例子，这个例子比较有趣，讲述了一个小团体创建了表明五元素相互关系的实体。20世纪60年代，两个四人团队出现在不同舞台上，他们开创的广受欢迎的艺术形式一直延续至今。首先要介绍的四人团队是披头士乐队（the Beatles），四个人分别代表四种元素（尽管无论过去还是现在，每个人都是一个完整的人，并不仅仅简单地代表一种元素）。林戈·斯塔尔（Ringo Starr）掌握着土元素，是乐队的指挥和基础；乔治·哈里森（George Harrison）掌握着气元素，是乐队的理性思想代表；约翰·列侬（John Lennon）则掌握着水元素，比较情绪化，偶尔乱发脾气；而保罗·麦卡特尼（Paul McCartney）则代表着火元素，他是一位理想主义者，也是乐队的领导者（虽然他和列侬经常针锋相对、争执不下，就像水与火的关系一般）。居于核心地位的便是第五种元素，诞生于这种平衡的四人关系中：对于披头士的音乐，数百万人或痴迷，或质疑，或不舍（一旦四人组解散，便再也无人能复制其辉煌）。时至今日，人们仍无休无止地撰写着披头士的神秘传奇，却从未提及其乐队中的元素完整性，那才是其音乐作品令人难忘、轻松愉快的根由所在。

第二个四人团队出现在虚构的电视系列片《星际迷航》中。在这个四人组中，斯科特先生属于土元素，他负责所有机器的有效运转；斯波克属于气元素，负责相关智力技能；麦考伊医生属于水元素，富有情感意识（担任治疗师的角色）；寇克舰长则属于火元素，是理想的领袖角色。虽然剧中还有其他反复出现的角色（比如乌乎拉中尉，她既是通信官又是音乐家，本身兼有气与水这两种元素），他们也为至关重要的元素平衡贡献了不少力量，但这四个人代表了鲜明的四元素气质。四人关系的核心即这艘飞船（以及他们的使命），他们的命运和故事也诞生于此——"企业"号这个独特的存在谱写着独特的故事。就像对待披头士乐队一样，深入挖掘《星际迷航》中震撼人心的文化现象的文章铺天盖地，却没有哪一篇能扣准这部剧如此令人难忘的核心主题，即整体性和四位一体的平衡。

在日常生活中，我们虽然无法有意识地尊重全部智能，也不曾接受任何寻找五行的相关训练，但四种元素和核心本性似乎找到了让自己为人所知的方式——通过艺术、小说、象征主义以及其他任何可能的方式。这些都是有益的，因为如果你想在情感领域游刃有余，拥有完整丰富的人格和五元素共赢的行为方式就显得十分重要。当你产生重大疑问或做出重大尝试时，就需要宽广、强大且平衡的中心来为你处理收集到的全部信息。如果你无法充分利用自身所拥有的全部资源，就无法习得新技能，也无法挖掘深刻的奥秘。

当你进入强大的情感领域时，尤其是当这种情感已经坠入浓稠暗影的世界之中时，你需要保持身体稳定、精神专注、情感敏锐和意识清醒。你还应当保持丰盈的自我，在心灵的中心地带道出"哎呀，愤怒虽然强烈，但我不必迁怒别人，我可以问问自己的精神，我的幻想与逻辑会引导我慢慢将其领会"，或"这是个重创，我悲伤得无以复加，但是我不必逃避。我会追问对什么应当释怀，什么需要被找回"，又或者"这是惊慌，我会因恐慌而四肢冰冷。我可以问问自己的身体如何再次展开行动，可以乞求灵魂帮助我从惊恐和死亡线上回到现实生活"。拥有丰盈的核心本性不仅是情感多姿多彩的关键，而且是促成生活有滋有味的不二法门。只有当你有意识地接纳每种元素和智能时，它们才会有意识地在你面前出现。之前的练习会帮助你打好基础，以便恢复你自身的完整性以及独特的核心本性。

恢复与分心：理解差别

现在，你很可能已经知道有哪些元素和智能融入了你的心灵（或者哪些元素和智能没有）。你的任务就是把遗失的那部分自我找回，带进你的意识中。只有这样才能恢复自身的完整性。单独来看，每种元素的平衡任务实际上相当简单（只需意识到那个元素及其在世界上运作的方式）。但是，恢复精神的完整性就着实困难得多了。因为我们没有任何自我平衡、自我整合的实践经验，所以导致结果未定，适得其反也有可能。在追求平衡的过程中，我们会因为这些任务而过度分心，会欺骗自己，用过程替代其需要的技能，以求心安理得。请警惕心中这种喧宾夺主的倾向。

无论是在冥想、运动、艺术培养还是研究某种学问时，仔细留意一下你的意图。务必确保自己没有依赖以上这些活动而忽略了其他事情。你会发现自己很容易就投入到具体活动中，而忽略了需要平衡的元素或智能。这种倾向亟须注意，具体表现如下：冥思苦想，而非让自己纯粹地神思游离和幻想；阅读和研究，而非自由地思考；认真锻炼，而非让身体恣意地在世上穿行；忧郁时投入艺术或音乐创作，而非正视内心想法，和它们真诚地交谈。

你要确保自己能够像运用媒介一般熟练地协调情绪：在日常生活中有所规划并保持理性，而不是一受到生活虫豸般的噬咬就花大量时间读书、上网或玩纸牌；在日常生活中运用直觉的幻想，而不是用孤立的冥想练习来隔离自己；平日里多对物质世界和自身需求进行思考，而不是采取运动等手段进行事后减压并慢慢形成依赖。你身体的每部分都各有其治愈方式及平衡手段，但要在利用它们时保持谨慎。因为你可能会逐渐对这些过程和活动产生过度依赖，以至于发展不出任何内部技能。帮助心灵更好地运作，使你的核心自我更加丰盈以便熟练而体面地处理情绪，这才是汇聚元素和智能的目的所在。如果你所做的练习使你与世界隔离或游离于自我生活之外，那么你的核心自我就不会变得丰满。

丰富心灵的过程是在逐渐成长为完整个体，而不是追求完美蜕变。完整的心灵凭借其可调用的资源和能力与世界相互感应、相互融合。心灵完整者能潇洒自如地与情绪相协，而苛求完美者只会囿于刻板成见。如果发现自己正背负着沉重的决心和完美主义，专注于平衡内心的活动，你要意识到这一点：你的心流早已干涸。所谓欢迎水元素回归心灵，不是要投入特定的活动中，而是去拥抱情绪本身。任由自我感其所感，你的心灵就会再次活络起来。如果平衡任务开始让你产生压迫感，退后一步，重新审视自己的所作所为，集中注意力，然后再回到正轨。你会渐入佳境。

记住，平衡状态是理想的目标，而非铁定的事实。你的某一两种元素或智能会因为各种原因在某刻、某几天乃至某几个月内处于某些特定的背景中（例如，在工作环境下，幻想意识不占首要地位，而在学术氛围中，情绪意识不受重视，等等）。在很多情况下，只有部分元素或智能处于活跃状态，就像地球上有很多地方，土、气、水、火诸种元素的代表事物并没有平均分布。试着去联想一下幽暗冰冷的深海、寸草不生的花岗岩表面或酷热难耐的沙漠腹地。在许多自然环境中，某些元素的存在并不明显，但由于我们这个星球的系统完整而和谐，再恶劣的环境也无法阻挡大自然繁荣发展。

记住这一点很重要。与之类似，你的元素和智能故园也能创造出这样的复合系统，帮助你在恶劣环境中顽强生长。当心灵失衡时，你经常会自寻烦恼，只是因为你无法接触到完整的自我。然而，尊重每种元素和智能，你本身具有的丰富性可以帮你顺利规避不必要的事端。例如，如果你回避某些智能或幻想，继而使灵魂如沙漠般毫无肥力时，你定会因漠视身体现实与情感现实而处于水深火热之中。然而，如果你遇到了某些需要气性与火性并存、灵魂如沙漠般毫无肥力的情况（比如宗教仪式），而且你能接触到心灵中的每种元素，那么你就可以井然有序地灌溉身体和内在情绪来为灵魂构建一片祥和的绿洲。

或者，情绪被碾压、被羞辱，而你在其深渊中苦苦挣扎。倘若如此，你很可能"溺水身亡"。但是，如果你选择作为一个整体潜入你的情绪流中，你将会"泅水而生"。你可能会选择跟随气泡浮出水面（就像潜水者一样），让你的思想引导你游出情感的深水区，这样你就能喘口气了。你也可以通过一些身体练习建造一座土性岛屿，这样在潜水之时就有了休憩地。或者，也可以让你那雄鹰般的火烈本性在情绪流之上翱翔，这样就能记住事情的来龙去脉。

总之，在健全人格的帮助下，自我即使在经受挫折之时仍能保持完整。当自我完整时，你就能像地球本身一样不畏艰难时期和恶劣环境，因为你的灵魂深处拥有实用型的、多元化的本质自我。其次，你不会像完美主义者那样要求周遭事物全部静止不动、易于控制，只要所处环境不符合你的严苛标准就感到不快。此外，你会拥有真实的丰富情感、真实的顺境与逆境、真实的思想愉悦与挣扎以及真实的幻想觉醒与幻想困惑。更重要的是，你会拥有完整而充实的人生。奔走于时间的洪流之中，时而挺立，时而跌倒，但你将会多一份练达，并且体验到真正的平衡状态。你将能够从这些流动的中心位置引导土、气、水、火四元素的流动来促进个人成长、建立爱的联系，并过上有意义的生活。在完整的内心世界里，你将能够遇见你的情绪并渐渐懂得它们的话语。

记得回顾之前的练习。与此同时，请明白下面要学习的五种共情能力也会对你有所帮助。但是对你来说最为珍贵的平衡工具

（正如你在前文的三项共情练习中学到的）仍是情绪本身，我们将在第二部分深入探讨它们流动的辉煌世界。

与心流搏斗

（提醒：你将屡战屡败）

当我们没有与自由流动的情绪建立起一种有意识的关系时，我们会无法理解流动的必要性。如果我们反对情绪流理念，对某些元素和智能置之不理，压抑受我们控制的心流，麻木地追求静默的生活状态，那么紧张情绪便会郁积心中。这只不过是一种自我麻痹的静默状态罢了。身体上的病痛使我们难以忍受时，只需倾听身体的声音就能够帮助自己平复伤痛。思想的无法控制令我们倍感痛苦时，只有恳请思想与其他兄弟姐妹元素交流方能缓解折磨。由于自身怨怼、怀疑情绪，我们变成了任人摆布的傀儡。然而，只有聆听它们想要传达的信息才能帮助我们恢复正常。或者，在无法控制的幻想和想法中，我们迷失了方向，只有尊重它们方可重回心灵的中心。当我们与心流搏斗时，它常常汹涌而起，我们只能被卷入又一轮争斗之中。但可悲的是，大多数人仍不知悔改，一遍遍循环往复。亲眼见证（以及亲身体验）人们对心流发动的这场徒劳战争让人心头一颤，但它就发生在你我身边。如果无法理解流动是一切元素和生命伙的自然属性，那么我们就无法将所有元素和智能联合起来，使其彼此达成平衡。相反，我们只是在赶赴一场必败无疑的战争。

我们所处的现代世界形同战场，到处是痛苦不堪的肉体和灵魂。纵然我们使尽浑身解数，流动永不止息。我们在战斗中跌倒，刚得到些许缓解，虚弱地抬起头，然后又是一声"嘭"！另一股激流又将我们拍打在地。我们仇视一切形式的流动，却从不曾试着与奔流不息的心流一同涌动、舞蹈。

一旦卷入这场失败的战争中，我们就会努力抓住不同寻常的事物以减缓不适。除了抑制和压制元素流以外，很多人试图通过分心症（例如，进行平衡活动而不邀请某种元素彻底融入我们的生活）或上瘾症（包括糖、尼古丁和咖啡因）来迈向平衡。我们经常试图利用上瘾或分心来帮助自己接触或对抗某种问题元素（或某种问题情绪），这有助于我们在短时间内引导它们的流动。但是，上瘾和分心无法带来平衡、完整或真正的流动。不过，身处分裂每种元素和智能、区分每一种情绪、严重怀疑所有心流的文化中，这两种手段或许能为人们带来偶尔的平静。

从这个角度来看，当我们把心流和情绪预设为某种问题时，我们就会着手去解决问题，而最终的解决方案仍基于一种观念，即心流和情绪等于麻烦和疾病。如果我们相信情绪是所有麻烦产生的根由（由于一直以来我们都被灌输怀疑心流的观念，无论做什么都无法达到平衡），选择上瘾和分心似乎是唯一的答案。相反，如果我们欢迎体内的情绪流，正如对于完全健全的心灵来说，水元素是必要且不可取代的，那么我们就无须进入问题解决模式。但是，如果眼下你正在选择利用沉迷某物或分散注意力来管控情绪生活呢？你又能做些什么？

这完全取决于你自己，但在做任何决定之前，你可以运用共情能力，体会上瘾和分心带来的特定缓解功能，即消除精神领域中的停滞和紊乱。上瘾和分心在失衡的心灵中占有重要地位。缺少充盈丰满的内心故园，我们的生活将充满矛盾，甚至相当危险，这就是为什么那么多人只是为了熬过每一天，便选择对事物成瘾或分散注意力。我们成瘾或分心，并不是因为我们差劲或蠢笨，而是因为我们拼命地试图恢复失去的能量，平衡痛苦的心灵。

因此，求助于上瘾症和分心症完全情有可原。既然如此，让我们直击要害，运用共情能力看待能够帮我们"减轻痛苦"的上瘾症、分心症和止痛练习，然后再超越上述状态，构想出一和无须上瘾和分心的全新生活。

第六章

逃避、上瘾和觉醒：理解分心症的需求

    如果我们拥有丰盈的心灵，就能调节和管控体内的各种情绪流动，倾听和观察一切内心的躁动，并共情地恢复我们心理的平衡。然而，如果没有核心的运作基础，我们的四元素和多元智能就得不到适当的管理。我们会被难以控制的思想之流、情绪之流、感觉之流和幻想之流击垮，而不是优雅自得地游戏于急湍的涡流之中。如若我们脱离自我中心，那么几乎全身上下各部分机能都会不同程度地陷入麻烦。

    许多人在面对这样的困难时都已学会咬牙坚持。我们找到了一种应对方法——不是任其蓬勃发展或自由翱翔，也不是欣然接受，而是竭力应对。大多数人选择尝试某种形式的解离活动，那么这是否真的能够使我们逃避麻烦、脱离痛苦、沉迷于他物？多数人并不会学习驾驭自己的流动性，而是通过另一种方法，即活在梦想之外，远离情绪，不顾内心想法，抛却幻想，游离于身体之外。我经常说，我们的文化整体处于解离的状态，但更准确的说法是，我们没有一个自我的中心来指导或安慰我们，因此，我们仰仗能够发现的任何手段来减压或放松。逃避、转移注意力、沉迷其他物在我们的文化中屡见不鲜，因为失衡往往是我们心智的常态。

　　进入平衡状态意味着远离分心、上瘾、逃避等举动。然而，能成功避免这些症状的人少之又少，因为分心可谓无孔不入。基本上对于我们每个人来说，走神是每天（甚至是每小时）必做的一件事。人人都处在一种快餐式的生活模式下，快速回避或摆脱问题成了理所当然的事。你可以留意一下，多少人喝咖啡意不在解渴，仅仅为了提神或是适度集中注意力。再观察一下路上的司机，一边开车，一边用手机，或是吃东西、看新闻，什么事都有，就是没有集中注意力观察路况。再谈谈电视，电视几乎成了家家户户的必需品，而看电视更是每个孩子的日常活动。还有，我们每天花大把的时间泡在网上，脑袋里装的全是琐事。白天，我们被各种麻烦纠缠，一心多用且心神不宁。我们心神不宁地经营工作、人际关系、家庭、健康护理以及思考问题，特别是自己的情绪。我们不再全心投入理想和目标，不再心怀热爱与期许，不再努力应对困难与创伤，也不再追寻深层诉求与真实自我。我们脱离了追寻完整自我的轨道，大抵是因为我们不曾知晓其实完整自我是切实可得的。

　　远离分心、上瘾、逃避，意味着脱离思想处于分裂状态的社会，进入我们自己创建的一隅净土。实现这一想法相当困难，这也是为什么人们不提倡突然停止令我们分心的行为来实现这一想法。摆脱分心症和成瘾症需要很多支持，但前提是需要透彻理解我们为什么在大多数时间内都处于分心的状态。及时地回顾过去、自我拷问，可以帮助我们解答这个问题。问问自己：在研磨咖啡、准备来点药物刺激、吃些巧克力、吞云吐雾或喝一杯前，发生了什么？我们沉迷于锻炼、购物、聊天、绘画之前，发生了什么？是什么促使我们采取分心、逃避等行为措施？

一条来自水元素的线索意义重大，常常不动声色地告诉人们，真理其实就隐藏在我们每个人的心灵深处。在我们进入分心状态之前，都是情绪在尽力使我们保持清醒。不是念头，不是幻想，也不是身体感官，而是情绪。当我们被恼人的幻想或挥之不去的念头困扰而强烈地想分散注意力时，其实也是情绪带领我们做出逃避行为，逃避这些幻想与念头。如果我们有意识地走进这些情绪，而不是分心，我们便能对自身和情境了解得更为透彻。

摆脱逃避、分心、恍惚状态的关键，在于清楚情绪的本质，了解水元素的运转，以及我们想要避免的究竟是哪种情绪，又为什么是这一种情绪。当我们对这种逃避行为采取有意识的措施时，我们会学着（像情绪那样）顺应情势，而不是一味地逃避。当我们学会解读情绪中蕴含的信息（就像我们在第二部分中做的那样）时，我们便可自在优雅地与情绪相会。当我们内心丰盈、自在处世时，自然也就不那么需要分心了。我们可能仍需要一些帮助，来打破原先的习惯或弥补成瘾物质对我们造成的伤害，但如果我们可以轻松地感受自身情绪，便无须仅仅为了熬过那段不适而分心。

当我们心灵贫瘠、忽视各种元素和智能时，我们的情绪流便会相互冲击，发出声嘶力竭、歇斯底里的刺耳杂声。于是，解离和分心便作为一种拯救手段出现。当我们被诱惑击垮时，它们提供了一种疏离感。我们使尽浑身解数进入解离状态，要么沉迷于浏览网页、打游戏、强迫阅读、过度看电视或电影之类的分心活动，要么进一步患上强迫症。即使内心喧嚣不已，沉迷于某物、分散注意力、不良习惯、强迫行为和解离活动仍可以有效地帮助我们。每种方式都可以为我们带来一定程度的缓解，暂缓我们的焦虑不安。

共情地看待成瘾症和分心症

我们沉迷于某物、分散注意力，原因并不是我们软弱、毫无原则，而是因为我们的内心出了很严重的问题。当我们能共情地对待逃避、分心症和成瘾症时，便可对上瘾和分心本身更加了解。如果我们能明白令人分心的物质或行为带给我们的究竟是种怎样的缓解，我们禁不住其诱惑的原因就变得一目了然。

我们关注的是，自己在分心状态下究竟在寻求什么，我们不是在探究病理，而是试图弄清楚我们在借助成瘾物质和解离活动后可以获得什么。这些行为的作用强大，可以为我们紧张过度的心灵带来能量，或携来片刻愉悦的宁静。我们有极其正当的理由向分心和上瘾求助。从习惯性分心向清醒状态转变的关键在于弄清楚我们为何（及何时）需要这些习惯。有人认为，我们只要拒绝分心就可以解决所有问题，这种话语十分荒谬。因为在尚未完全理清我们为何需要抵制分心和上瘾的前提下，没有哪个人可以对分心和上瘾的诱惑说"不"。

每种能够令我们成瘾的物质或分心的行为，都具有某种特定的内在特性，可以帮助我们缓解特定的焦躁不安。比方说，酒精有麻醉效果。酒精流淌在我们体内，使系统恢复活力；它给无法平衡内心水元素的人带来了片刻的流动状态，帮助这些人释放或麻痹压抑状态下的情绪。可惜的是，试图凭借酒精带来的虚假流动修复系统，而不是学着尊重水元素本身，是不会带来半点平衡或治愈效果的。

还有一些物质和行为能够给人带来飘飘欲仙、无拘无束、自由飞翔的感觉，如同气元素和火元素一般。咖啡因、兴奋剂、甲基苯丙胺、可卡因、沉迷于网络、糖、性爱、赌博、过度消费、入店行窃等，这些物质或肤浅的行为都能快速令人摆脱情绪的困扰。当人们在现实世界中感受不到宽慰之时，这些物质和行为能够迅速给予人短暂的欢愉。一时之间，刺激物制造出让人为之鬼迷心窍的活力、光彩和快乐的幻想，但人们很快就会发现自己对刺激物的需求越来越大，甚至不是为了精神欢愉，只是为了早上起得来。由于这些刺激物无法平衡四元素，最终我们只能愈加懒怠地缓慢行进。

一种借助刺激物——脑兴奋剂——增强大脑力量的新尝试，逐渐风靡大学校园和高强度工作场所。许多在神经学上被视为正常的人，现在也在服用治疗注意力缺失症的药物，比如阿德拉和哌甲酯，或者一种专门治疗嗜睡症的药物——莫达非尼。有一个十分庞大的黑市在售卖这些药物，它们能帮助人们减少睡眠需求，专注于那些无聊且难以集中精神的（或者说不拖到最后关头不愿做的）工作。虽然这些药物对多动症或嗜睡症很管用，但如果通过四元透镜看待脑兴奋剂，我们就会发现，它们实际在强行逼迫智能按照一种非人性化的命令办事。此外，它们还抹杀了人们内心的情绪和幻想色彩，并扰乱人体正常睡眠周期。白日梦一度被认为与智能活动毫无关系，不过，2009年的一项神经学研究表明，实际上白日梦是大脑被敏锐地激活并解决高层次问题的过程。[3]该研究体现了大脑兴奋剂的奇妙之处。所以，服用兴奋剂、强迫大脑保持持续不断的集中状态，很可能会降低智力，让头脑变得迟钝，此外别无他用。持续稳定的专注并不会尊重或鼓舞智能。

还有一类能够令人分心和上瘾的物质和行为，我称之为"麻醉"。麻醉剂和一些行为，如吃止痛片、吸香烟、过度阅读、看过量的电视或电影以及暴饮暴食，可以麻痹肉体、情绪、思想，使我们中的一些人过上一种平静的生活。每种麻醉剂以其特定的方式建立屏障，阻断痛苦、情绪、想法，并使人与外界隔离。这些药品和活动试图忽略或抑制情绪流。短时镇静效果是麻醉剂的共性，但这种人为的镇静通常会带来相应的流动过度。这也是人们相当容易对麻醉剂上瘾的原因之一。通过麻醉剂来人为地抑制流动，实则促进了心流的增多。

请记住，流动属于自然现象，一旦受阻，流动必然加速。如果我们使用麻醉剂来压抑情绪，一旦麻醉剂失效，情绪的强度通常不减反增。如果我们试图依靠某种麻醉行为去压抑焦躁不安的念头，一旦压抑解除，我们极有可能变得更加紧张。在我们使用麻醉剂屏蔽外部世界时，无形之中会产生一股冲击我们内心的情绪洪流，世界被阻挡在心墙之外，其会对我们伪造的屏障产生一种还击冲动。这一点在吸烟成瘾上体现得淋漓尽致。在吸烟时，烟雾笼罩着吸烟者，看似形成了阻隔外界的屏障，实则只划下了一道虚假的界线（并导致吸烟者身体素质每况愈下），最终将吸烟者设立边界的真实能力也剥夺走。继而，吸烟者越来越无力应对这个世界。过不了多久，他们为了麻痹烦躁而无所庇护的内心，就不得不习惯性吸烟。然而，痛苦仍难以抚平，情绪仍纠缠在侧，念头仍挥之不去，世界不会停止运转。

诸种上瘾和分心措施都可以帮助我们远离麻烦。它们让我们融入某些元素，并的确有一定的缓解作用。不过，解离物质及行为只可作为瞬时的精神寄托，原因是它们短期内会带来不良反应，时间久了还会造成较大危害。一段时间内，解离物质及行为会使我们处于稳定状态。不借助其帮助，才是我们学习疏导情绪、处理情绪、熟练高效地调节心灵故园的最佳状态。

一旦学会滋养心灵故园中的元素和智能，我们就能敏锐而优雅地应对内在世界和外在世界：我们能发挥自身雄鹰一般的天性越过困境，彬彬有礼地聆听火元素的声音，而不必利用解离活动或物质将其逼到绝境；我们能合理管控工作负荷，安心地任思绪漫游，而不必麻醉我们的大脑，胁迫思想机械地运作；我们能与思想和情绪对话——感受，定夺，再感受，再做进一步定夺。这样一来，我们总能解决眼下的问题，而非歇斯底里、激化情绪或自我麻醉；我们会善待自己的身体，包括合理休息、适当饮食及保持健康良好的环境。我们不再试图逃避身体病痛带来的情绪反应，滥用一时起效的麻醉品和刺激物。总之，我们可以由内而外地自我治愈，无须依靠那些具有恢复力却造成自我压抑和解离的外在物质。

接下来，无须持续进行分心、上瘾或逃避活动，我们就能拥有保持完整且稳定自我所需的全部工具和支持。我们将学会集中精力和掌控自我，以及与所有元素流和谐共处。我们还可以让情绪（不是分心和成瘾）赋予我们处理生命流动所需的能量，并且这些自然流动也将在当下（真正力量汇集之处）引导我们进行自我掌控。

当痛苦无法构成痛苦

请记住，我们正在学习以尊重情绪的方式行动，这是一个从失衡到理解再到解决的过程。只有理解失衡（不要使自己分心）才能摆脱失衡，这是走向平衡的重要步骤。哲学家斯宾诺莎曾写道："当我们能够清晰而准确地描述痛苦时，痛苦就不再是痛苦了。"[4] 如果情况果真如此，即清楚地理解痛苦有利于将其解除，那么利用上瘾和分心来缓解情绪痛苦实际上只会加深痛苦。如果人为的上瘾和分心能解除麻烦，并使我们脱离自我意识，这意味着它们实际上是在让我们对痛苦状态失去意识。如果我们通过麻醉或分心来逃避痛苦，我们将无法对问题产生清晰的认识。我们不再感到痛苦或不适，因为我们内心麻木了。因此，我们无法理解为何自己会面临痛苦，继而无法对导致我们痛苦不堪的问题产生清晰而准确的认识。我们只会刻意地抹杀对当前处境的意识，结果痛苦仍旧郁积在我们心里。

如果我们借酒消愁，短时间内可能感觉不错，但那无法解决我们与水元素的关系中切实存在的问题。倘若我们不愿摸索解决问题的方法，便无法理解内心情绪失衡的原因。因此，我们也无法成长或进步。如果我们不得不人为加快生活节奏的话，（短期内）很实用，甚至有所成效，但我们会同时遗漏亟须解决的情绪问题。这种浮光掠影最终会使我们漏洞百出。如果我们使用迷幻剂进入想象空间（并麻痹自身的肉体、情绪和思想），不但会损害心智，还极有可能导致幻想失去其应有的功效和作用。同样，如果我们无休止地用麻醉品抵抗情绪痛苦，我们将无法清醒地感知最痛苦的那部分心灵。

分心和解离可以让我们从痛苦中获得短暂的欢愉，但一旦这些行为成为习惯，那么我们便无法控制和解决痛苦。斯宾诺莎认为，当我们能够理解痛苦时，痛苦便不再让我们感到痛苦。如果我们不理解这一命题，痛苦在我们眼中就会成为顽固难缠的棘手之物，为了苟活下去，我们只能依赖解离物质及活动。然而，当我们能够直立在心灵故园的最核心地带时，我们将不再被生活中发生的非常事件危及，包括瞬间产生的、带来变化的、由混乱和痛苦引发的，以及情绪流动带来的非常事件。当我们栖息于心灵中心，我们将能够清晰而精准地认识到困扰着我们的情境；将能够看清思绪流动并从中受益，感受并利用情绪的流动，惊叹并依靠闪现的幻想，仔细聆听知觉感受。我们不会再因痛苦，奔向附近的酒吧（借助酒精或巧克力）去寻求解脱。相反，痛苦让我们加深对自己的了解。如果我们学会了引导内心的流动，我们将能够透彻地理解痛苦。

如果你采用了任何令自己上瘾、分心或者解离的行为，你无须为自己而感到羞耻或者想方设法立刻戒除，但你要知道选择分心后自己做了些什么，又是出于什么原因。希望你能以任何力所能及的方式继续生活，让你的意识审视上瘾症及分心症，它会帮你找到心灵中最脆弱、需要支持的部分。如果你嗜酒，不妨研究一下如何使得你的水元素融入自身的心灵及生活。如果你发现自己沉迷于速效药物和活动，不妨留心你的思想和精神是如何与你的肉体及情绪相处的。如果你依赖烈性药品或过激性活动，你可以试着将你的幻想融入肉体，并在日常生活中将其付诸实践。如果你目前正借助吸烟设立边界，在社交场合寻求舒适感，那么你可以研究自己与自我意识之间的关联，以及自己与边界明确的愤怒之间的关系。所有令你分心的药物及行为都能帮助你意识到自己究竟如何处世，以及体内的哪一部分最需要治疗和平衡。

请检查你借以融入或逃离特定状态的一切介质，包括那些不具有明显上瘾性特征的介质，如锻炼、艺术表达、需要智力的爱好、冥想或宗教仪式以及可能被你用来减轻痛苦的食品。花点时间观察你是否正将以上某些行为作为生活的寄托。时间一长，凡是象征着合理的表现、感知、思考、事物都能使你丧失能力，和相对明显的上瘾物质一模一样。

佛陀与小兔子

有一句深刻的佛偈：对抗痛苦将使痛苦加倍。每当我有解离的想法时就会在心里默念这句话。仅仅与不适情绪共存，就能让我更加了解自己。实际上从我抵抗情绪，转向逃避和分心的那一刻，痛苦就来临了。在我结束分心活动时，我究竟身处何方？在浪费数小时或摄入数百卡路里之后，先前的情绪原封不动，仍亟待解决。它会更加急迫地卷土重来吗？还是说，它会埋藏在内心更深处呢？无论是哪种情况，旧有情绪总归变得更不健康了，所以我只能暂且不去思考这个问题，准备等到下一次情绪失衡之时再说，但是下一次我依然很可能无法成功解决。如果情绪再次袭来，并且比之前还要强烈，我势必会经受折磨。如果我抵抗原先的不适感，那种感觉只会更加强烈直至痛苦遍及全身。这时，采取分心措施不会使我更加清醒，只会让我暂时失去痛苦的意识。虽然选择分心时，我体验到了一种可悲的愉悦感，但不适感仍潜藏着。随着压抑程度增加，情绪趋于麻木，痛苦之感还是那么分明。这种做法无异于用一大堆玩具安抚哭闹的孩子，却不让他领悟和成长。

让我们回想一下现实生活中照看孩子的经历，不管怎么哄，小宝宝就是哭个不停。他们的哭声和悲伤情绪相当折磨人，我们很难一直待在那种环境下。我们在一旁不断安慰，试着缓解这种不愉快的气氛。我们检查他们的衣着是否舒适，尿布是不是湿了，问他们渴不渴、饿不饿，这种挫败感令宝宝哭得更厉害了。

我们发出"嘘"的声音，示意他们安静，轻拍他们的身体，但他们仍然一直苦恼，这些都不管用，我们又想尽办法逗他们笑。我们找来玩具——兔子先生，让它跳舞。"快看兔子先生！兔子先生跳起来，四脚朝天啦！兔子先生真好玩呀！我们和兔子先生一起笑一笑！"这时，宝宝终于笑了，我们感觉好多了。无论小宝宝在哭闹些什么，现在都忘得一干二净了，谢天谢地。我们耳根清净了，这才是最重要的，对吧？但是，如果我们能对小婴儿说"你真的很难过，你现在很难受"，会怎样呢？通常情况下，如果我们仅仅简单地让宝宝去感觉，鼓励他们体验当下时刻，宝宝反而会更快地停止哭泣。我发现，即使是仅有几个月大的婴儿，如果你顺应他们的感受，也会让他们逐渐冷静下来，或者步步深入困扰情绪的根源。即使是年纪很小的宝宝，在哭泣时也可以将难过转化为清醒的意识，从意识层面传达出他们的真正需求。

如果我们采取抑制或分心措施，哭声也会停止，但会让婴儿错过重要的成长经历。他们将无法通过自己的感受明白究竟是哪里出了问题，也无法有意识地将不适与内心的重要问题联系起来。更严重的是，我们不曾帮助他们增强自己与自身水元素的联系，这也反映出我们自己同样与水元素背道而驰。在我们摆弄兔子先生的同时，也是在扼杀别人的意识。而且，忽视自身意识的我们也将更加难以应对生活的本来面目。

不幸的是，我们的生活就是这样展开的，我们的文化也是这样形成的。倘若哪里出现麻烦或痛苦，我们很少面对它并尊重它的真实性。我们基本上不会去顺应情绪或伴着它们从失衡走向

095

理解最终解决，我们只会拿出各种各样的兔子先生去终止不适感。但这样一来，不适升级为痛苦，逼迫我们远离内心世界。我们不尊重不适的情绪或烦恼，只会分散宝宝的注意力。身处于这种文化环境之中，我们自牙牙学语之日起就知道不能任由不适感发展或向我们传达信息。我们认定了不适感是世界上最为糟糕的事物。不论贫富长幼，所有人都认为依赖分心和逃避是理所当然的。在我们的教育和文化中，这些活动具有重要意义。

疯狗与兔子先生

我们在犹太人聚居区、西班牙人聚居区或纽约等街区的墙壁和商店橱窗中，可以窥见当今人们淋漓尽致的分心欲望。我说的不是涂鸦艺术，而是指数量惊人的产品和广告宣传活动，它们直接面向我们社会中最贫困、最弱势的成员。你看到过这些广告吗？颜色鲜亮刺眼，非常招摇，二十年都没变过——那些叫作"夜车"和"疯狗"的麦芽酒、廉价的葡萄酒广告，昂贵、印有商标的服装广告，时下最新潮的拉丁美洲和美国黑人明星的CD和影碟广告以及最新的博彩游戏广告，这些广告里充满改善生活的希望。作为一种文化，我们花费大量时间和精力在人的外在目标上，却不去倾听他们的心声或改善他们的处境。我们不由自主地听到这些人的不安和苦恼，但我们的文化不敢正视造成美国社会下层阶级如此尾大不掉的潜在和固化因素。相反，我们花费数十亿美元来分散我们最穷的公民的注意力，用那些花哨的街头行话为商品做广告，如鞋子、牛仔裤、赌博游戏，还有你在中产阶级的杂货店里永远也找不到的奇奇怪怪的烈酒。你看出来这是兔子先生的舞蹈了吗？

你能否进入心灵的核心地带想象一下，如果我们与正深陷痛苦的人促膝长谈，在他们倾吐心声时尊敬地聆听，那么我们会创造出怎样的社会？因为社会中生活环境最恶劣的那群人，最清楚我们这个社会的最大弊病。一旦注意力被转移，我们便把这些问题通通抛到了脑后。我们对自己在贫穷的产生和消亡过程中发挥的影响视而不见，因为我们正心烦意乱地追逐金钱，仿佛钱能治愈一切。层出不穷的问题让我们的文化不停地深感不适，具体包括不平等、种族主义、教育水平低下、住房毫无保障、平民儿童保险匮乏、心理健康服务缺失、就业不公，等等。不，我们的文化拒绝不适，拒绝由诚实探索带来的不适，然而其造成的后果便是带来了难以忍受的痛苦。那种痛苦充斥着贫民区，也渗透进我们文化的各个层面。痛苦来自上层统治阶级在城市内部制造的舆论，他们把绝望归咎于穷人，而这不能解决任何问题。我这么说并不是要向某个群体发难，因为无论我们在哪里，处于何种经济地位和社会阶层，都不免会分心，会为自己的困难开脱，因此，我们中很少有人能共情地或协调地处理这些问题。结果是，麻烦愈加棘手，痛苦愈加强烈——兔子先生（而不是佛陀）成了我们文化中的核心形象。

分心、上瘾和逃避行为已经成为我们文化中的常态，遍布各个层面。我们从出生起就被训练去避免麻烦、美化干扰，因此，从分心转向着眼当下显得格外困难。我注意到，困难不在于改掉特定的习惯或戒掉对某些化学物质的瘾，而在于做出打破常规的行为。就像处理情绪时一样，在对待上瘾和分心时我们也需要去除病理学的缺陷。我们应当明白，文化整体对处理不适的拒绝态度已经迫使其全体成员陷入痛苦之中。因此，在许多情况下，分心活动是使我们在苦难中坚强挺立的唯一力量。对于那些帮助我们熬过苦难的物质及活动，我们也要心存感恩。分心也是我们的文化遗产之一，而在信奉灵肉分离的犹太教和基督教中也有相关仪式。对大多数人来说，那是他们唯一能想到的心灵解脱方式。这并不可耻——我们被社会化的程度已经至此。但是，我们可以重新进行自我社会化，可以创造一种色彩平衡、充满启迪之光的内部文化。

但在我们向前行进，学着保持内在的自我平衡之前，我们必须先把驱使我们分心和上瘾的强大根本动因调查清楚。只有完全深入滋生这些手段的阴暗处，才能让我们了解自己选择这种方式时的真正需求。我们文化范围内的痛苦、对上瘾和分心的需求、对情绪的不尊重，并不是由我们自身的灵魂造成的，对分心的渴望也并非产生于人类知识的发源地，而是直接源自我们内心未曾痊愈的创伤。

如果我们不能认真地对待创伤，我们将在情绪的世界里止步不前，因为创伤对我们的生活、家庭、文化、民族都有着重大的影响。不管是对我们这些挺过了侵犯与侮辱的人来说，还是对我们的整个文化来说，心灵创伤中蕴含的信息都是无可比拟的。虽然我们中有超过半数的人从童年的性创伤、身体创伤或情感创伤中生存了下来，但对于这些不可治愈的创伤给整个社会带来的影响并没有真正得到理解。在心理学和有治愈力的艺术领域、的确有学者在研究创伤对其幸存者的影响，但是，并未有任何社会学或人类学学者，严肃研究过创伤对其幸存者的文化影响。

如果世界上超过半数的人双耳失聪，那么那样的社会将与听力健全者居更多的社会迥然不同。如果大多数人只会讲西班牙语，想必由此形成的文化会与德语或英语占主导地位的情况大有不同。这些类比虽然简单，但却揭示出复杂的问题：未缓解的创伤（尤其是同时受到的）影响着社会的方方面面，我们这些聪颖健谈的人为什么会忽略这一事实？我们为什么能明白大部分妓女、罪犯、精神病患者、瘾君子和酗酒者在童年创伤中幸存下来，却不明白这一大批备受折磨的人正试图向我们表明创伤对个人有着巨大的影响，并通过他们对我们整个文化产生了巨大的影响呢？创伤与我们密切相关，也许我们亲身经历过，也许曾听身边的朋友谈起过。人们对待创伤的方式，直接影响着人们的分心特征、上瘾倾向和情绪技能。因此，占人口总数一半的创伤人群的行为，对社会各个层面的运行都有着直接的影响。

第七章

无心的巫师：创伤在灵魂和
文化塑造中的作用

　　谈及情感领域的问题时，会不可避免地遇到未治愈的创伤带来的影响，其对我们文化的影响不容小觑。也许你不是受创幸存者，但极有可能你的父母、兄弟姐妹、配偶、孩子、老师、朋友或同事是其中的一员。和大家一样，你会在他们的影响下自我分心、抑制情感、逃避痛苦。因此，想要成功地进入情感世界，我们必须正视创伤。如果你渴望读懂极端的情绪，如惊慌、暴怒、绝望以及自杀性冲动，那么了解创伤就显得尤为重要。这些强烈的情绪倾向于在解离性创伤后产生。如果你不清楚这种情绪对治愈创伤颇有用处，那么你就有可能会陷入不稳定的状态。

　　创伤的定义因人而异，只有当你亲眼见过或亲身体验过之后方可明白。在你遭受人身侵犯或袭击后，当你经历手术治疗后，当你痛失所爱或目击他人遭受创伤后，心里便会留下所谓的创伤（尤其是当你的镜像神经元十分活跃时）。当十分重要的人对你大加斥责或侮辱你的时候，抑或是在他人面前出丑时，你都可能会受到情感创伤。然而，每个人处理创伤的方式不尽相同，也有些创伤可以不治而愈。你可以利用如下方式检查自己内心是否存在未治愈的创伤，尝试查看你自己是否可以不借助解离、分心或逃避来面对并处理好所有情绪。

循着创伤的踪迹

当我在童年接受治疗时，我在那些患病的动物身上发现，身体创伤会造成精神解离。到了青年时期，我注意到性骚扰带来的创伤（尤其是童年时期留下的）会以相同的方式令人解离。在许多创伤案例中，人们感知心理边界的能力变弱，他或她与世界和他人产生联结的能力也被瓦解。传统治疗往往在发掘创伤的心理元素和情感元素时是有用的，但对于恢复边界感及摆脱解离倾向，就显得无能为力了。

我一生中碰到过很多遭受身体侵犯或情感虐待（以及做过大手术、健康状况不佳）的幸存者。他们对边界的感知与我治疗过的猥亵经历者相差无几。由此我明白，各种创伤造成的损害其实惊人地相似，包括性骚扰、殴打、情感虐待、严重的外伤或住院治疗，甚至是让人心慌的牙齿治疗。我惊讶地发现，自己传授给受创幸存者的技能几乎对每个人都适用，如着眼现实、专注、接纳多元智能、修复边界、引导情绪。看来，许多人都在应对某种形式的解离性创伤、边界缺失、无法着眼现实、缺乏集中注意力的能力或与生活失去联结等情况，许多人正沮丧地进行精神解离、与情绪困难相处，其中有些人甚至不能被归为任何一种受创者类别。我必须扩充自己对创伤的理解，关注更广泛的人群，包括大量人格分裂的群体、情感联系缺失的群体和过度紧张的人群。

我对解离性创伤的定义逐渐扩大，涵盖各种让人们的注意力远离当前情境的刺激。我逐渐把解离看作一种广泛的生存技能，不仅是应对大家公认的创伤情境，而且包括处理大量令人焦虑不安、不知所措的日常状况。我还发现受创幸存者很容易对身边的人造成影响，他们在自己的社交圈子中营造出的氛围，往往会刺激其朋友和家人去进行解离和逃避。部分受创幸存者会在无意间使身边的人重新联想起自己的创伤（情感创伤或身体创伤），但还有一些受创幸存者就只是把自己的情感世界对身边的人封闭起来（这致使他们身边的人感到不适或进行逃避）。我发现，处于解离或分心状态下的人群，往往无法融入身边人群，也无法意识到周围人群，他们常常在所处环境中创造解离和分心的连锁反应。

这种连锁反应在早期教育环境中有所体现，孩子们在那个时期学习关闭共情功能（这需要深刻的逃避行为做支撑），会被动创造出一种充满嘲笑和威胁的情感险境。在这种环境下，保持自我的完整性基本不可能：相对健康的孩子通常会失去情感基础和维持统一自我的能力，而淘气一些的孩子则会变得死气沉沉。整个氛围像中了毒一般，不利于保持情感和心灵的完整性。因此，许多孩子为了生存，便与他们的情绪失去了联系。

从共情角度来说，创伤和解离的行为都具有传染性。六被承认（但从不缺席）的共情技能经常帮助我们察觉到他人表现出的创伤行为和解离活动。进入解离状态的人群通常界限感较弱，并且常常意识不到自己与他人的边界。这使得他们不管是在情感上还是社交上，都有可能陷入一种危险境地。无论是创伤人群，还是解离人群，几乎都会引起周围环境的混乱。我们总是不由自主地察觉到这一点。然而，由于我们关闭了（很大一部分）自身的共情技能，虽然我们能够感知到这种情况，但仍无法理解。通常情况下，每当感知到令人心烦、难以理解的突发事件时，我们就会进行自我解离。在我为此书展开访谈及研讨时，我经常观察到这种情形，房间里总有一位或两位处在解离状态的听众。当然，我的听众通常由受创幸存者组成，他们对自我解离早已轻车熟路。因此，我总是在访谈开始之前，邀请他们进行短暂的共情练习，帮助他们重新确立边界、回到当下（我们将会在有关技能的那一章中学习这些练习）。但几乎每次研讨会，都会有迟到的解离者错过练习。无论这个人坐在哪里，或进门的声音多么细微，由于他们在房间里出现，他们自身的解离状态都会在人群中弥漫（人们的注意力不再集中，开始打瞌睡、坐立不安，变得情绪紧张、心思游移）。也不是所有人都会解离（在边界的有力防护下，有一部分人因能处于完整状态而感到非常欣慰，他们甚至都不愿改变当前的状态），但通常超过半数的听众都会脱离现实、丧失边界以及注意力不集中。情绪状态和心理状态六容易传染了！

注意观察你生活中相处起来最舒服、最轻松的那群人。他们通常活在当下且情绪稳定。他们拥有我口中所说的"良好心理健康"。然后，再回过头想想经常惹恼、激怒你的那群人，他们通常满身伤痛，自身情绪混乱而且注意力容易分散。这群人的心理健康状况堪忧：他们不设立自我边界，也不尊重边界；他们从不负责任地处理情绪，无论是自己的还是他人的；为了防止在人际关系中受苦，他们逃避矛盾（或过度制造矛盾）。每个人都更愿意与平和安宁、具有良好心理健康状况的人相处——他们看起来很少处于当今时代下常见的分心状态中。文化趋势将我们的精神与肉体、思想与情感彼此隔离。这导致许多人的四元素极不协调、人格支离破碎。与此同时，我们无法恰当地集中注意力，心理健康状况堪忧。

　　我们的社会（事实上，如果我们放眼世界范围内盛行的种族主义、战争、种族灭绝和公民内乱，会发现大多数社会都是如此）充斥着未能治愈的创伤和未好转的解离。在社会化的影响下，整个民族把自我解离和分心看作理所当然的事。结果是，大多数人未曾了解我们如何分心、为何分心。在大多数人心里，当我们意识到自己在进行解离活动时，没有任何清醒的意识能将我们的注意力唤回身体里；没有任何清醒的意识能聆听并尊重我们的情绪；没有任何完整的意识能管控并引导思想的流动。在我们经常交战的四位一体系统中，互相对抗的信息流令我们左右为难，即便我们没有遭受任何典型的创伤，大多数人还是会像受到磁铁吸引般，展现出影响了我们整个文化的分心性的、解离性的行为。分心、逃避和上瘾行为是大多数心理和社会的惯性，每个人都在不同程度上解离了。要么是我们的精神生活和日常生活割裂了，要么是我们的情绪和理性活动分庭抗礼、互相对抗。结果，我们中的大部分人都表现出我在受创幸存者身上看到的混乱状态：心理边界模糊，注意力难以集中——但我们不必一直这样。

应对创伤的三种方法

我观察到人们对于解离性创伤有两种基本应对方式：要么使自己受创，要么使别人受创。当幸存者通过伤害自己来应对未治愈的创伤时，他们通常会自我压抑，在身体内部再次营造出遭受创伤时的氛围。创伤及后遗症扎根于他们的内心世界，并产生无力感、恐惧感和绝望感。未痊愈的创伤会造成一系列的身体及心理病症，具体包括行为紊乱和睡眠障碍、多动、抑郁、学习障碍、解离发作和慢性疼痛。选择将未痊愈的创伤深埋于自己内心深处的人，在出现诸如此类的症状后，常常会进一步引发上瘾或强迫、相互依赖、神经症以及虐待关系。许多受创幸存者趋向于生活在一种无止境的、类似慢动作的原初创伤重复状态中（我曾经就是那样）。他们过着一种绝望的生活，无论他们做何改变都无法让生命正常运转。

第二种应对方法恰恰相反，即将矛头指向他人，向他人施加创伤——通过对他人做出具有伤害性的行为以减轻自身困扰。与选择自我伤害的幸存者一样，这类受创幸存者同样会感到无力、恐惧和绝望。但是，这些幸存者不会埋藏或抑制那些痛苦。相反，他们会为了尝试理解、消除或控制痛苦而不惜折磨别人。向别人施虐成了他们的处理方法，自己摇身一变成为创伤制造者，在绝望和恐惧中不顾一切地想要夺回他们在之前的悲惨经历中失去的力量。我童年时遇见的那个猥亵者就是第二类人，其他性骚扰者也一样。残忍是一种后天行为，由未曾治愈的创伤直接造成。当时我还是个孩子，我的怒火常常一触即发，我会不顾一切地斥责自己的朋友和家人。事实上，该种行为是把我所受的创伤宣泄到他人身上，让他们经受折磨。除了徒增新的创伤外，这种发泄起不到任何作用。

但请注意，多数人在应对情绪时，就是选用了这两种方法——压抑和宣泄。压抑是将创伤抑制在自己心里，宣泄则是使他人受伤。恰如对待情绪的方式一样，这两种处理创伤的方法既无法解决问题，也不能起到任何治愈效果。一方面，压抑创伤会迫使记忆、感觉、体悟陷入无意识状态，而无意识状态只会加深创伤；另一方面，宣泄创伤的方式则是将困扰因素施加至他人的精神，根本无法治愈或抚平伤痛，只是形成了一个残忍的世界，摧毁受创者的自我结构。不仅如此，当受创幸存者试图处理情绪问题时，他们会直接沿用这种压抑及宣泄的行为。

选择压抑创伤的人一般也倾向于压抑自身情绪。通过强迫记忆、意识和情绪进入无意识和潜意识的领域，压抑者的内心世界伤痕累累。压抑者的创伤之所以会被保留下来并且完全被激活，是因为它从来没有被意识到或清晰地处理过，因此创伤带来的痛苦丝毫没有减弱。请记住，"一旦我们对痛苦有了清晰而精确的认识，痛苦便不再让我们感到痛苦"。而当我们不愿正视痛苦时，它将无法停止，因为我们无法形成对痛苦的清晰认识。压抑型受创者的核心自我无法生长在完整丰满的内在故园中，而成为一种不被尊重的情绪、不被聆听的念头、不被重视的痛苦和不曾缓解的折磨。在这样的心灵中，解离、分心、上瘾、逃避等行为都将成为必然。

通常情况下，选择宣泄自身创伤，并将创伤转嫁给他人的人，同时一定也是情绪的发泄者。通过将自身情感、记忆和行为强加给身边他人，宣泄者总是对外部一切恶言相向。他们伤害周围的每一个人，最终摧毁了自我结构。同样，由于他们的内部世界充满了创伤和自我毁灭，外部世界充斥着暴力和骚乱，他们的内心不可能拥有清醒的意识或完整的自我去舒缓自身痛苦。宣泄者得不到任何力量和任何安宁，也得不到任何觉悟。相反，他们以毁灭性的方式维持创伤的存在，确保所有人共同承受痛苦。在这样的心灵中，解离、分心、上瘾和逃避行为也成为一种必要。

虽然在社交时会对他人造成伤害的人绝大多数是宣泄型创伤者，但压抑型创伤者往往也会把他人的生活搅得一团糟。与宣泄型创伤者不同的是，压抑型创伤者不会对身边的人造成明显的伤害。但是，由于其内心生活极其混乱，他们无法与别人和谐共处。压抑型创伤者忙于抑制自己的创伤，因此在经营一段关系时，作为关系内的一方，无法全心投入其中。由于逃避、分心和解离对压抑者来说已成为必然，因此他们自己以及周围人的生活都充满了不安。压抑者内心排斥清醒的意识，因此，在对待生活和人际关系时，他们也倾向于浑浑噩噩。

无论是选择压抑自己的创伤，还是将其宣泄到别人身上，我们几乎都被完全束缚在这项抉择中。因此，我们很少有精力能够投入丰盈而自知的生活。宣泄和压抑这两种选择，都会损害我们建立边界的能力和心理健康。

创伤带来的破坏就发生在我们身边，我们却不知道如何去帮助那些如同行尸走肉般无法正常生活的人。相应地，我们对创伤没有清醒的认识。就像对待情绪一样，我们运用数百种疗法、方法、药物和刺激物来消除创伤，但我们从未停下来考虑其他选择。我们不去向火元素寻求意见，让它来告诉我们为什么创伤如此普遍，或者我们如何在遭受创伤后让自我回到体内。当水元素呼唤我们潜入内心深处，去感受创伤带来的强烈情绪时，我们并没有听从它的召唤。由于不明白脑海中重复上映的创伤中存在能够治愈我们的某些成分（但前提是我们合理地对待它们），当我们体内的知觉再次建议我们发自内心地感受创伤时，我们选择了逃避。我们躲藏在逻辑智能中，创造出更多的系统和疗法去掩盖创伤、消除创伤、终结创伤，就好像创伤是畸形的（其实它并不是）。

正如处理情绪时一样，我们甚至都没想到可能存在第三种处理创伤的应对方式。就是将创伤从一个觉醒的心灵中引导出来，有意识地融入它，深入剖析你的情绪、思想、幻想和感觉，并仔细聆听它们传达的信息。在过去的四十年里，我一直在不断探索这种应对方式。我可以很负责任地告诉大家，这种方式比前两种好得多。

创伤的社会学特征

当我意识到创伤行为和解离行为基本上普遍存在（而宣泄和压抑是造成这种严峻状况的关键所在）时，我在思考过程中加入了更多幻想和情绪。我抛开传统的相关定义，不再把创伤看作个体经历，转而着眼于其在整个文化发展历程和时间长河中的意义。我清楚意识到，当解离被理解为导致身体和精神之间破裂的因素时，创伤的残留症状确实可以被治愈。如果受创幸存者能于心灵故园中心重新唤起创伤性记忆及经历（并乐意既不宣泄创伤也不压抑创伤），他们便能动员自身的所有成分，共同面对那些引起解离的重大问题，引导它们承载的信息流重返心灵核心。但是，倘若尚未彻底搞清楚究竟自身哪部分发生了解离以及解离成分的去向，那么便很可能无法达到最佳治愈效果。

随着研究步步深入，我惊讶地发现，真正的问题其实不在于解离本身。解离只不过是一种天生的生存技能，是我们所有人都理所当然会使用的一种技能。我们都会面临注意力分散、逃避问题、整日发呆的情况——这再正常不过了。真正的问题只有在令人惊骇或激动人心的事情发生后，我们无法重返平衡状态时才会出现。奇怪的是，我同时发现创伤其实也不是真正的问题，因为它只是我们生命中的客观存在。牙痛难忍、压力出现、汽车失灵、发生口角、与人厮打、流氓四处游荡，危险无处不在。危险和解离都不是真正的症结所在，关键问题在于危险解除后，我们不具备重返心灵中心的恢复能力。这种能力本质上源于丰盈的心灵，没有稳定而机敏的心灵作为基础，我们几乎不可能具有这种能力。当我们不能接触到完整的自我时，我们便容忍不了一丝流动。不仅如此，这还意味着我们将无法引导思想、情绪、感觉、幻想以及创伤性记忆。如果我们无法自然地消除自身的创伤，就只能继续承受这份痛苦，并被迫受到分心和解离的潜在威胁。随着解离行为和逃避行为向外扩散并影响周围人乃至文化整体时，创伤就会恶化。

这里出现了因果难辨的情形：到底是因缺乏完整的心灵故园导致我们无力治愈创伤，还是说由于我们不懂得如何在受创后恢复完整的自我，而失去与心灵故园的联系？无论答案是什么，可以确定的是，由于数百年以来我们一直无法修复自我、家庭、社区以及整个社会中存在的创伤，一代又一代后，我们社会中的创伤未愈幸存者数量越来越多。为了应对这种几乎成为普遍存在的心理问题，数个世纪以来，人类社会发展出了宗教教义、精神学说、学术体系、医学和心理学模式以及社会化结构。然而，诸如此类的事物在本质上都是在提倡和鼓励解离、分心、失衡和忽略情绪。肉体与精神分离、过于强调少数智能、不尊重情绪，以上行为方式和思想观念不仅限于某一种文化或某一系列教义之中。内心过分贫瘠和经历创伤后无法重新集中精神、恢复健全自我，这些状况普遍存在于世界上大多数文化中。我很想知道这究竟是为什么。

我想知道个体的痛苦和创伤是如何发展的，最终又是怎样导致世界各地的人们都无法合理应对情绪、条理清晰地思考的。我想知道进化的目的是什么：既然压抑或宣泄创伤（在语言和行动上）都明显具有破坏性，为何大多数人会选择这两种做法呢？为何解离行为会像烈火般在听众及人群中蔓延呢？

我研究了部落经验、神话传说、荣格主义者对神话和梦想的诠释、阴影理论、创伤疗法等一切我能找到的资料。这让我再次想起神话学家迈克尔·米德对于童年遭受性创伤做出的论述：它是一次启蒙，虽然出现在错误的时间，被错误的人以错误的意图和错误的方式作用在错误的人身上——但它仍不失为一种启蒙。就像某些部落的成人仪式一样，童年时期遭遇性侵犯的受害者会与常规世界产生一种隔阂，这种创伤永远地改变了他们的正常轨迹。不过，其他形式的创伤带来的心理问题与遭受性骚扰造成的心理问题在本质上无甚差别，对于这一点，我在宣传新书的远程中深有体会。因此，所有创伤都可以被看作一种启蒙。我的探索目标也随之从研究创伤转变为理解启蒙。

潜入心底与回归心灵

神话学家迈克尔·米德阐述了某些部落中成人仪式的三个阶段：

一、与现实世界相隔离；

二、经受攸关生死的考验；

三、受到认可及欢迎，以新成员的身份回归。

部落成人仪式是一种引导部落成员经历生命转折的庐进方式。从初成人形至降临人世，从婴儿到孩童，从青年到成年，从结婚生子到老年，从老年到死亡，宗教和仪式自始至终引导着部落成员认知生命的不同时期。许多部落社会积淀了自身成长和转变的全部信息，为其成员体悟、纵观生命的不同成长时期和转折点提供了基础。传说与神话、舞蹈与音乐、艺术与文化彼此紧密相连，共同构建了部落认同感，而成人仪式则标志着个体成员生活及部落生活的重要阶段。据说，四元素及五行宇宙论大多起源于部落文化。

在非部落文化中，整体性的体现并不明显，人们大多讴歌其享有的自由和独立，而对相应付出代价的批判同样多如牛毛。在某些方面，相较于受成规约束的部落社会，标榜个人主义的西方文化发展似乎更胜一筹。然而，我们文化中的一些部分逐渐衰退，而部落社会文化中依然保留着这些部分。我们与地球母亲以及四元素的分离，是脱离部落主义带来的一个糟糕结果。不过，当今时代更善于包容多元文化，并创造出了全人类互联的复杂通信系统，这个成果还算可喜。这两种文化下的生活方式都不算完美，治愈性特征与破坏性特征兼而有之。最健全的社会也许是介于这两种对立社会之间的神秘领域，但我们并未身处其中。两种不同的社会结构都在人与人之间建立了联系，但还算不上是全然自知的联系。在非部落文化环境中，灵性运动大多崇尚先祖智慧，具体包括宗教仪式、典礼、成人仪式以及建立与当下生命更深入的联系。伴随着古老的习俗，许多部落成员反倒内心充满矛盾、陷入困境。

而我们这些受非部落文化熏陶的人同样左右为难：难以割舍

当下享有的自由，但又情不自禁为传统学说和部落主义着迷。鉴于部落社会是现代社会的起源，出现上述情况不足为奇。每个人都可以回溯到非洲或中东部落、凯尔特或维京部落、美洲原住民部落或南太平洋岛屿部落。我们的部族特性仍深入骨髓，我们的体内留存着祖先的DNA，承载着数千年的部落记忆，它们正与几百年来的现代生活方式抗争着。祖先们以火元素的声音与我们交谈。我们的身体依然会对季节、方位和节奏产生共鸣。我们的多元智能依然知晓如何翻译潜意识深处的信号和冲动。我们仍需要典礼、宗教仪式和成人仪式去启迪心灵，浇灌心智使其茁壮成长。同样，我们的情绪也从未忘却自己承载着高深智慧的神圣使命。在很大程度上，我们现代人已与部落社会相去甚远，但部落智慧在我们的心中亘古长存。

童年时期遭受的创伤等同于一次无意识状态下经历的成人仪式，不是因为创伤本身具有灵性或仪式性，而是因为它在本质上与实际的成人仪式的前两个阶段相仿。理解仪式的各个阶段（以及创伤经历具体有哪些方面与仪式相仿）有助于我们更好地理解创伤对心灵、文化、社交表达以及我们所属族群造成的影响。

第一阶段：与现实世界相隔离

在部落成人仪式中，第一阶段是有计划、有期待地脱离父母管束和部落日常生活模式。因此，部落里的孩子都对成人仪式满怀憧憬。孩子及其家人都会为这一天精心筹备，孩子十分清楚自己生命中有这样一个日子。然而，我们遭受创伤前却没有做过任何准备工作。创伤的第一阶段是慌乱地脱离现实世界，创伤来得出其不意、令人惊骇，完全超出正常的预期范围。陌生人的逼迫、遭到心爱之人的背叛、患上重病、人生满目疮痍，就这样迎来了第一阶段。

第二阶段：经受攸关生死的考验

第二阶段是经受特定考验，如短期丛林流浪、割礼[5]、独自长途徒步。虽然仪式常常会诱发一些痛苦和恐惧，但整个过程都在部落专门建造的场所内进行，还有长辈在旁监督。丛林流浪和徒步均在部落的领地上进行，而且有很多成员跟随；割礼和刺青通常是由精于此道的成年人来执行。考验的最大限度有明确的规定，在某种程度上参与者本人也心知肚明。而创伤所带来的考验没有具体步骤，其痛苦程度也没有定规。创伤的第二阶段是攻击的失控时刻——殴打、吼叫、猥亵或者是手术初期。特定场所、安全出口、祖先启示、明确限度在痛不欲生的创伤性经历中一概没有。说到儿童手术，有些人会反驳，手术经由医术高明的专家之手，而且他们知道轻重。然而，由于手术过程中通常会用到机械束缚器具、麻醉剂，再加上死亡或残疾对于人们（尤其是儿童）来说是禁忌话题，常常也会给儿童带来持久的创伤。

第三阶段：通过考验并得到欢迎的礼遇

第三阶段是庆祝典礼，在此期间部落整体接纳这位全新个体，并欢迎他或她成为本族正式而尊贵的成员。仪式结束后回到家里，自己已不再是从前的自己：面临着新的期望，肩负着新的责任，开始全新的生活。可悲的是，在创伤里没有这一阶段，对受创幸存者来说，不存在这样的庆祝典礼。创伤通常是在秘密场所，或是在社区、家庭生活中根深蒂固的阴暗面中发生的。没有人告诉受害者，他或她从死亡般的煎熬中挺过来了，并实现了全新的蜕变。受害者本人也对童年时光或往常生活的突然终结浑然不知，所以肯定不会举行相关的庆祝典礼。

在创伤过程中，阶段一和阶段二发生得毫无意义。往常世界终结了，惶恐不安开始了。其间没有保护仪式，没有过程监管者，当然也没有庆祝仪式。因此，对于受创幸存者而言，自觉地作为社会的新成员回归其实是一件完全不可能的事情。如果没有进行第三阶段，这些经历了前两个阶段的人（不管是在部落仪式中还是在创伤过程中）将会被留在地狱。这也是为什么第三阶段是成人仪式的关键。缺少这一阶段，仪式本身和仪式参与者都会处在一种没有着落的状态中，部落整体也是不完善的。

第三阶段缺失

按照部落惯例，如果阶段三没有完成（不论何种原因），参与成人仪式的成员必须再次循环经历前两个阶段。成人仪式共包含三个阶段，不论缺少哪个都无法宣告结束。我发现在这一点上，心灵和部落智慧是共通的。人类心灵中似乎有这样的规则，在创伤的第三阶段出现之前，前两个阶段会不断重复。当我们对创伤有了清晰而精确的认识时，创伤对我们的伤害便停止了。而那种清晰的认识只存在于第三阶段。因为在灵肉突然分离的第一阶段或折磨未休的第二阶段中，我们均无法对创伤性痛苦形成清晰的认识。我们要终止创伤、理解创伤，因为这是真正走出创伤的必由之路。

在部落仪式文化中，未通过考验的参与者要重新加入这种成人仪式直至完成。而在圆满完成仪式后，盛大的庆祝仪式会为他或她举行。在非仪式文化中，大多数创伤停滞于前两个阶段，心灵可能会以任何方式重蹈覆辙。例如，压抑创伤并使其在内心世界复现，或者宣泄创伤将其传递给他人。仪式仍在继续，创伤无法好转。没有庆祝典礼，而这种险象环生的考验颠覆了我们的生活，其发生因由却无半点合理性。倘若如此，我们根本不可能从创伤中突围。心灵只会被动地陷入前两个阶段的循环，直至出现解决办法。在类似于我们这样的非本土文化中，我们把压抑创伤的行为称为循环性创伤后应激障碍；宣泄创伤的行为则被称为创伤后虐待或犯罪。

一旦我们理解了仪式的本质，就会发现，两种应对创伤的方式都是在无意识地重复前两个阶段，压抑性的自虐和宣泄性的虐待他人都是如此。如果我们在内心世界或外部世界里反复经受由创伤引起的痛苦，就说明我们仍深陷于成人仪式的部分过程。我们始终使自己（或他人）与现实世界相隔离，并怀着一丝渺茫的希望（第三阶段的庆祝典礼即将到来）反复经历考验或使其重现。我们有可能失控般地陷入抑郁、上瘾或患上神经症。我们也有可能通过某项工作或某段关系巧妙地回忆起最初的创伤，还有可能去伤害他人。对许多人来说，以上这些行为会产生一定治疗效果或恢复效果，从某种意义上来说，可以将其作为第三阶段。

在治疗或恢复群体中，我们受到欢迎，进入充满理解的世界。我们帮助自己和其他受创幸存者理解波折，开诚布公地谈论各自的创伤，由此终止循环。虽然经常有人通过这些做法得到治愈，但长达数年甚至数十年依赖治疗师或恢复、治疗群体的人仍有许多。原因很简单，唯有在这里，他们才会被看作阶段三仪式中的成员，才可以站起来说："嘿，我叫鲍勃，我是个酒鬼。"然后一屋子的人因为他的坦率而为他感到骄傲，并回应道："嘿，鲍勃。"这些都是步入第三阶段后才能享受到的体验。我们可能会嘲笑这种戒瘾组织和这些自我治愈的瘾君子。但是，这些疗法能为许多人带来获得以下体验的唯一途径：一群清楚仪式真正意义所在的创伤幸存者对你表示欢迎。

对于某些不幸的人来说，他们的第三阶段很可能发生在监狱中，在那里受到一群悲惨的共同仪式参与者的欢迎。监狱生活的部落性也许令人难以置信（而且极其不自知），但多项仪式就这样理所当然地发生了。监狱部落基于肤色、帮派关系和犯罪背景形成，而成员们体验到了前所未有的欢迎仪式。创伤通常无法在此时立刻痊愈，但部落成员经常被组织起来学习对自己或他人来说更巧妙的创伤处理方法。第三阶段真正的精华部分（在经历了阶段一和阶段二后迈向新生活的庆祝典礼）在监狱部落中并不常见。简单粗暴的监狱欢迎无法完全解除创伤带来的痛苦，但有欢迎总比没有好。停止犯罪行为以及脱离监狱的部落生活相当困难，原因就在这里：哪怕进行的仪式或欢迎十分简易，心灵中总有成分得到满足。即使我们没有清醒地意识到仪式正在进行，我们大脑中的部落特性也会与部落仪式相互契合。监狱部落（以及经常造访监狱的部落性街头帮派）为心灵最残缺、最贫瘠的社会成员打造了一种强大且诱人的欢迎方式。结果，罪犯自行组成了强大部落，即一个同时援助与剥削受创幸存者的组织。

根据上述两种情况，无论在治疗群体中还是监狱部落中，受创幸存者都倾向于迈入第三阶段。然而，推广到更大的文化范围，受创幸存者却无法如长者般受人尊敬、招人待见。在监狱部落中，创伤始终处于活跃状态，并像野火一样四处蔓延，最终回到社会文化中。在这里，真正的治愈无法发生，因为创伤仍被压抑、内化，或被表达、外化。通常情况下，监狱部落成员会变得内心更强大、更懂得处理自己的创伤。但是，除非有不同寻常的事情介入，比如威廉·詹姆斯协会的监狱人文项目，否则，罪犯一般不会在监狱乃至整个社会中获得如同持重长者般的地位，他们只能在小范围内产生影响。而在治疗群体中，则会出现某种特定的治疗效果，即受创幸存者不再逃避创伤或混乱地表达创伤。但在多数案例中，这些群体成员同样无法完全进入清醒的阶段。

如果欢迎群体仅由受创者组成，成员们往往会收到关于归属感和认同感的错误信息。而事实上，许多治疗和恢复群体未能与广泛意义上的社会或文化环境建立深层联系。这种认同感反而会局限于目前的受创者团体。因此，人们被塑造为特定环境下的幸存者，而不是彻底重生的成年人。一个人成了嗜酒群体、猥亵群体、虐童群体或监狱群体的成员，而不是受欢迎、受重视的世界公民。在这些治疗群体中确实会出现第三阶段的欢迎形式，但那并不属于真正的第三阶段，因为受创者并没有在仪式上获得更广泛文化范围内的可靠认可，并没有被社会视作真正的成年人、受人尊重的长者或灵魂战士。那么，这种欢迎仍依附于前两个阶段，并被吞噬。这些治疗群体的确给予幸存者许多认可，也有一定的疗效，但往往不会产生深层的、起转化作用的、完整的第三阶段。

在共情治疗实践中，我接触到的许多人都曾接受过多种治疗，包括加入这些无意识的治疗群体。多数案例表明，人们进入"幸存者"状态后就摆脱了受害者的身份。对于自身的创伤，他们已有深刻的认识和明智的理解。他们还可以监察自己的创伤重演迹象或创伤后行为。然而，他们仍有一种缺憾感，就像有些事情被遗忘了似的。他们是对的，的确有很多事情都被遗忘了。产生幻想的火元素本可以指明创伤的源头（及归处）；无论创伤幸存者在智力上的理解有多成功，土性身体仍对创伤经历耿耿于怀；大海般的情绪不断地试图引导他们（或迫使他们）对自己的创伤有更深的理解。这些创伤幸存者往往相当困惑，明明治疗群体已经宣布他们痊愈了，可是他们的身体症状、情绪波动、精神及幻想上的虚无仍然有增无减。显然，有些事情造成了缺憾。

进入幸存状态十分重要，但它并不能完全符合心理对第三阶段的定义。必须发生一些更深层次的事情，这需要我们整个心灵故园的多种元素和智能共同努力。如此一来，我们才能够恢复活力、重返平衡状态。

心灵故园欢迎你回家

当完整丰盈的心智能够接纳创伤（无论何时、在何种情况下发生）时，创伤核心的神圣伤口才会显现。恢复心灵完整的首要任务是重新进行自我整合（我们将在本书后面的内容中学习具体方法）。这种重新整合是一种自我欢迎的方式，为进入第三阶段铺设道路。当你的心灵故园被重建时，创伤记忆就能以仪式化的、深层的方式得到安抚，因为你有鹰一般广泛而敏锐的洞察力，能够进行总体判断。当自主意识再次完全显现时，真正的治愈便就此降临，因为当你的意识能够承受痛苦时，痛苦就会停止。当你的幻想和多元智能可以追踪创伤的源头时，你就可以在时代和文化的潮流中占据自己的可敬空间——不仅在特定的创伤文化群体中，而且在整个人类历史中。一旦你的心灵得以重新整合，一切资源回归心灵，创伤将不再造成痛苦。相反，它成了你通往完整自我的入口。

当我们脱离土生土长的部落文化时，我们以个体自由的方式获得了很多，但同时也丧失了对仪式为何必要的理解，忘记了灵魂仍需要启蒙、仪式和仪式上的伤痛，好去成长为完整自知的个体。我们已经忘记了心灵的深层规则，还有如火一般的神话和传说。因此，我们对创伤的认识也已隐入背景、遁入黑暗。结果呢，通往启蒙和仪式的活动也黯然消失。成人仪式前两个阶段的神圣记忆从我们的意识中被抹去，但我们对它们的深层需求却从未消退。

无论我们是否愿意，成人仪式都会发生，因为它是我们生命中的必经之路。当我们不明白这一点时，我们就会围绕着创伤制造出难以缓解的痛苦。我们逃避记忆、创伤、感觉、身体、情绪和生活。我们试图躲在仅存智能或灵性的系统中，绝望地期盼着创伤记忆和行为会烟消云散——但它们永远不会消失。它们也不可能消失。前两个阶段会不断地重复，直到第三阶段出现。如果我们仍然处于解离状态，我们就无法进入第三阶段。但是，当我们能够有意识地回归完整自我时，便能胜任进入第三阶段的灵魂铸造任务。

这种回归完整自我的活动是强有力的，因为它解决了创伤的核心问题。出人意料的是，令人痛苦、恐惧的不是问题本身，而是第三阶段受阻后那种挥之不去的无力感和隔阂感。我发现，一旦幸存者将创伤视作其个人的悲剧（而不是多元文化的现象），把创伤后行为当作病态（而不是正常）的反应，他们处理创伤的方式就会超出心理承受范围。受创幸存者会采取各种方法减轻因扰，让自己步入正轨，但真正的治疗需要完整丰盈的心灵，需要身体与精神自由交流，还需要多元智能和所有情绪都受到欢迎和尊重。当这种内部平衡恢复时，迈入第三阶段的活动就有了保证。

当心灵恢复完整时，幸存者就不再出现下意识的分心、逃避、上瘾或解离冲动。因此，内心世界变为安妥的家园，清晰的思维和受尊敬、被引导的情绪由此产生。当我们允许情绪为心灵输送源源不断的丰富能量时，这些能量涌入创伤的暗处——它们在流动过程中为各个部分提供必需的能量和信息。一旦心灵被重新整合，身体就会觉醒，恢复记忆、能力和关于此过程的认知，情绪也会帮助创伤幸存者缓解身体强加于意识的种种痛苦。在这种健康的流动环境中，逻辑智能使气元素参与到治疗过程中。逻辑智能可以研究治疗学和心理学，给精神幻想、情感冲动和身体感觉带来意义，并把创伤放在历史和文化的层面来看待。通过这一切，幻想精神能够对创伤、情绪、思想及身体感觉进行全面的概述，这些都有助于创伤的治愈。借助这些调和好的元素和智能，心灵重新获得平衡和活力。

当我们从一个完全可以治愈创伤的资源的角度来看时，我们就会与自我中心紧密联系起来。不仅如此，我们会重新与混乱社会的中心建立联系。当我们回归完整自我时，我们就会理解，逃避创伤、分心和解离构成了大多数人生活的基础。当我们能够承认创伤居于人类的心灵中心（而不是压抑或表达它）时，我们就能自觉地引导创伤，理解为何大多数人的生活和各种类型的社会都基于解离状态。以这种理解为出发点，我们能够对解离、分心和逃避等处境做出有自知之明的判断。身处这个基于解离状态和四元素失衡的部落，我们仍能自行决定想要扮演的角色。我们能够赢得长者般受人尊敬的地位，而不是继续处于无意识的机械状态。

通过潜入困扰内部、迈入第三阶段，我们最终能够理解我们的痛苦及其意义，并借此将其解除——为了我们自己，也为了他人。我将这种有意识的过程称作"铸魂之旅"，因为当我们能够充分利用自身智慧和能力剖析伤口时，我们不再只是经历特定事件后的幸存者，我们成了骁勇善战的灵魂卫士。踏上第三阶段的圣土后，我们仍旧可以理解创伤。但理解的方式不再是由于压抑或宣泄而循环受创，也不是将自己定义为束手无策的创伤受害者，而是在争取社会公平和政治公正的同时，对创伤及其后续影响始终保持一份清醒的认识。

当我们清醒地迈入第三阶段时，我们便明白创伤打不垮我们，它反倒让我们豁然开朗。由此会有更多的能量、信息、爱、艺术以及深切感情充溢在我们心间。我们不是行将就木的创伤幸存者，而是历经岁月洗练的沧桑老者、幻想家或所属部落的治疗师。文化整体的神圣智慧由我们来传播，我们值得人们尊敬。而我们之所以能在这尘世间活出自己的一份意义，也是拜那些创伤所赐。

从只求心理上的安妥到进入第三阶段的神圣世界，经历此番辗转是我莫大的荣幸。事实上，的确还有许多创伤幸存者不曾顺利走上这样的旅程。监狱里、街道上满是创伤幸存者。在前两个阶段无休止的循环下，他们心灵扭曲，变得残忍绝望。在日常生活中，创伤幸存者也是随处可见。他们假装没有陷入前两个阶段的死循环中，整日清醒地活在分心、逃避、悲伤交织的噩梦中。但是，我那不同寻常的治疗实践让我有幸接触到那些勇敢的创伤幸存者。尽管生活给不了半点支撑他们走下去的理由，他们仍自始至终怀揣着爱与希望，并秉持着奋斗目标以及对第三阶段的信念。他们站在我面前，历尽岁月的考验，看透了人类残酷性的恐怖，他们向我诉说着自己对健全心灵的渴望，这样他们才能真正造福于世界。他们希望步入第三阶段，这样他们就可以摆脱创伤，成为我们周围以创伤为中心的部落中的尊者。虽然这个想法看起来可能有些落后，但因有幸与解离性创伤幸存者分享疗法，我发现了我对人类最伟大的信念和我对喜悦最清晰的幻想。

结局终将美好

法国作家让·热内（Jean Genet）是一名创伤幸存者，其著作《小偷日记》（*The Thief's Journal*）以自述体记录下其受创后的可怕经历。书中谈到了这种三阶段治愈过程的核心："戏剧必须演到谢幕，因其始于离者，终于和。*正是因为某项行动尚未完成，眼下的生活才会卑鄙无耻。*（斜体字部分是我添上去的。）"当我们无意识地循环创伤未愈的前两个暗淡阶段时，我们的行为看似卑鄙无耻，不过这并不代表我们本人卑鄙无耻，也不能说明我们的生活肮脏不堪，仅仅是因为我们尚未完成第三阶段。在对第三阶段闻所未闻时，我们满眼皆是创伤的肮脏之处。我们无法理解创伤彼岸的美丽和力量，也看不到值得为之奋斗的终点。结果导致我们压抑自己的真实情感、记忆和创伤，然后陷入绝望和无知无觉的创伤重现之中。我们试图从伤口中自我分心或解离，但不去坦然面对，只会无意识地助长仪式前两个阶段的循环。我们可能会求助于某些方法、物质或疗法来缓解痛苦的症状，但在某种程度上我们依旧感到可耻。

我们也不曾明白，这种卑鄙无耻是未走向完成、未进入第三阶段所导致的。相反，我们将其内化，并迷失了方向。

虽然许多创伤治愈疗法有一定的可取之处，但它们严重阻碍了真正的治疗过程，也有碍于完成美丽的愈合过程。许多想要缓解创伤的践行者试图使用各种方法将创伤从记忆中抹去，包括深呼吸、推拿按摩、做眼保健操、利用催眠术，甚至还有轻拍某些部位的皮肤。还有一些麻痹手段，让创伤幸存者筋疲力尽地回顾创伤性记忆直至其中不包含任何情感色彩。我将以上所有方法合称为消除技法。这些技法试图通过消除心灵中的创伤及其后遗症达到治愈效果。这也许是个好主意，但美中不足的是，消除技法并无法在灵魂和文化中发挥作用。许多创伤治疗者，因为不了解灵魂的三个阶段过程就试图从心灵中抹去创伤。他们希望孩子停止哭泣，朝着兔子先生放声大笑。同样，他们想要以同样的方式消除创伤。不幸的是，这都不是明智之举，也不是铸造灵魂、弥合文化之路，更无法通往第三阶段。我的经验刚好相反，在丰盈的内心直面创伤，不仅能够帮助人们治疗创伤，而且能帮助人们彻底潜入最深邃的生命洪流。

消除技法对于处理极端创伤后的反应（长期失眠症、自残、健忘、心身疾病或瘫痪等）有一定的借鉴意义，但人们一般不会出现这类反应。大多数人都被教导使用巧妙的逃避或上瘾行为来得当地处理创伤。他们都能娴熟地压抑自身、宣泄情绪，或是自由出入解离状态。我们的心灵不尽完整，也不够张弛有度，但我们处理得不错。多数人并不需要强有力的消除技法，但他们的警觉性驱使他们受此吸引。虽然我和其他人一样对这些消除技法颇感兴趣，但我发现，除非出现了灾难性的后果，否则我不会推荐它们。［然而，其中确实存在一种有切实根据且尊重灵魂的创伤治愈技法，具体内容请查阅彼得·莱文博士（Dr. Peter Levine）的著作。］许多消除技法确实有效，它们把人们对创伤的记忆从意识中抹去。但创伤性记忆消失后，内心状态仍然不稳定。消除技法只能缓解症状，并不会带来第三阶段。由于它们删除了前两个阶段的记忆，第三阶段反而没法发生了。消除技法是逃避行为的终极手段。这些疗法试图让人们避免痛苦，实际上却导致真正的心灵健全和灵魂铸造与他们失之交臂。

如果我们不将创伤视为一种错误或悲剧，而把它理解为我们走向更深层次生活的仪式，那么我们就不会希望抹去自己的记忆了。因为即使我们参与的仪式以最骇人、最无意识的方式被执行，它们仍然是仪式。如果我们能体悟到这一点，那么即使最不入流的创伤也可以成为神圣的仪式，我们就不会允许任何人涉足我们的情感领域，夷平我们通往自我灵魂核心的道路。一旦我们完成了这个始于创伤的行为，无论它有多么卑鄙无耻，总会迎来美好的结局。如果我们能尊重创伤，并让情绪在整个自我领域内有意识地、有尊严地传递信息，我们就能自觉并充满力量地步入第三阶段，成为全新的个体。

重新整合心灵故园是治愈解离性创伤的第一步，具有重要意义。但是，真正帮助我们回想、消除先前创伤记忆和感觉的，其实是我们自己的情绪。情绪将我们引入第三阶段，在它们的帮助下，我们可以进行一段深入理解人类文化中的烦恼和美丽的深刻旅程。

第八章

情绪在治愈创伤中的作用：水元素
会带你回归心灵故土

当麻烦出现时，情绪会直截了当地提醒我们。如果我们能够清醒（注意力集中、心思集中）地倾听它们的告诫，情绪便能够准确剖析一切，继而告诉我们需要做些什么，帮助我们尽可能地避免麻烦。当我们能够聆听情绪的声音，并有效给予回应时，就能领会灵魂最深层的语言。

有一句妙语："我们最值得自豪的不在于从未跌倒，而在于每次跌倒后都能爬起来。"如果我们只在诸事顺意时才感到生活充满光辉，那么我们将完全应付不了现实生活。实际上，光是生活中的起伏动荡就能让我们遍体鳞伤。一旦我们渴望窥见生活的真谛，就已经离拥有完整、丰腴的心灵更近一步，同时有机会触及各种情绪，而不仅仅是那些较为平和的情绪。

当我们以丰盈的心灵看待创伤时，就能把平衡以及平衡状态理解为适应环境的流动、延展之物。我们能近距离地聆听每种症状，而不会将未治愈的创伤所带来的种种不适症状（例如，狂怒和惊慌、重现、自虐及他虐、噩梦、抑郁、饮食失调等）视为病态。我们将会明白，只有从内心对旧有的伤口释怀，才有可能使创伤痊愈。基于这些认识，我们就会懂得，处于解离状态的人对周围有危险的惊慌感是真实的，而并非一种病态。因为一个人若是无法与自身建立良好的联系，那么其在清醒的每分每秒都会感觉充满危机。接着，我们便能以全新的眼光看待解离带来的诸多行为。我们不会把内心持续的骚乱和困扰看作疾病的象征。相反，我们会将其视作心灵的勇敢尝试，继而清醒地认识到当下的极度失衡状态。全面了解该情况后，我们将不再试图消除这些干扰性反应。相反，我们将在它们的引导下走入麻烦的核心地带。当我们能做到以上这些时，诸种症状都会自然而然地减轻，因为我们将带着丰盈的心灵聆听它们的声音、关注它们的状况。我们将能够打破前两个阶段间的虚幻循环，并坚定昂扬地迈入第三阶段。无论创伤以何种方式开始，都会以美好的结局终止。

这种卓有成效的行为绝非某种逃避手段，也并非不染纤尘的优雅进程。该过程深邃、炽热、泥泞、凛冽，不仅能够塑造幸存者，还可以塑造经得住考验的心灵卫士。正因为如此，它在我们的文化中十分不同寻常。该过程表面上不似我们口中所说的治愈，因为这一过程并不平静，也无任何麻醉过程，且不可预测。这一迈向第三阶段的行为方式令人震颤且独一无二。正因为如此，能否构建完整的心灵故园直接关系到创伤能否被治愈。当心灵走出解离和创伤的前两个阶段后，我们或许会动摇、会颤抖、会挣扎，就如同动物从解离和创伤中苏醒时的反应一样。肉体摆脱创伤记忆的折磨，灵魂摒弃以创伤为中心的信仰，精神不再紧绷，不再依赖于解离练习，情绪自由奔涌，这些都是治疗活动的反应，整个心智都在活动中。一切逐渐重新运转，不像文化推崇的分心方式，而是更深一步，将心灵原先丢失的所有成分汇聚成有机的整体。在完整统一的心灵中，肉体不被囚禁，智能停止抱怨，精神不再居高临下或虚幻迷离，而情绪也不再遭受折磨。相反，每种元素和智能都提供其独特的信息和技能，促成真正的治愈。当被唤醒的自我出现在所有这些流动的中心时，它便能欢迎、引导且同时与创伤合作——而不是自我批判或采取逃避行为。

建立仪式场所：让愤怒和恐惧回归

通常情况下，当人们借助分心、逃避、上瘾或解离等手段开始进行治疗时，所产生的第一类情绪是多种心境状态下的愤怒和恐惧。可悲的是，两种情绪都被人们视为病态的，但是不得不说，它们对于恢复自我的完整性必不可少。愤怒修复了我们在受创过程中（以及分心或解离后）丢失的边界，而恐惧重建了我们在本能崩溃时丧失的专注力和直觉。愤怒和恐惧共同打造出一个包容的神圣空间，在那里我们能够找回体面的、本能的、有活力的核心自我。愤怒的出现标志着真正的治愈正在进行，无论它以何种强度出现——狂怒、盛怒抑或是仇恨。对任何一种愤怒来说，其任务都为疏导，须运用其强度修复心灵四周的边界，搭建进行真正治愈的神圣仪式空间。

从第37至40页上所述的共情练习中，我们得知，自由流动的恐惧便是专注的直觉和本能。无论以怎样的心境状态出现——害怕、担忧、焦虑、困惑、惊慌或惊恐，恐惧都标志着新的本能注入心灵。恐惧的疏导任务是有意识地行事，并恢复专注感、韧性、机智和直觉。甚至连惊慌这种受人鄙视的情绪，在化解创伤的过程中也起着重要作用。惊慌的出现是为了使心灵重回骇人的第一阶段。如果惊慌得到合理的接纳和疏导，它会调用自身巨大的能量，终结前两个阶段的绝望循环。当愤怒和恐惧在完整自我中受到公开接纳和疏导，受创幸存者便有可能就此真正迈向治愈创伤的第三阶段。一旦人们得以重塑边界、重获本能，一个异常强大（而且幽默）的丰盈心灵（我将其称之为"成龙"力量）便会被唤醒，并大展拳脚，将灵魂中的烦扰一扫而光。这种情绪上的觉醒出现后，其余情绪也会紧接着履行其自身的神圣治愈使命。

无论是绝望、沮丧还是失望，任何心境状态下的悲伤都可以帮助人们释放不切实际的依恋，并使心智恢复活力。抑郁可以主动道出自我曾丧失、搁置或被迫抛弃的方方面面。当面临重大的损失时，悲伤会挺身而出，它可以借助灵魂最深处的水元素来唤醒完整的自我。无论是因管理不善的人格所致，还是由于被卷入破坏性关系，羞耻感和罪恶感可以指明源于内心的边界侵犯行为，并帮助彻底打破这些侵犯行为。在愤怒和恐惧的作用之下，重新整合的心灵得到了一定的丰富；当自杀性冲动出现在这样的心灵中时，它可以通过阐明并消除心中滋生的扼杀灵魂的想法，将灵魂从痛苦中解救出来。如果人们能够以一种朴素的仪式化态度来尊重和看待自杀性冲动，那么它将为灵魂的完全回归展现一种强大的、坚定反抗死亡之心。

凡是被丰盈的心灵故园接纳的情绪，都会在失衡状态出现之前发出警告。继而，所有得到适当疏导的情绪，都将贡献出特定的信息和力量以缓解这种失衡并治愈心灵。一旦达到治愈效果，情绪就会继续前进，在这一点上所有情绪都是如此。当我们欢迎情绪时，它们所承载的信息就能被体面地翻译出来，它们本身也不再是危险的原始状态。相反，它们变成了一股超群的不竭能量，用以实现真正的疗愈和启蒙。当我们允许愤怒和恐惧挺身而出去创造心灵圣所时，所有的情绪运作（甚至所有的治疗工作）都可以顺利开展。

问题在于愤怒和恐惧大约是所有情绪中最令人憎恶的。在当前世界里，除了压抑或宣泄，对于这两种情绪我们别无他法。这种反感似乎理由充分，因为这两种情绪蕴含的力量十分强大且具有破坏性，我们曾亲身体验过与它们有关的许多骇人故事。我们别无选择，只能选择将它们逼至阴影中。然而，当心灵故园完全觉醒，我们懂得如何合理疏导这两种情绪时，便产生了另一种选择，它们的力量会变为某种疗愈力量。进入第二部分的学习后，我们会谈及尊重这两种高尚的情绪，只有尊重它们，才有可能达成真正的治愈。但是，当我们身处创伤的领域时，在愤怒的停顿片刻，共情地将自我聚焦到愤怒的情绪上，这一行为具有重要意义。

有一种观点认为，愤怒对那些试图从解离或回避行为中恢复的人来说是一种可怕的伤害，凡是愤怒都是消极的。愤怒的治愈使命已经大体被遗忘，这种遗忘有可能损害我们每个人的利益。在自由流动的状态下，愤怒帮助我们建立、维持并修复我们的边界和他人的边界。而解离者和分心者最严重缺失的便是明晰、强大、以愤怒为支撑的边界。这种边界有助于取得真正的治愈效果。当我们告诉发怒者收起他们的真实情绪，采取更加易于控制的行事方式时，我们本质上是在要求他们不要恢复其自身边界。如此一来，我们几乎使得人们永远不能合乎情理地愤怒。

愤怒与宽恕的复杂关系

我们对愤怒的厌恶促使我们将其推入深渊，同时美化其既定对立面：宽恕。尽管宽恕似乎远远胜过愤怒（如果愤怒只能被压抑或宣泄的话，事实的确如此），但在创伤的前两个阶段宽恕反而会令人们陷入痛苦。除非人们将愤怒的情绪体面地释放出来，否则不可能进入第三阶段，因为缺少神圣瞬间出现的场所或边界。宽恕是一种美妙的必要行为，但我们必须诚实而且感性地做出宽恕。我们不能消除愤怒，也不能让宽恕变得平常。

简单划分一下人们通常认为的愤怒和宽恕之间的关系：愤怒是消极的，宽恕是积极的，这就是它们的纯朴本质。如果你宽恕了施创者，你就是好人；如果你对他的所作所为感到愤怒，那你就是坏人。宽恕后逐渐忘却，你的创伤也会慢慢痊愈。继续生气，你就会感到不适。所以宽恕和愤怒被设定为对立的力量——

良与莠，是与非。然而，如果我们较为全面地看待愤怒和宽恕之间的关系，就会发现真相其实更为复杂。在实践中，愤怒和宽恕在任何真正的治疗过程中都是共同作用的（而且经常在同一时间）。虽然愤怒和宽恕看似是对立的力量，但在通往第三阶段的旅程中，两者实际上是完全平等的搭档。它们各司其职，并且必须协同运作。

当心灵完整且丰盈时，你的愤怒会提醒你越界行为的发生。如果你能恰当地疏导愤怒，便可恢复边界和自我意识，而不会伤害任何人。当心灵再次得到适当的保护时，你就可以宽恕伤害你的人或事，因为你将进入第三阶段。待到那时，你已经能辨明伤害，可以处理情绪反应，并能使心灵恢复完整。越界的人可能还在原地，而最初的情况也可能没有改变，但你已经有所不同了。你的愤怒将终止这个循环，并使你处于新的有利地位，你更真正可以宽恕他人。然而，如果你试图在自身边界恢复之前走向宽恕，那种宽恕将是残缺不全的。你仍然会带着心灵上的创口四处徘徊；在那之前，你将仍处于前两个阶段。心灵中的规则是坚定而明确的：第三阶段出现之前，前两个阶段只能重复。在边界恢复之前，在前两个阶段中做出的宽恕必将适得其反，因为结果只能如此。

宽恕不能等同于或取代某种情绪。这是在你真正的情绪工作完成之后由整个自我做出的决定。除非你的情绪有意识地带你走过第一阶段和第二阶段，否则你就无法走向宽恕，因为在你的心灵中，只有情绪能将能量、记忆和失衡转移到你的意识中。你的身体可以承受痛苦，你的思想和精神可以铭记痛苦，但是除非你知道自己对痛苦作何感受，否则你将无法洞明它的所在。如果你的痛苦深深地藏在潜意识里（正如创伤那样），那么只有强烈且急切的情绪才能消除它。因此，在第三阶段迈入真正宽恕的过程中，我们不仅需要愤怒，而且需要狂怒和盛怒；不仅需要恐惧，而且需要惊恐和惊慌；不仅需要悲伤，而且需要绝望和自杀性冲动。真正的宽恕过程并不优雅，它是一种从虚幻状态中发自内心的、深度感性的觉醒。从本质上说，这是一种起死回生的体验。的确，本质上的宽恕是历经了从死亡到重生的纷乱、喧嚣和痛苦的。从共情的角度看，就像我小时候治愈的那些动物——它们颤抖、挣扎、战栗、呕吐，随即结束。

真正的宽恕并不是俯首、双手庄重交叠，做出彬彬有礼、热泪盈眶的姿态。真正的宽恕永远不会说："我知道你尽力了，我宽恕你。"不！真正的宽恕过程与此完全不同，它不会为别人的不当行为找借口，它也永远不会告诉你每个人都尽力了，因为这简直是无稽之谈。你总是竭尽全力吗？你能吗？当然不！我们都会犯错误，会做一些自己不认同或者不称道的事情。真正的宽恕很清楚这一点，它不为生活中折磨你的人辩护，也不会为他人的破坏行为找借口，因为这种无稽之谈只会增加你在前两个阶段之间的循环次数。

真正的宽恕会说："我明白你的所作所为是迫于当时的需求，但对于我而言是完全不需要的！"真正的宽恕知道创伤已经形成了。因此，必须进入创伤或痛苦存在的最深层，指出它们，才会出现真正的宽恕。一旦这一过程开始，真正的宽恕便会唤你从地上爬起，擦去口水，拂去头发上的乱枝，并向创伤表明："你再也不能伤害我了！结束了，我自由了！你无法控制我的生活了！"真正的宽恕过程会使苦难和受难者真正分离，而真正的分离需要正确地运用可修复边界的愤怒，否则宽恕便毫无意义。当以愤怒为支撑的边界得以修复时，宽恕会变得易如反掌。宽恕自然伴随着自我意识的重现而产生。愤怒和宽恕并不是互相对立的力量，它们是真正治愈你灵魂的搭档，两者地位完全平等。

每当人们听见有人说，"宽恕是好的，愤怒是坏的"，他们通常会佯装成宽恕的样子，谦逊恭敬。这看上去很崇高，外表很圣洁，但对内心世界却有极坏的影响。在前两个阶段的无意识状态下做出的宽恕行为，将带来以下结果：为他人的行为戈托词，而且降低了我们有意识地面对痛苦等内心真实感受的能力。当我们急于宽恕时，我们就失去了与原先伤口的联结。在完全读懂自身创伤前去宽恕他人，只会阻断愈合的进程。我们告诉自己，我们已经宽恕了他人，但伤口和随之而来的情绪只会隐匿起来。伤痛潜滋暗长，然后就会失控。

举例来说，我看到某些人在第一阶段和第二阶段就宽恕他们的父亲，结果要么怀疑所有权威人物，要么疯狂地与那些行事风格与自己父亲类似的人建立亲密关系。愤怒从父亲身上转移，然后不可收拾地渗透进他们自己的心灵和世界。我还遇到过一些人在进入第三阶段之前就宽恕了自己的祖母，导致他们仇恨所有女性或一切成熟女性的象征，或者全然模仿早期生活的情绪环境来处理人际关系或工作关系。再者，他或她的祖母在一定程度上受到保护，但他或她所栖居的个人世界却变得千疮百孔。我们在未能完全感受最初经历的影响之前就去宽恕别人，我们刻意地不去在意实际伤害我们的事件或人，我们失去了与自身情绪现实以及所承受创伤之间的联系，然后这些创伤在我们的一生以及整个文化环境中肆意横冲直撞。处在第一阶段和第二阶段时，我们所做出的宽恕只会平添伤痛。

在真正的宽恕中，明确边界的愤怒和修复直觉的恐惧帮助我们回到最初第一阶段的仪式时刻（回到那种意识或感觉）。这两种情绪都让我们在经历过失衡之后有所体悟，接着献上我们化解创伤所需的能量。与那些强烈的情绪携起手来（通过学习它们的语言以及对它们进行疏导，而不是宣泄或压抑），恢复我们的注意力和平衡。有了情绪的帮助，创伤不再是无止境的悲剧，而是特定的入口，供我们发现自己真正的恢复力。适当地疏导情绪，使我们能够到达心灵的中心。而在恢复平衡状态后，宽恕是一件自然而简单的事情。

深度创伤在得到真正治愈前，要经历的宽恕不止一次。因此，宽恕本质上就是一种实践。首先，在愤怒得到合理疏导后，我们可能会去宽恕，也会重新获得边界。真实、可敬的愤怒会帮助我们重新发现自身的强大之处和解离之处。接下来，清晰地感受到惊恐的存在之后，我们可能会去宽恕，并恢复自身本能。真诚、受欢迎的恐惧将帮助我们逐渐变得更有安全感、更理智。继而，我们可能会在一阵深深的绝望之后，学会宽恕他人。在支离破碎的心觉醒时，我们将重获爱的能力，即使是以痛苦和背叛为代价。

在童年受创幸存者的身上，我曾多次目睹这一过程。他们的伤口将他们包围，布满整个心灵。我总是建议这些人到图书馆去找几本关于创伤演变过程的书（如《你的两岁》或《你的五岁》这类书）。[6]这类书读起来很有趣，因为早期的创伤暗示着幸存者的技能习得过程以及社会化过程。由于受创时年龄尚小，创伤反应可能会影响到他们的语言技能（就像我一样）、手眼协调、饮食行为及建立连接和培养归属感的能力。早期的创伤对其大脑造成的影响易引发学习障碍和行为障碍，甚至是持续的抑郁或焦虑症。对于童年时期受创的幸存者来说，宽恕的过程相当漫长，因为在他们的成长过程中创伤也在发展。宽恕过程不存在某个决定性的瞬间。相反，宽恕是渐进的过程：加强、放松，再加强、再放松，等等。这一渐进过程帮助创伤幸存者将他们与生俱来的自我与创伤行为分隔开来。他们的真实情绪先使他们陷入真正的困境，然后帮助他们恢复完整自我。他们的身体可以安然无恙地回忆起创伤，他们的思想可以自由自在地漫游，他们的情绪可以不受限制地流动，而他们的幻想也将受到欢迎。有时，这种治疗过程需要治疗群体的帮助。而在其余的时间里，人们只能孤军奋战，但这个过程往往格外独特、极为感性且格外美丽。

真正的宽恕是一次惊心动魄的治愈之旅，没有捷径可走，没有魔法可用，也没有固定路线。那是铸造灵魂、弥合文化的过程，必须有完整的心灵故园做支撑。真正的宽恕解放了人们，让他们清醒地前进。而这种运动发生的场所只能是丰盈的心灵，即身体、多元智能、幻想精神以及所有的情绪都可任意自由流动之处。没有真正的愤怒、真正的绝望、真正的恐惧和真正的情绪完整的存在，真正的宽恕就不可能出现。愤怒和宽恕并非势同水火的敌我双方，在完全治愈和恢复完整自我的过程中，它们是必不可少且不可替代的一部分，该过程只能以某种充满感情的比较感性的方式进行。

第九章

矢志不渝的承诺：为何爱不是一种情绪

在准备学习下一章五种共情能力之前，我认为你们可以通过领会"爱并非一种情绪"，来获得共情智慧。

情绪只会出现在必要时刻，且会随着环境的变化而变化，一旦问题得到解决，它就会心甘情愿地隐退；而爱并非如此。如果情绪无止境地重复，或者接连以同样的强度出现，那么你肯定出现了什么问题。然而，真正的爱是一种不变的承诺，它不断重复，贯穿生命，至死不渝。爱不会随着环境的变化或增或减，也不会随着情势的变化而改变。爱不是一种情绪，它的表现也与情绪不同。真爱自成一体。

我们习惯于将其他事物等同于爱，包括期盼、身体吸引力、共同爱好、渴望、向往、欲望、预想、上瘾周期、激情，但它们都不是爱。爱是稳定的，根本不受任何情绪的影响。爱不是恐惧、愤怒等其他一切情绪的对立面。它们远远不及爱之深。

对一些人来说，爱只是一种倾慕，是一种好的虚幻的心理意象（详见第259至260页）。他们找到了那个象征不存在的虚幻的人物形象，或好或坏，随后与之共同生活。虽然我不能将这种糟糕的游戏称作"爱"，但在很多关系中，人们都认为这就是爱：你找到一个人，他身上具有你自身没有的特质，于是你便依附于他，陷入魂牵梦萦的情绪与狂欢的欲望。当好感下降，你便会看清那位倾慕对象的真实面目，顿感失望后，你试图重新依附原来的心理意象，或者干脆另寻新欢。这不是爱，因为真正的爱不会戏弄别人的灵魂，不依靠投射在"搭档"上的心理意象，你也不会想从这段关系中获得什么。真正的爱形同一种默祷，又似至死不渝的承诺：坚定不移、全心全意地为你所爱的人和世界奉献。情欲来去随心，唯有真正的爱永不更易半分。真正的爱经得起所有情绪的波动，能在创伤、背叛、分离甚至死亡中幸存下来。

爱是恒久不变的，改变的唯有对它的称谓，想必这就是关于爱的真谛吧。爱不仅仅拘泥于浪漫的关系，爱无处不在：孩子的拥抱、朋友的关心、家庭的温馨、宠物的忠心都承载着一份爱。可当你遗失了爱，无论在哪里都再也寻不见它的踪影，你听到的爱只是人类空口说出的语言，而不是爱的言语。爱是永恒的，它不是一种情绪。

在我看来，爱和情绪之间存在内在区别。我会对我爱的人发脾气，会偶尔害怕，对他们失望透顶，但这份爱永远不会动摇。即使我所爱的人伤痕累累，或我们之间的关系发生了改变，我不

能与他们继续在一起（我也不会让他们继续刷我的信用﹃），我
也不会停止爱他们。爱存在于远比情绪更深的领域里，在那深邃
丰饶之地，语言已然没有太多的意义。所以在周围这片意味深长
的静默中，我决定让这篇关于爱的闲言絮语画上句号，然后继续
探讨下一话题。

第十章

建造你的救生艇：五种共情技能

　　本章中的五种共情技能可以帮助你打造一艘救生艇，驶过情绪、想法、感觉和幻想的潜流。当你集中注意力，与心灵故园中的元素和智能巧妙配合时，情绪将与你联盟、为你引路。建造救生艇的过程需要立足现实，以身体为基础，你要仔细观察，心思集中，接纳情绪和幻想，保持身体舒适。在我教授学生这些技巧时，我们有说有笑，饮水，并在教室里走动。这些年来，我不断完善这些技能，使其适用于各种场合：工作、开车，甚至是出现矛盾或争执时。作为一名共情者，每当心灵过载时，我都能化解这些情绪。正是这些简单的技能帮我做到了这些。

　　在运用共情能力时，我们肯定要让身体运动智能、智力、语言智能以及幻想能力参与其中。从根本上来讲，这些能力是意象的，也就是说它们依赖于意象的力量。通过这些技能，你能更快地融入情感领域，因为这些练习可以帮助你激活与生俱来的情感天赋。

但在我们学习这些技能之前，我需要先做一个提醒，如果任何情绪使你不快，请务必去看医生或咨询治疗师。请记住，习惯于宣泄情绪会在你的大脑中留下一定痕迹，如不多加留心，真的会让你的大脑学会主动陷入绝望、狂怒或焦虑。此外，化学物质失衡易引发情绪状态的反复，早期童年创伤则会导致终生焦虑或抑郁。一些疗法、抗抑郁药物、抗焦虑药物会有很大帮助，目前这些帮助是我们每个人都可以获得的。无论你是否在进行药物治疗，都还有很多处理情绪的工作要做。在开始之前，请确保自己安全舒适、受到悉心照料。

开始进行共情练习

当情绪处于自由流动状态时，与之协作较为容易。但是，当它们喜怒无常或来势汹汹时，你可能会难以承受。这些去情技能可以帮助你维持平衡状态。第一种技能（立足现实）利用健康的、流动的悲伤和恐惧，帮助你集中精神，立足当下，使身体与现实建立联系。在此之后，你便能回归心灵故园，化解这些情绪，而不是一味地阻塞、压抑或宣泄情绪。第二种技能（确立边界）利用健康的、流动的愤怒和羞耻在心灵周围建立稳固的边界，这样你才能有足够的隐私空间来处理你的思想、感觉、想法、愿景和情绪。第三种技能（烧毁契约）教你负责而又得当地引导情绪。第四种技能（刻意抱怨）也是一项情绪疏导技能，不过其治愈力令人惊叹。第五种技能（恢复活力）可以让你随时随地以简单的共情方式恢复活力。在以上五种技能的帮助下，你将能够整合并平衡四元素，融合多元智能，有意识地与情绪协作并在使用这些技能时心情舒畅。

以上每种技能都需要一点时间去掌握。拿我自己来说，我几乎在很短的时间内就将边界重建好了，但我根本无法立足当下，因为作为一名娴熟的解离者，我并不想亲近自己的身体或置身于当下的世界。由于害怕，我的精神无法进入自己的身体，无法深入悲伤的根源。历经数月，我终于学会了回归现实，但此前的经历不失为一种收获，因为在回归当下的过程中可能遇到的所有阻碍我都经历了一遍，这段经历将我塑造成了一位更好的老师。可能对其他人来说，立足当下轻而易举，但设立边界相当棘手。

但是无论如何都不要担忧，因为以上五种技能相互促进；只要掌握了其中任何一项，你的状态就会比原先更加平衡。起初，在运用每种技能时，你可能会感到陌生、奇怪，但很快你就会发现没有这些技能才比较奇怪！当我在解离状态下心急如焚时，我知道我回归现实的能力已经迎来了转折点。后来，我的身体习惯于立足当下，每当我不再有意识地与流动的悲伤、身体、现实世界建立联系时，就会失去协调。还有，当人们第一次学会确立边界时，他们会觉得自己如临梦境。然而，一旦他们的边界岌岌可危需要巩固，他们很快就会不寒而栗或出现耳鸣症状。这些都要依托身体的共情技能，也就是说情绪会将这些信息转译给身体，并使它们立刻变得具体可感。立足现实和确立边界不仅存于意想，我们更能切实地感受到它们，与它们交谈，与它们争论，并与它们毫不费力地合作。

立足现实（"接地"）

"立足当下"或"立足此刻"这种说法起源于一些传统启蒙仪式，但其含义见仁见智。对我来说，立足当下意味着此时此刻意识完全清醒，注意力高度集中，既不解离也不分心。那时，我不必借助逃避行为、上瘾症、各种极端做法，也不再追求完美。相反，我足以应付原本的生活，因为我与自我和周边环境都建立了联系。

当我从四位一体的视角洞悉"立足当下"这一概念时，我发现我们每个人都拥有一样只能立足当下的东西：我们的身体。我们的思想和精神可随处漫游，我们的情绪往往不受重视或受匿于难以察觉的问题中，但我们的身体只能立足当下。它既无法回到过去，也无法前往未来，只能立足当下。因此，只要我们能把注意力集中到身体上，我们就能回归当下。事情就是如此简单。

在当前文化环境中，把注意力集中于身体内部、着眼于此时此刻是件非比寻常的事，因为将物质世界与精神领域（如果肉体和思想可以分开，这可称作看似完美的思想王国）截然分开的现代人不计其数。人们往往不把身体看作值得珍视的所有物。他们常常认为身体有待去掌控、逃脱、忍受或制伏。这太可惜了，因为把注意力集中于身体内部是种绝佳的集中手段。如果你有分心症、解离症、逃避倾向或成瘾症，它还可以帮助你重新整合自我。当你的注意力恰当地集中于当下时，你便可引导并驾驭各元素，而非任其摆布。

接地的电路安全系数更高，因为它可以将多余的电荷传导进地面（而非进入某个家电、设备或你的身体里）。让自我接地也具有相同作用：在必要时刻，它可将你多余的能量释放到外界。电线接地与脚踏实地的观念之间也存在某种联系。人们倾向于认为脚踏实地之人聪明能干、知识渊博、值得信赖。而立足现实的共情方式同样能为你带来这些品质，你是否能立足现实直接关系到你与内在世界及外部世界共处的能力。当你脱离现实时，很容易就被心灵中相互竞争的各种激流摧垮。但是，当你能将注意力集中于身体之内、立足当下时，就可以引导并调节这些流动，平复所有汹涌急湍，稳定自我。

如果你正在应对无法缓解的创伤、解离症或成瘾症，立足现实这种手段会使你从中受益。它能够帮你把创伤性物质从体内释放出来，这么做会缓和大部分解离的冲动。当你尝试立足现实时，你对缓解痛苦的药物和练习的依赖极有可能随之减少。立足现实会使你内心的流动趋于平缓，并得到调节。这样一来，你就可以调节和引导你的思想、身体感觉、幻想意识，当然还有情绪。

练习：立足现实

在第37至40页的练习中，你体验了两种自由流动的情绪，它们能够帮助你立足现实并且集中注意力。自由流动的悲伤能够帮助你消除紧张感，并且与身体建立联系；而自由流动的恐惧则会给你带来平静，提醒你集中注意力。现在，让我们将两者同时利用起来。

要想立足现实，请选择舒适的坐姿或站姿，深呼吸，气沉丹田。想象此刻你正在将光和热汇集到你的腹部。吸气时，想象光和热随你的气息一起慢慢向下运动，通过你的身体移动到椅子上（如果你是坐着的）。再呼气，想象光如同一根丝带般向下滑动，落到你脚下的地板上，随即遁入这栋建筑物的地基，顺着建筑底下的土壤和岩石层向下游走。再吸气，继续想象这种光和热一直向下坠落。然后，能量环与地面相接了，向你的悲伤致谢吧。

现在，恢复正常呼吸，核实一下自己没掉东西。如果你感觉疲惫或沉重，可能只是累了，因为很多人的睡眠并不充足。但与此同时，你又想集中精神并着眼当下，这就导致接地这项练习无法让你放松下来，只会让你忍不住地打盹。要知道，你并没有消耗自身能量，你只是在引导部分能量向下流动，让能量环与地面相接了。一旦你的身体与地球家园再次连接，这种沉重感就会自然而然地消失。

当你感觉到这种向下流动的趋势时，请站直或端坐，向前微倾，就如同你正在寻觅寂静中的一丝微弱声音。由此，你就会对回归现实的感觉大致有所了解。利用流动的恐惧来集中注意力，感受体内的变化，保持正常呼吸。想象气息充满你的头部和颈部，然后吸气，再次使能量传入地面。保持专注，如果感觉不错，当你的气息与地面接触时，摆动双臂或摇晃身体，做些放松的旋转运动。

　　想象一下，光随着呼吸的律动沿着你的身体一直向下流动，这情景就像你拿着一根长长的杆子，并把它伸入地下。无论你所想象的接地线外观如何，你都能感觉到这根线一直在向下滑动，直至滑到地球的中心。现在，请尝试着以某种方式将其固定住，你可以把这根线想象成一根发光的链条，一端是锚，深深地插入地心。也可以把它看作是盘绕着地心的树根，或者是流泻到地心的清澈瀑布。只要适合你，无论哪种图景都可以。请记住保持正常呼吸。

　　如果你选择的是坐姿，现在站起来四处走走。此时你的接地线是否仍然连接着地面，还是说你已经把它丢了？如果它还连着，很好，因为无论你去哪儿都需要它跟着。如果它消失了，请吸气，想象一下你汇聚在腹部的光和热，然后再次使气息一直移动至地心。但这一次，请想象转轮等其他意象，直到你产生一种始终如一的踏实感。请记住，这种技能是由意象和意图组成的。这意味着它无须表现得像普通的客观实体那样，它可以随心驰骋，穿透任何物质，不管你移动得多快都始终伴随着你，你甚至可以通过想象在高空飞行的飞机来达到立足现实的目的。

　　立足现实确实有很多益处，但这个过程是意象的，它运作于心灵最为钟爱的形象领域。该进程是共情的，它是意象和游丝的产物。所以，它既不费力，也不完美，甚至并不合乎逻辑。我们需要自身的逻辑智能来帮助我们理解事物，但是当我们应对情绪时，我们还需要依靠意象、自我认知智能以及共情能力。

共情地说，立足当下意味着全心接纳恐惧和悲伤，保持冷静、集中精神、放松心情以及回归现实亦是如此。立足当下对人们来说十分困难，导致他们不得不将其变为神秘的冥想过程。也许现在我们对其中的原因有了些许领悟。恐惧和悲伤这两种情绪不是通常意义上受人待见的事物。但我们都曾亲身经历过：自由流动的悲伤可以帮助我们放松身心、释放无用之物。这种情绪十分美妙，我们没必要痛心疾首地去感受它。自由流动的恐惧也是如此，它给予我们警觉、宁静、温和的能力，使我们当下能够完全保持清醒和专注。恐惧和悲伤，感谢你们！

以下便是同时利用自由流动的恐惧和悲伤的练习：集中注意力，正常呼吸。现在去感受身体和地心之间的联系，把你的注意力平静地集中于内心状态。如果你内心有任何地方存在紧张、困惑或情绪上的不安，让你的气息移动到那块区域，并将其填满。将紧张感聚拢起来，向下呼气，直至气息到达地面。然后再试一次。让气息进入紧张区域（无论位于何处），汇集紧张感，然后向下呼气直达地面。将紧张抛向地心，抛得越远越好，感受释怀时身体的解脱感。如果你还需要帮助，可以将手沿着身体向下伸，先轻触躯干，再是双腿，用这种直接的方式使你的身体了解立足现实的感觉。冷静地集中注意力，让身体来告诉你何时停止。当同时利用恐惧和悲伤时，你既不会释放过度，也不会精疲力竭；恐惧会帮助你保持专注和警觉。尽情使用这种技巧，因为着眼现实可以帮助你有意识地释放紧张。[7]

早晨很适合做接地练习。如果可以的话，不妨将这种状态保持一整天（即使你做不到也不必担心，你会掌握其中的窍门的），就像你家里有一台电器，不管你现在是否需要使用，它都在那里。接地练习可以鼓动那些涌动在我们身体中的各种流，继而帮助你唤醒情绪、融入当下，随后帮助你平复智能，激活幻想精神。在这一过程中，立足现实是需要掌握的核心技能，它能帮你将注意力聚焦在自己身上，帮助你与大地建立联系。这种技能是你掌握净化情感世界能力的一种途径。如果你吸气后能先将困惑或紧张感汇集起来，然后再将其向下传送到地面，你就可以重新集中精神。接地练习使你能够净化及稳定内心世界，从而帮助你在身处外部世界时保持精神集中。

接地与解离相反。在我还是一名解离者时，只要一感到身体不适，我就会进行解离，抛开我的身体。除了匆忙逃窜，我不知道还有什么方法能应对这种不适感。在掌握接地这一方法后，我学会了聆听身体的声音，帮助它处理不适感或烦心事，并掌控事态发展。我不再逃跑，不再让身体独自应对不适。当我进行接地时，心灵故园也变得完整起来。接地还是与周围世界建立联系的妙方。当然，接地可以带你走向治愈。但其作用不止于此，通过让你增强对自我、想法、感觉、行为及所处环境的意识，它还可以帮你改善人际关系、家庭关系和社会关系。当你能将紧张感和强烈的情绪传送到地下时，你便无须中伤别人或压抑内心，你也随之变得平和。

几点提示：接地练习可以恢复身体中的健康流动，与此同时，健康的身体也需要活动。首先，你可以通过定期活动身体来支持接地训练。你无须做正式的运动，你只需摇晃身体、抖动身体、跳舞或转动某些身体部位即可。凡是能打破停滞状态的运动都可以提高你实现接地的能力。其次，你可以吃大量新鲜的健康食品，获得足够的蛋白质，保证充足的睡眠（身体在饥肠辘辘、疲惫不堪的情况下无法轻松地立足现实）。留心一下你摄入的兴奋剂，包括咖啡、茶、巧克力和糖。疲惫本来应该用睡眠和休息来缓解，却被你用它们掩盖了。如果你没休息好，就很难集中精神，而这又会让你很难着眼当下。然而，如果你能接受解离状态，并发挥你的想象力，就能弄清楚你为什么会脱离现实，或者你在何处丢失了在这世界上的立足点。如此一来，你便能采取一定措施去解决问题。有些时候，你会感到踏实和专注，与地面的联系也更加具体可感。还有些时候，你会感觉自己无法接地，怅然迷惘，找不到地球家园核心的位置所在。请记住，这个过程旨在力求完整，而非追求完美。也就是说，它包含了平静与混乱、优雅与笨拙、能干与无奈等一切生活经历。

如果需要一些发自内心的支持，你可以通过以下方法回归现实：在洗澡时，想象气息如水流般沿着你的身体向下流动，流到地板上，流到水管里。此外，每每与流动的水相伴（或与温和的小动物共处）时，身体都会自然而然地接地。最后，凡是能帮助你表达自我、专心创作的艺术形式（跳舞、唱歌、绘画、制陶、演奏音乐，等等）都有助于集中精神、立足现实。这就是艺术的治愈力呀！

关于集中精神，我再做一点提醒：尊重健康的专注力的流动本质。当你允许自己分心、逃避和解离时，你会清醒地意识到这些行为的存在。自知的关键是保持清醒。即使是在你暂时脱离自知状态，稍稍放松一下时，也要保持清醒。有时，你会做白日梦、喝红酒、吃巧克力、闲聊、进行艺术创作、锻炼身体或者使用某些媒体，但鉴于以上诸种物质或做法皆符合你的心意，它们便不会去破坏你的稳定状态。如果你认为分心和逃避行为是正常且必要的，那么当你那样做时会表现得很正常。你其实知道，自己的某些心灵成分——你的某些部分——还不能面对一种感觉或情况。所以让自己休息一下吧，要知道你随时都可以回归意识中心。这种觉醒在清晰的专注与分散的意识之间移动，两种方式都可以帮助你回归清晰且明确的意识中心，帮助你接近如梦幻般短暂留存的那部分心智。当你能够在专注和分心之间优雅自如地切换时，便能够恢复复原力和流动性。

就接地练习而言，尽可能地保持接地状态比较重要，因为立足现实能够使你的身体降低紧张、减少负荷，和电路接地道理相同。在某些情况下，一天中我会多次检查自己的接地情况。

明确边界

当你精神集中、脚踏实地时，你就能够集中自我、恢复心灵的流动。当你能够更加娴熟地立足当下时，便能开始注意到许多人处于不专注、不踏实、不清醒的状态，以及在喧嚣中保持专注是多么困难。我们所处的文化在各个方面都鼓励分心和解离。因此，保持精神集中和心理完整相当困难。为了保持专注和踏实，你需要保护和明确边界；你需要一座不被侵扰的神圣居所，需要围绕在你四周的强大的、灵活的边界。幸运的是，这个边界早已存在。在形而上的领域，它被称为"气场"。目前，神经学界将这种私人空间解释为你的"本体感觉"领域，由遍布头部和身体的特殊神经及肌肉网络构成。你的本体感觉系统映射了大环境中你的身体和身份地位，帮助你站立、平衡、移动，还帮助你理解身体与周围环境的关系。

本体感觉器会映射出你的身体和环境，这样你就能游刃有余地与现实世界共处。本体感觉器会映射出你的家、你的车、你的工具、你的工作场所以及你可能去的所有地点。在大多数人身上，本体感受的私人空间可以向外延伸到胳膊和腿能够触及的地方，这是一个确切的范围，多数气场分析者认为它是健康气场的范围。在本书其余部分，我将侧重于个人边界的本体感觉结构，然而，如果你想把这片区域看作是一种气场，那么就用"气场"这个词来代替"边界"吧。在这一点上，我在研究中认为两者区别不大。

如果你还是不能将注意力集中到私人空间上，也不必担心。因为你的本体感觉器在映现方面本领不凡，其中包括对形象的映现，比如玩电子游戏时，你会映现出自己在游戏中的角色；演默剧时，你会映现出一个虚拟的空间。你的本体感觉器已经准备好帮助你创造想象中的边界，它会逐渐变得真实。（有关本体感觉系统的更多信息，请参见由科学作家桑德拉·布莱克斯利和马修·布莱克斯利共同撰写的杰出作品《身体有它自己的想法》。）

事实上，你的边界早已切实存在：当人们盯着你看时，你就能感觉到它；当身处拥挤的电梯里时，你能感觉到它的确切范围。个人边界是你私人空间的精神和本能的表现。然而，在分心和解离的文化中，大多数人并不认为自己是有明确边界的独特个体，因为这些人大多内心破碎，没有足够安全感，他们并没有足够注重保护或定义自己，并且倾向于通过从内心生活中解离、分心或逃脱来应对残破的边界。然而，当我们能够立足现实、把注意力集中于身体之内时，我们就开始在心灵中定义自己。然后，在固有本体感觉和想象技能的帮助下，该定义将使我们能够坚定地描绘自身的个人边界。

当你能够通过立足现实恢复流动时，便可以冷静地集中注意力，释放被困的和混乱的想法、情绪或感觉，并恢复自我意识，这也划定了你的边界。当你精神集中和立足现实时，你真正要做的是再次意识到个人边界。然而，如果你还不能集中精神或立足现实，这种简单的明确边界过程可能会通过使你产生某种隐私感和为你划定边界来减少你的困难。

练习：确立边界

请舒适地坐着，随后尝试专注于自我，如果你能做到（做不到也没关系），那么请站起来，把你的手臂笔直地伸展开来（如果你的手臂做不到这种姿势，请发挥想象）。想象一下，你的指尖触及了发光气泡的边缘，它笼罩着你的个

154

人私密空间。把手臂伸向前面，然后举过头顶。感觉一下，你的个人边界离你的身体有多远。气泡上的每一点离你都应该是一臂之长——在你面前，在你身后，在你任何一侧，在你头顶，甚至在你脚下。当你能够想象出周围的这片区域时，将手臂放下，让它们放松一下。

如果你需要的话，请闭上眼睛，想象一下这个椭圆形的气泡，它在你周围、在你头顶甚至在地板下面，现在它闪着明亮的霓虹色光芒。选择一种非常明亮、活泼的颜色（如果你无法想象，想象一下距你身体这么远的地方有某种清晰的声音或明显的运动），尽你可能使边界变得格外分明。以上便是你在明确边界过程中所要做的全部工作，这个练习非常简单。感觉自己站在这个椭圆形的气泡里面，想象你是一个蛋黄，牢牢地站在保护你的蛋壳内。

当你感觉到自己周围的边界时，如果可以的话，请冷静下来，持续保持专注，然后问问自己："我在这个世界上要求的空间有这么大吗？"当你与明亮的边界联系在一起时，请问问自己，自己完全控制的周身区域是否正常。对大多数人来说，答案绝对是不正常！就大多数人而言，个人边界是自己的皮肤。我们如蚂蚁般平凡，生活、呼吸的空间极为有限。

在与边界协作时，请记住这一点：起初，你可能会感到沮丧，因为从心理上来说，你可能不知道如何在心理上保持合理边界或占据一席之地。千万不要在这件事上感到孤立无援，因为我们每个人都会面临这样的情况。不过，你拥有自己的私人空间，支配它是你应有的权利。事实上，私人空间是被大脑鉴定为属于你的区域，即使在今天以前你并不知道它的存在。既然你已经明白了，请了解一下你的个人边界吧。你会发现自己在世界上也有一席之地，知道自己的来处和归处且拥有一些隐私。

现在，向那些帮助你建立个人边界的情绪表达感谢吧。感谢那自由流动的愤怒和羞耻。愤怒可以帮助你观察和应对来自外部世界的边界侵犯行为，而羞耻则可以帮助你观察和避免可能来自内心世界的边界侵犯行为。不仅如此，羞耻也有助于我们保护自己及他人的边界。

流动的恐惧使我们精神集中、直觉敏锐，悲伤使我们立足现实，愤怒和羞耻帮我们确立边界，这是不是有些滑稽？人们总是避免这些情绪，那样会造成什么后果呢？如果我们消除恐惧，我们会失去自身的专注和直觉；如果我们避免悲伤，我们将无法释怀或立足现实；如果我们丢弃愤怒和羞耻，我们将失去边界和体面。

众所周知，这是人们每天都会面临的常见问题：无法确立边界、感知直觉、立足现实和放松心情，还要面临无休止的情绪困扰。但我们都知道，让情绪自由流动是立足现实、感知直觉以及建立合理边界的诀窍。所以，花点时间感受你平静的聆听状态并感谢你的恐惧。感受立足当下的状态并感谢你的悲伤。你的私人空间带给你安全感、庇护感（你可以再次点亮边界），这要感谢你的愤怒和羞耻。

明确边界有助于你避免陷入或打破他人的边界。此外，当你恰当地确立边界时，在这个非共情世界里使用共情能力会变得相对容易些，因为你会渐渐明白什么时候你在感受他人的情感或处境，什么时候没有。我注意到，当自身拥有良好的边界感时，我便可以与他人感同身受，而且无须控制或改变他们。我无法始终如一地保持这种状态，有谁可以呢？然而，当我立足现实、集中精神且明确边界时，我的人际关系智能会变得更加机敏。

如果这时你还无法确定自己是否与边界建立了联系，那也没关系，这很正常。由于人际边界的状况与许多被认定为负面的情绪紧密相连，人们很难在自己周围建立起强大的边界并对个人本体感觉领域有所认识。这直接导致大多数人无法与愤怒和恐惧建立良好的联系。愤怒和羞耻具有边界修复作用，有助于使我们的私人空间恢复活力；恐惧则具有本能修复作用，有助于我们对周围环境完全保持清醒。有关边界的困扰无处不在，但你无须对此过分担忧。事实上，当你懂得如何解释这种困扰时，它将对你十分有益。

举例来说，如果不管你做什么，你的个人边界都模糊不清，你就会明白修复边界的愤怒还未在你心灵内部恰当流动（你可能正在用压抑抑制愤怒或者用宣泄误用愤怒）。如果你已掌握情绪疏导技能，并能够理解愤怒在你的情绪领域中占据着合理的地位，那么这种情况就会很好处理。再者，如果你的边界范围较大，膨胀得超出了一臂的距离，涵盖了你周围的一切人和事，你就能明白尊敬边界的羞耻感（向你袭来的愤怒）在你的内心尚未得到平衡（对羞耻感的压抑扼杀了你的荣耀感，而你通过使他人蒙羞大肆扩张个人空间）。倘若你已掌握情绪技能，这种情况也很容易应对。如果无论周围发生什么，你的个人边界都选择向内收缩、挤压自己，你就会明白，你的内心并没有尊重恐惧这种卓越本能（压抑和宣泄都误用了恐惧所承载的直觉性和保护性信息）。每种边界问题都有利于立足现实、集中精神和引导情绪，本书余下的所有内容都会对这些问题进行探讨。

不过，你仍须留意自己目前是如何定义自我、确立边界的。当你感到疲惫或心力交瘁时，会感到愤怒或暴躁吗？利用它们是建立紧急边界的方式之一。愤怒为人们确立边界，防止人们肆意宣泄（迁怒于人只会让边界受损得更加严重，让愤怒乃至狂怒倾巢而出，最终会令你陷入困境）。焦虑、担忧、恐惧又是否会挺身而出呢？在缺乏真正边界的情况下，恐惧会带来大量直观性"防范"焦点以保证你的安全。不过，恐惧情绪一经滥用，就会打破你的身体及边界原有的稳态，导致强烈的焦虑发作。再者，当你脆弱疲惫的时候，悲伤或抑郁的情绪会冒出来吗？在暂缓你的疲惫或脆弱后，它们能为你建立起紧急边界，使你脱离身边的世界（然而，长时间脱离现实会使悲伤加剧为绝望，使抑郁陷入无休止的循环）。

也许，当你的边界不起作用时，你就会倾向于上瘾或分心。你可能会求助于暴饮暴食的麻木状态或咖啡因的强烈效用，或者借助吸烟时缭绕在自己周围的烟雾所建立的虚假边界。在每一种情况下（无论是误用情绪、分心，还是依赖药物），你都能感觉到相应的边界问题并采取措施。也许这种反应是无意识的，但你确实去应对了。即使你感觉不到、想象不出，或者无法把你的边界想象为我描述过的椭圆形发光气泡，但是你自出生以来就已与它协作。现在，只要你可以集中注意力、立足现实，你便可以更加有意识地与边界相协作。你可以让情绪告诉你边界的现状。通过深入探究每一种情绪（类似于第二部分中的练习），你将能够理解并修复自己的边界。很快，你就能熟练而专注地维持个人边界，而不是靠误用情绪或分心来建立紧急边界。

练习：与边界同呼吸

下面这个练习很简单，它可以帮助你增强对个人边界的认识：如果你能够做到，请立足现实、集中精神。舒服地坐着，将距你一臂之长的个人边界想象得明亮、独特。为其选择一种鲜艳的颜色，如橙绿色或荧光红色，你的边界应当被你塑造得十分显眼（如果你想象不出，试着在边界边缘营造出一种光彩夺目的感觉或运动）。深呼吸，想象你的边界整体膨胀了几英寸（如同你在吸气时身体的反应）。呼气时，想象你的个人边界向内缩进，再次距你一臂之长。注意观察，你那明亮的边界触及了地板。再次吸气，并确保你的边界在各个方向上（包括你脚下）缓慢向外扩张。呼气，将边界恢复到原来的距离。你成功啦！你可以随心所欲地与边一同呼吸。这种简单的治愈方式，有助于你出于本能地将本体感觉系统与你对个人边界的全新意识联结起来。

一些快速指南：如果你仍想象不出或感受不到边界，你可以发挥想象力填充个人边界。举例来说，可以用自己最喜爱的自然景观来填满个人空间：你可以想象在距你一臂之长的空间内，是海岸、山脉或沙漠（同样，你不必看到这种景象。如果你无法想象，你可以聆听它的声音，感觉它的律动，甚至嗅闻它的气味）。你可以通过想象这些自然景观使你身体周围的区域变得宁静，这将帮助你栖息于精神的私域。如果你可以想象自己置身于钟爱的山川、海岸，便可沉浸于治愈效果极强的宁静感之中。如果你想让图腾动物来帮助你设定边界，你也可以邀请它们。你可以想象食肉的猛禽、猛兽为你镇守领地，最终你便能自己来守卫边界。你可以借助任何适合你的象征事物。这是你的专属圣地，你绝对有权想象任何能让你内心充盈的事物以填充你的私人空间。另外，想象一下每天将你的边界点亮，并与其一同呼吸。很快，它就能以有利于健康的方式保护你、定义你。

私人空间应当是任何人均不得入内的独立圣所。不过，倘若图腾动物、天使或祖先能为你带来安全感，你可以让他们加入。然而，来自外界的任何人或任何期望均不得在这一神圣领域出现。这是你的心灵故园，这里的一切听你指挥。

当你能够更加娴熟地集中意识、保护个人领地时，稍加留意，你可能就会注意到那些往往会使你偏离你的中心的特定情况或关系。你无须自我责备，也不要认为自己因此丧失了某些技能。在大多数情况下，你只是在对周围人的解离或分心做出反应。不自觉地模仿他人行为是人之常情（因为我们都是群居的灵长类动物）。尽管如此，解离被认为是一种为了进入仪式而在心灵最深处采取的神圣行为。

我发现，我们减弱边界和解离不只是为了顺应，也是为了在那些处于解离状态下的人周围建立一种仪式性的边界。比如说，我们会不自觉地进入前两个阶段的解离时期，去安慰或帮助我们周围的解离人群。为了创造某种神圣空间，我们不再脚踏实地，失去了自我的边界，进入解离状态。但是，我们对此却浑然不知。这种"联络"式解离毫无用处，但却是十分常见的反应。当你更加擅长立足现实、明确边界时，看看你能否在解离人群或解离情况出现时仍将注意力集中于身体及边界之内。如果你能做到，你就能以一种全新的方式创造神圣空间，那就是成为解离人群整合心灵的典范。起初很难做到，但很快你就能在令人分心的嘈杂环境中自我统一。当你能脱离渗透文化的解离行为及分心行为时，你本人就将是一个建成僻静隐蔽圣所的生动具象。

无论走到哪里，你都需要设定界线分明的边界，因为它就相当于你本体感受器的皮肤。你不会让自己身上的皮肤萎缩退化，你需要它来保护你的内脏、骨骼和肌肉。你的边界也是如此：你要让它保持健康，因为它保护并包围着你的私人空间和心灵故园。你可以每天划定、更新你的边界（如果你非常敏感，可以更加频繁）。

烧毁契约

在这一过程中，第三项技能可以帮助你释放受困情绪及行为，从而促进你个人边界的界定。烧毁契约这一技能将你迄今为止所学到的每一项技能结合在一起，并让所有元素参与到积极的、专注的治疗过程中去。

当你能够集中注意力、脚踏实地，并有意识地设定边界时，你就能主宰生命的流动。在困难时期，你能够集中精神（而非解离），能够将情绪、态度和感觉从身体中转移出来（而非无意识地应对它们），而良好的边界使你与周遭世界截然分开。当你边界明确、内心强大时，便可以创造出神圣空间。在其中，各元素、各智能可以有意识地相互作用。当你能够用心融入所有自我成分时，你就能达到平衡状态。

通过让你脱离有碍稳定的行为和态度，烧毁契约这一共情练习可以强化你的平衡状态。这种做法可以帮助你把自身行为和态度想象为一种倾向，而非具体的必然事件。当你脚踏实地、精神专注、边界清晰时，你可以把自身行为视作听取意图的倾向，你可以对它持赞成或保留态度，而非盖棺论定。如果某些情绪使你困扰，你可以烧毁与这些情绪签订的行为契约，恢复情绪流动。如果分心行为或上瘾行为使你不适，你也可以烧毁与它的契约，逃脱它的魔爪。如果你无法处理人际关系，你可以烧毁与那些关系订下的契约。不是了断那些关系，而是重置那些掌控你与他人互动方式的行为。这种烧毁契约的共情过程能帮你从扎根的立场出发，满足你的每一种行为、态度和立场，同时让你对情绪进行疏导。情绪移动能量和信息，烧毁契约依赖于每种情绪内部的运动、能量和治疗意愿。

练习：烧毁契约

集中精神、立足现实是与想法、行为、立场或关系解约的开端。如果你做得到的话，请用鲜艳的颜色装饰你的边界，然后正常呼吸。想象一下，你面前平铺着一大张空白的羊皮纸（如果你想象不出，辅以用手展开羊皮纸的动作）。这种羊皮纸的外观应当令人镇静，不会过于鲜亮或花哨。它的颜色应该是柔和的，出现在它上面的任何内容都会变得同样柔和。现在，将这卷羊皮纸收纳在你的个人边界内（这样有助于你创造圣所）。

面前放着一张羊皮纸，你可以对着它投射、想象、写作、倾诉，或者仅仅是回想你的遭遇。你可以在羊皮纸上投射出你的情感期望，即自我感受及表达的方式；你可以投射出思考态度，即思考方式、内容及技巧；你可以投射出身体规则，即身材和仪态；你还可以投射出亲密关系，即自己和伴侣的图像，以及你们相处的方式。如果这些行为、关系和想法能在你脑海中浮现，你就可以逐渐从它们中间独立了。在这个神圣空间里，你可以把自己看作有尊严的人，而非一名受害者。

你有权决定以特定的、与众不同的方式行动、交往及处事。

当这些行为、信仰和姿态在你眼前闪过时，你可能会感觉到内心的情绪正变得强烈。这种体验绝对奇妙无比。这意味着你的心灵已觉醒到这一阶段，并让情绪帮助你摆脱这些令人困扰的想法和行为。如有需要，请保持专注、增强踏实感，并点亮自身边界以便更明晰地感知周围的边界。无论出现哪种情绪，请接纳并利用它，将这些想法和行为移出习惯的阴影，由你有意识地进行控制。如果你感到愤怒，把这些想法投射到羊皮纸上，或者想象与愤怒相关的颜色、运动、声音或特质，并将其作为一种想象物纳入羊皮纸。如果你感到害怕，就加快进程，把这些想法抛在脑后。如果你感到悲伤，就慢慢把这些想法呈现在羊皮纸上。如果你感到抑郁，将想象物或羊皮纸变暗（或放慢脚步爬行），并在这个过程中接纳抑郁。不要排斥你的情绪，或者假装自己感觉到的是其他情绪。如果你勃然大怒，不要在自己身旁摆满兔子先生。

请记住，在你个人边界围起的神圣空间内，你精神集中、着眼现实并且处境安全，你不必压抑、分心、逃避或解离。疏导情绪便是此番体验。你可以利用涌现出的任意情绪来消除无益的想法或行为，从而恢复流动状态。这就是情绪的作用：它们转移能量和信息，并帮助你恢复流动状态。借助情绪，你能真正摆脱旧有的态度及行为，真正洞见本真的自我。如果你不确定如何处理某些情绪，请翻看第二部分中关于每种情绪的特定章节（但要速战速决，尽快回到当前部分）。

如果第一张羊皮纸被你填满了，把它搁在一旁，想象一张新的羊皮纸。循环进行该过程，直至你兴味索然。待到那时，你的那卷（或那些）羊皮纸布满了文字、图像、感觉或声音，请将其卷起。羊皮纸印证着你与特定行为、信仰、态度或关系所订立的契约。把这份契约卷得紧紧的，其上的内容便销声匿迹了；之后，它的力量很快就减弱了。如果你感觉不错，用绳子系好这卷契约。拿起束好的契约，想象你把它扔到了边界之外，让它离你远远的。当它掉落在地时，想象你选用任意一种合适的情绪将其烧毁。你可以用愤怒、恐惧、悲伤、沮丧的力量焚化它。情绪将为你提供烧毁契约、释放自我所需的精确强度，然后使你重获自由。

当契约化为灰烬时，重新集中精神，检查你是否着眼当下，并再次点亮你的个人边界。你可能会注意到你所掌握的技能有所变化，感觉到那种踏实感以及周围的自然风光（如果你先前创造了）都不同以往，你还可能会注意到边界内部环境略有差异。倘若如此，可喜可贺呀——你的想象系统和本体感觉系统正在与你进行共情交流呢！注意每一处变化，缓慢地回归心灵中心。你应该有种踏实感，而那鲜亮的边界各处都应该离你刚好一臂之长。大功告成！

烧毁契约是疏导情绪过程中的核心技能。它将你的能量和信息传输到不同地方，同时使你清醒地意识到你的行为、态度和立场。它还有助于你渡过情绪的激流。该过程有助于你处理各种情绪反应，而非将情绪宣泄到外部世界（或将其压抑在内心世界里）。纵使强烈的情绪向你袭来，立足现实的技能也能让你保持内心专注、丰盈；明确的个人边界创造出神圣空间，供你安全且隐秘地共情；将行为、立场幻化为契约（而非不可更改的宿命）的想象力使你能够恣意修改、摧毁那些约定。

当你摆脱旧有的习惯、消颓的态度或不适的关系时，你既不需要持续地进行分心、上瘾或逃避，也不需要用解离去应对郁积的情绪，这些情绪一般死气沉沉、备受屈辱。当你以完整的心灵故园来应对问题时，你就将重获恢复力，重返平衡状态。

如果你能在情绪涌起时保持坚强和清醒，情绪将帮助你对苦难形成清晰的认识，从而解除你的痛苦。如果你不尊重情绪，将其排挤在外或推搡在内，那么你就无法领悟生命中的经历。但是，如果你清醒地对情绪进行疏导，你就会内心充盈。本质上，强烈的情绪能召唤你的灵魂举行仪式。

你随时随地都可以选择烧毁契约，同时无须告知他人你的所作所为。一旦你精神集中、着眼现实，你就能把个人边界想象为心灵周围色彩鲜艳的仪式性气泡。在神圣的空间里，你可以完全隐秘地进行任何必要的事务。你可以在开车时，甚至是与人争论（虽然发生争执时你很难想起那些技能）时在脑海里浮现出羊皮纸的图像。该过程进行起来极其简便。它是一个相当具体的、接纳情绪的、专为忙碌的人设计的共情过程，它能随时随地供你使用。

你可以随意烧毁契约，或频繁或偶尔。有些人在每天早上或每隔几小时就进行一次，而有些人则每周（或每月）进行一次大扫除。该频率取决于生活中你被契约行为或反应行为所束缚的时间长短。如果你总能重新集中精神应对各种新情况，你可能就不需要经常烧毁契约了。但是，如果你的生活不顺利（或者你经常受到旧有行为、分心和态度的困扰），你可能会从定期的"契约烧毁"中受益。烧毁契约可以帮助你恢复流动，开始新的生活，同时具有保护作用。如果你能够以原先的立场和心态来烧毁契约，你就无须受困于被动反应。因为它运用了心灵钟爱的想象语言和情绪语言，引领你进入意识的全新领域。在那里，你无须在令人不满的行为或令人不快的态度上浪费时间。烧毁契约能让你重获自由。

刻意抱怨

精神专注、脚踏实地、边界分明是大家向往的状态，但没有人可以始终保持这种状态。大脑不会持续专注，如果你一天到晚只知道工作，生活简直乏味不堪。休憩、幻想、闲逛、大笑、打盹和嬉闹对于过上圆满而幸福的生活极其重要。学习流动意味着学习放松，保持轻松自如具有重要的意义。然而，如果你不能在必要时刻保持专注、脚踏实地、明晰边界，那就是另一回事了。

人们很容易陷入情绪困扰或停滞状态，并忘记所有的共情技能和情绪知识，很容易陷入情绪压抑和表达无能。无论是压抑还是宣泄都无法解决情绪尽力呈现的问题。因此,这种情况一旦发生(它会发生的),未受重视和管理不当的情绪会愈演愈烈并重复出现。如果你继续忽视情绪(你会的),它们会变得更加强烈、更具攻击性。紧接着,它们会在完全不相关的情况下出现。陷入令人苦恼的反馈环路后,人们会出现周期性抑郁和狂怒、焦虑发作以及强迫性忧虑等具体表现。最初的流动情绪变为习惯性处世方法,枯燥乏味且令人煎熬。

当你的情绪受到欢迎并得到尊重时,它们就会轻快地流动——它们会出来应对实际状况。凡是你所需要的,它们都会提供给你,然后便心满意足地隐退。相反,如果良好的情绪流动被阻断,心灵中就会出现堵塞一切流动的堤坝。情绪自然难以幸免,如果阻塞状态一直持续,其他元素也会受到干扰。如果你对郁积停滞的情绪坐视不管,你的思想很快就会被各种问题困扰。这种困扰引发的想法(就像受困的情绪一样)常常循环往复,一成不变。缺乏流动的身体也会开始出现疲劳、苦恼等反应,并且你会经常诉诸解离或上瘾,只求从这一切中暂时解脱。

如果你目前就处于这种情况,请勿担忧!你可以运用任何一种新技能来妥善应对。举例来说,你可以通过多种方法立足现实或重新自我整合,包括放轻松、深呼吸、在田野中散步、洗个热水澡。接着,你就可以明确边界,创造神圣的空间,烧毁那些与反复的想法及情绪订立的契约。但是,有一种疏通心流的方法更为简单,我将其称为"刻意抱怨"。

读到芭芭拉·谢尔(Barbara Sher)的杰作《神秘礼物》

（*Wishcraft*）时，我才首次了解到抱怨的重要性。谢尔提出，愿望和梦想其实是对你核心使命的明确指示，而非愚蠢的岔路。她写道，如果你一直梦想着写作、训练马匹、旅行、重返校园或当个小丑，那么这个梦想实际上是一幅特制的藏宝图，它将引你走向一生中的核心使命。这本书不同于有关自救的一般书籍。书中所写均是谢尔的亲身经历，她知道朝着梦想前进往往是想象中最可怕、最荒谬、最令人愤怒、最难以实现的事情——这就是很少有人去尝试、很多尝试以失败告终的原因所在。谢尔的主张是，如果你不去有意识地看待问题、恐惧和不可能，你肯定熬不过实现炽热梦想的艰苦过程。她建议定期花点时间去抱怨，这样既可以让你摆脱愤怒，也可以让你更清楚地认识到阻挠你奋进的确切事物。

虽然谢尔建议人们找个爱抱怨的伴侣，但是我修改了这个做法，因为这个世界上几乎没有人能忍受我那喋喋不休的抱怨。大多数人本身就对自我感到相当不适，以至于他们也不愿看到我处在那种不适感中；他们希望改变我、治愈我，并帮助我从更明亮的角度看待这个世界（在我心情不好时，这只是换了种形式的压抑）。我采用的方法与此不同，我把抱怨变成了一种独自进行的活动。于我而言，这才是真正的救命稻草。现在，每当我信心尽失或遇到难以逾越的障碍时，我就会哀号、呻吟、发牢骚，并凭借自己正在面对的残酷真相重新振作。做完这些以后，我就不再抑郁了。相反，我往往能够马上回到正轨，因为我已确知问题所在，以及生活之不易。这种做法并不会让我陷入崩溃；它赋予我重新振作的力量，因为它替我将体内种种怨气一并释放出去，并帮助我恢复了内在流动。

练习：刻意抱怨

以下是自觉进行抱怨的过程。立足现实与否、身处强大边界与否——这都不重要。重要的是，你的心情很糟糕。与此同时，你需要保护自己的个人隐私。你可以把某个短小的句子作为宣布抱怨正式开始的口号，比如，"我要开始抱怨喽！"如果你在室内，你可以对着墙壁或家具、镜子等任何能激发你幻想的事物抱怨。如果你身处户外，你可以对着花草、树木、动物、旷野、天空、大地抱怨。如果你和我一样爱抱怨，你很可能也想为自己专门建造一处抱怨圣地，里面摆放着能为你发牢骚助力的照片，比如乖戾的猫、淘气的孩子、狂吠的狗等一切能唤起你抱怨天性的东西。

当你找到心仪的抱怨场所时，尽情释放，展现自身沮丧、绝望、爱嘲讽、坏脾气、讨人厌的一面。展现你的黑色幽默，真正地为你所经历的种种艰难险阻、糊里糊涂、天方夜谭和匪夷所思抱怨一通、咒骂一场。你想抱怨多久就抱怨多久（你会为其见效速度之快而瞠目结舌），当你没有牢骚可发时，向你为之抱怨或嘶吼的事情表示感谢。向你的倾诉对象表示感谢，感谢家具、墙壁、大地、树木还有你的抱怨圣地。鞠躬致谢、挥手道别，然后做些真正有趣的事情，结束这段刻意抱怨。大功告成啦！

尝试过这种做法后，人们会惊奇地发现抱怨居然不会使他们更加沮丧。实际上，抱怨所产生的效果与他们所预想的恰恰相反，因为抱怨能使你脱离停滞状态和压抑状态，并可以不计后果地如实吐露心声。你恢复到流动状态，再次说出真话，一扫心中尘垢并且得以歇息一阵。另外，由于你是独自一人进行抱怨的，这样不仅不会让你丢脸或伤害他人的感受，反而会滋涵你的心魂。之后，你会发现你可以从全新的视角充满精力地重新审视自己的挣扎。

刻意抱怨在特定时期尤其有用，但那时候人们往往会认为抱怨不够圣洁，包括奋斗时期、状态良好时期以及个人成长时期（这真是令人惭愧，因为不允许抱怨可能会导致犹豫不决、反复无常的情绪状态，如担忧、沮丧和冷漠）。当你不再关注在这个充满干扰的世界里想要过上自知生活是一件多困难的事情时，自知生活就会变得越来越没有吸引力，干扰就会开始召唤你、诱惑你。如果你把大量时间花在工作上，却不愿花一点时间用来娱乐和休息，还要吹毛求疵、痛苦呻吟、发牢骚和抱怨，你的心灵将变得平坦而贫瘠。你的心流会干涸，你会跌入完美主义的旋涡，你的生活了无生趣。在你孜孜不倦以求完美时，你的很多方面都需要休息。这时，分心就开始伺机而动。刻意抱怨使你有个机会倾诉所受的苦难，从而恢复你的流动、能量、幽默感和希望。这听起来很矛盾，但是你不去抱怨就不会快乐。

抱怨与积极暗示

积极暗示与刻意抱怨相互对立。隐藏在积极暗示背后的真相是，我们每个人都坚信着那些有碍健康和幸福的想法。例如，"我不值得被爱""没有人能真正取得成功""生活太艰难了"。诸如此类的想法真的会拖慢我们前进的脚步。积极暗示的技能让我们学会探索出有利的想法从而代替原有想法，比如"爱一直伴我左右""成功属于我"或"生活绝对精彩"。这看上去是个好主意，不是吗？

虽然吐露妨碍你幸福的内心独白治愈效果极佳，但积极暗示见效过于快速（而且它往往是压抑情绪的方式之一）。如果你全面地看待这种做法，你就能看出其中的弊端。积极暗示暴露问题（例如，缺少爱与幸福、饮食失调）后会通过强迫性话语让心灵颠覆原有心理，但不会与问题本身站在同一战线，尊敬所涉及的情绪。积极暗示往往用强迫的观点颠覆情形，而这种观点否定了精神领域中真实存在但令人不适的信息。例如，"食物帮助我走向治愈，使我变得苗条"或者"我周围全都是和蔼可亲的人"。这种暗示产生的内心对话更加愉快，但它们并未说出真相，也未曾对呼之欲出的真相予以尊敬。这些暗示只谈论饮食问题，对除此之外五花八门的问题只字不提。面对破碎的、疲惫的心，它们无法治愈也无计可施——心灵本身对这一点心知肚明。大多数积极暗示将语言智能的陈述立于情绪真相和身体现实之上。实际上，你是在告诉自己正确的感受方式，而不是在体会现有的感受方式。

共情地说，我从未见证过或经历过积极暗示带来的深刻、持久的变化。我曾亲眼看见人们在处理问题时浅尝辄止，也曾见证人们找到各自的信念，但我从未见过他们中有谁进一步成长为完整个体。如果你的强烈情绪或感觉中心被迫坚信矛盾的或颠覆的语言表述，你的心灵将硝烟四起。每种暗示都会否定或压抑真实情况，这意味着为了使你仔细聆听、采取有效行动以及恢复平衡状态，你的心灵将不得不增加原先情绪或感觉的强度。积极暗示试图以残缺的、分心的方式处理问题。[8]

刻意抱怨具有治愈力，因为它从你对事物的实际感觉谈及客观存在于你身上的问题。它消除你实际的担忧，与你内心的担忧博弈，直至你回到流动状态，它便结束了。刻意抱怨既不粉饰也不试图改变任何事物，只是如实地说明情况，你的心灵相当喜欢这种方式。你有权做真我，你的情绪也有权吐真言。刻意抱怨不会对你造成任何损伤。当你能够清醒地面对现实并抱怨时（而非单纯地不带任何目的地抱怨），你将重获幻想和专注力，情绪也会流动起来，身体会释放出郁积的紧张感，而语言智能也可以享受到将你的一切感受翻译为合适话语的乐趣。

真正积极的思维是有利的，真正"消极"的思维同样有利。如果"我感觉妙极了"这句话是发自内心的，那么它就是幸福以自己的方式在你身上流淌的标志。拥抱它吧！那是真实的！你现在的感觉真的妙极了！类似地，如果"我不能走这条路"这句话发自你的内心，那便象征着悲伤、疲惫、沮丧或丧恸以它们自己的方式在你体内流动。去拥抱它！那都是真实的！你"不能"走

173

这条路——所以别去尝试！无论真相如何，运用你的技能，唤醒你的情绪，去面对心灵呈现给你的真相。在这段时间里，与你的奇妙感共舞——抱怨、大哭并烧毁你与绝望订下的契约，然后切换至下一种情绪、下一种想法、下一种幻想、下一项任务。真正的情绪健康不是一天到晚傻乐，而是拥有独特的流动以及应对每种情绪（及每种元素）的能力。

留出固定的刻意抱怨时间来支持你的本真自我、你的情绪现实、你思维的敏捷性以及你全部生活的实际状况。你甚至可以把它当作一种冥想行为。刻意抱怨将使你以自然且治愈的方式恢复流动，再次专注，重焕心灵生机并释放幸福、欢笑和快乐。流动是问题的关键所在！

恢复活力

我们的最后一种技能是恢复活力，它帮助你重新振作，好让你专注地面对每种新经历。这种共情练习非常简单，根本不需要花费多少时间。不过，如果你愿意，你也可以延长时间尽情地练习。

练习：恢复活力

如果你准备好了，请坐下，吸气，在呼气时接地。跟着感觉走即可。现在，以良好的姿势向前探身，集中注意力。想象一下，你的个人边界十分明亮且清晰，离你的身体刚好一臂之长——在你前面、后面、两侧、头顶、地板下面。想象你的边界完整、分明且鲜活。

现在，置身于你的私人空间，你想象一下在一天中你最喜欢的时间里去你最喜欢的地方。举例来说，暮春之夜，你感受着周围群山环抱；黎明时分，你徘徊于红杉林中的小溪旁；抑或是身处于热带岛屿洞穴里，看得到海景，听得到海声。选择你钟爱的地点，想象你置身其中。记住，如果你想象不出，也可以感觉、嗅闻或感知那种风光。让你身边围绕着美丽的景色、轻松的气氛。

此时，你可能会感觉自己的注意力有所分散，那可正合时宜。这是一种内部练习，你无须对外部世界保持完全的感知。让你的注意力自由地漂流。

当你感觉到周围美丽的自然景观时，吸几口气到身体里。深吸一口气，想象一下这块风光旖旎的静谧之地融入你的身体，体会你身处钟爱地点时的那种感觉。让这种感觉随着呼吸弥漫至你的胸部、手臂和双手，下至腹部，再从下腹经过双腿、直达双脚；向上经过胸部、颈部、面部和头部；最终，让这种安恬而美妙的感觉遍及你的全身。

当你感到满足时，舒缓身体，减弱情绪，稍微分散注意力，然后放松心情。在这里待多久随你心意，但眼下我们要就此打住，继续进行这项练习的其他步骤。在做恢复活力的练习时，你需要弯下腰使双手接触到地面，垂下头来。放松心情即可。这样就完成了。

你既可以让这种自然景观一直陪伴着你，也可以只在需要恢复自我活力时想象那样的画面。对我来说，无论在哪儿进行这项练习都很有趣。比方说，在堵车、坐飞机以及开会时，我可以在考艾岛科埃海滩边温暖的水域中游泳，在红杉林里听溪流潺潺。共情能力非常奇妙！

每次烧毁契约之后，至关重要的一步是恢复自身活力，防止旧有行为卷土重来。而当你通过烧毁契约的方式清理心灵空间时，有意识地重新充实自我很重要。如果你不去有意识地填补那块空荡荡的区域，它会在不知不觉间充斥着其他事物，那可不是你希望看到的事！如果在烧毁契约后你没有时间休息或恢复自身活力，那就花点时间用璀璨的亮光照彻整个边界吧。该过程用不了五秒，在你能把自己照顾好之前，那明亮的边界会时刻保护着你。你可以结合自身意愿进行这种恢复活力的练习，每天早上、每天晚上或每周一次等，有时你想每小时进行一次也是有可能的。现在，这些技能都是你的了，你想怎么利用都可以。

我注意到，恢复活力和自我慰藉的能力在我们所处的社会中并不普遍存在。大多数人都很熟悉如何解离和分心，也都很了解如何用刺激物使自己振奋起来，但似乎对如何慰藉自己、重焕生机知之甚少。例如，已有研究证明，午睡对健康和记忆力的好处堪比奇迹，但我们中有多少人会抽出时间午睡或休息呢？据证明，身体接触对保持身体健康和心理健康也很有必要，但大多数人都尽量避免身体接触。只有在短暂的拥抱、性接触或花钱按摩时，人们才会进行身体上的接触。

唱歌、跳舞、艺术创造、玩耍、闲逛、笑、做白日梦也能起到慰藉和治疗的作用，但大多数人似乎很少花时间做这些事情。相反，我们专注地投身于工作、完成任务，饭吃得很急，睡眠时间不足，没有时间和精力去享受这些简单而美好的生活乐趣。

如果你已经找到了一种方式，可以在生活中腾出一些恢复活力的时间（某段时间可供你读书、跳舞、唱歌、玩游戏、做白日梦、和朋友出去玩、看日落或者嬉笑玩闹），恭喜你！这是一种很好的方式，可以让你的注意力和活力从它所奔向的地方回来，这样你就会更加充盈、机敏，更能脚踏实地、立足现实地去生活。一方面是立足现实、明确边界以及疏导情绪，另一方面是暂时搁置繁忙事务、享受生活，这两方面相互平衡至关重要。两者在你的一生中都很重要。

有一点需要注意：室内娱乐是很多人都倾向于选择的休闲放松方式，不是看电影、看电视就是上网，这再自然不过了。因为人类这种灵长类动物简直是故事迷，故事和戏剧有点像他们的精神食粮。我们都感受过电影和电视那诱惑人的、令人上瘾的吸引力，也都体验过上网冲浪、发短信时光阴飞逝的那种感觉。随着你更多的生命组成部分变得清晰，你需要清醒而平和地看待你用来娱乐或上网的时间。这些消遣可能很有趣，但如果你沉迷其中，它们也会变成严重的干扰。如果你把大部分空闲时间都花在看电视或玩电脑上，扪心自问，你在花费的所有时间里得到了什么回报，如果有的话。电视里上演的故事能让你平静下来吗？当电视节目让你的注意力集中在自我之外时，在电视前无所事事能让你的身体得以休息吗？上网或发信息能带来供你深入思考、仔细研究的有趣东西吗？抑或是，你只是陷入了上瘾的怪圈？答案因人而异。

问问你自己，在真正的生活（远离电视、电脑和短信的生活）中，你优先考虑的是什么。你的房子干净吗？账单付了吗？你花足够的时间与家人共度了吗？还是你累到一到家就只想赶快看会儿电视或上会儿网好暂时逃离繁忙？当你有意识地做这些活动时，你能够决定你想要它们如何融入你的整个生活。如果它们似乎在你身边若隐若现，或者让你的生活因此失去平衡，那就翻回上瘾那一章，看看你在进行这些娱乐活动时寻找的是什么。或者烧毁你与这些活动订下的契约，看看你的情绪中蕴含了哪些信息。你现在已掌握技能，可以清醒地对待你所做的一切，如果你愿意还可以做出改变。

改变与停滞——理解它们的舞动

本质上，改变就是一种技能。这些移情技能将你身上许多沉睡的部分唤醒，并使你的情绪得以涌流——这将使你的内心世界发生巨大改变。一开始你可能会感到奇怪、不适，这是正常现象。你心灵中的任何变化都在警醒其对立力量——停滞。停滞是你自身对传统、常态和现状的重视。变化和停滞都很正常，这两种物质对生物体来说都是不可或缺的。至于两者所产生的效果是治愈性的还是破坏性的，则取决于你的心态。如果改变对你有益，你可能很喜欢改变；但如果改变对你无益，你可能会觉得改变很麻烦。如果你对现状感到满意，你可能喜欢停滞；但如果你渴望改变，你可能会把停滞视为煎熬。不论你一时的偏好如何，变化和停滞在所有真正运动中都是平等的参与者。变化实时通知你系统中出现的新情况、新影响，停滞则维持你已有的情况和影响。确保有效改变的方法不是消除停滞（就仿佛它是邪恶的），而是要明白改变和停滞在你心灵中是平等的伙伴。

当你学习这些新技能时，仔细留心自身反应。如果某些技能让你觉得完全陌生，甚至是不可能做到的，那就留意并顺应这些反应。毫无疑问，这些技能是不寻常的。我们重视群体，十分了解言谈、衣着、财产、处事方式等方面的范式。然而，我们却不知道自身的感受如何或内心的声音在表达什么。这些技能重新唤醒了我们对内心声音的感觉、观察、聆听，这也许让人大为吃惊。如果你感觉这些过程不同寻常，没关系，它们本就如此！因为出现改变时，不寻常、不习惯的感觉是内在的停滞感发出的信号。如果你能与内心的挣扎一起呼吸（而非对抗它们），并接纳它们的存在，你就能够顺利摆脱任何不适感。很快你就会觉得这些技能很平常，它们会融入你那全新的停滞状态，只要你不使用它们，心里就会变得焦躁不安。欢迎变化和停滞能使一切运动更加优雅自如地进行。

但是，如果这些技能让你感到动荡不安，也就是说你感到害怕、愤怒或非常不安，那就休息一下。如果你曾经受创，或者正借助上瘾和解离进行自我治愈，那更要好好休息。这些技能（因为它们让你的所有元素重回心灵故园）向你的灵魂发出信号，告诉你已经达到何种安全程度。在某些情况下，这种信号会促使你的心灵开始大量涌现出记忆、感觉、闪回和问题，因为它想让你尽快将其解决。这是一场出色的运动，但如果你不曾预料（并且如果你没有掌握所有的技能），它可能会让你大吃一惊。停止使用任何的确会给你带来不安感的技能，回到停滞状态。翻到第二部分第十一章，它对你在这个过程中的反应描述得最为准确。理解这种情绪治疗任务后，你可以翻回此处，再次尝试这些技能。

要知道这个过程完全由你掌控。你可以筛选这些技能，创建你自己的版本，或者如果觉得掌握某些技能没有必要，就将其忽略。自我聆听，腾出点空间倾听停滞的声音，按你自己的步调做出改变。你是掌控者。

在生活中运用这些技能

在你了解了这些技能后，你可以以任何方式使用它们，只要你觉得合适即可。你可以以契合灵魂的状态混合使用它们。我没有就这些技能的使用时间进行指导，因为对于同样的技能，我既可以在两分钟之内全部使用一遍，也可以缓慢而虔诚地花上一个多小时来使用它们。这完全取决于我的个人需要和时间限制。我将在这里提供一些通用的指导，但是请相信并尊重你的个人情绪信息。你才是自己生活中的专家。

立足现实和明确边界是很好的日常技能，但是你无须每时每刻都集中注意力（仅须确保你在需要全神贯注的时刻能够自我专注）。你可以在你认为合适的时间烧毁契约，或经常或偶尔；你可以定期使用你的抱怨圣地，也可以只将其用于仪式上的特殊场合。恢复活力的技能要经常使用，因为我们往往会忘记照顾自己。我为此专门制定了时间表，这样一来，我就不会忘记了。

留意一下，你的技能是否在未经你允许的情况下有所改变。这常常是内在自我就灵魂当前状况发出的信号。例如，你在你的边界内建造了一座海边避难所，可它突然之间变成了一个水晶洞或一栋乡村小屋（甚至彻底消失不见了）。如遇类似状况，请多加注意，这些形象是灵魂用于向你清楚传达信息的载体。事实上，对任何技能发生的变化都要留心，通过这些变化，你的灵魂会就你内心最深处的问题与你共情地交流。不要抗拒改变。相反，你应当利用你所有的能力去剖析心灵所传递的图像。如果你不能理智地理解情况，那就运用你的情绪技能，用你极力解决问题的实际能力或者你的炽热幻想来获得观点。

记得经常活动身体，将其作为冥想练习的步骤之一。你可以锻炼身体、打哈欠、尽可能多发声。因为它们做起来很傻，你可能想私下里做这些事情，但是运动对你的整个心灵来说都是必不可少的。因此，你的身体应该自由活动，你的思想应该不受限制地思考和计划，你的幻想精神应该随心所欲地梦想和漫游，你的情绪应该如实地做出反应。一旦你的心灵培育出了这种自由，你就无须压抑，任意宣泄、分心、逃避或解离，因为那时你能够自如地与元素一同流动、对元素进行调节。

当你重新整合心灵故园时，请你的头脑用其卓越的辨别及翻译能力去支持你的情绪。当情绪在你体内流动（或陷入困境）时，请求你的身体让你与情绪保持联系。恳求你的幻想精神让你与那些情绪试图解决的更大问题紧密相连。记住，你的目标是完整（不是完美，而是完整）。这意味着你兼有聪明和愚蠢、理智和荒谬、勇敢和怯懦、美丽和丑陋、勤劳和懒惰等数不胜数的对立特征。这个练习接纳你的所有元素和智能，并赋予你坚实的基础，让你在世界上发光发热。你将不再追求遥不可及的完美，也不再是破碎的、解离的、麻木的人。相反，你会成为真正的自己：你的灵魂流动而充满活力，你能够专注而灵敏地应对任何情况。你不会被强烈的情绪流冲垮，也不会在气元素、火元素和土元素联手排挤水元素时气恼地坐视不管。这是因为每当你灰心丧气时，你所具备的那些能力会为你提供贯穿全身的修复力，让你满血复活。

当你具备共情能力后，你的情绪就会成为你的盟友，而不是糟糕控制系统中的大恶霸。你的情绪很快就会开始自然地移动、流动，并自我和解。也就是说，如果你欢迎它们，它们就会前来处理眼下的问题并将其解决，然后快乐地继续向前。今后我们产生任何情绪时，请记住应对快乐等所有情绪状态的咒语。那就是"这一切终将过去"。如果你能任情绪流动，它们都会自然地流过你的身体。

　　在情绪的海洋中，这些技能共同为你建造了航行所需的救生艇。如果对每项技能都不太确定，你可能需要再花点时间琢磨一下本章内容。不过，如果你已经整装待发，请随我一同在极其深邃的情绪海洋里继续遨游吧。

客栈

生命就是一家客栈
每天清晨都有人刚刚抵达

喜悦到来，抑郁和吝啬到来
刹那觉醒也到来
像是不期而至的客人

欢迎和招待每位来客
哪怕它们是蜂拥而至的忧伤
粗暴地抢尽
房间里的全部家具
依然，心感荣幸地对待每一位客人
它或许会为你打扫
以便迎接新来的喜乐

阴暗的思绪到来，羞耻和怨恨到来
到门口，含笑迎接它们
领它们进门

对每一位客人的到来心怀感激
因为每一位，都是
从彼处派来此地指引你的向导

——鲁米

第二部分

拥抱情绪

第十一章

在情绪的海洋里遨游：唤醒全部情绪

　　欢迎来到水元素王国，情绪、流动、深度、和解以及语言皆汇聚于此。在这里，你能学会辨别、感受事物并领会其中的本质。紧接着，共情智能将与你一同协作。这些智能是流动的深层意识，一直引领你从失衡走向领悟，再迈向化解。当心灵中的水元素觉醒、周围的一切处于流动状态时，你刚刚掌握的共情技能将使你保持平稳。在坚实、丰饶的心灵故园里，你将能够引领并协调各种流动。

　　随着意识的深入，你会发现情绪与其他各元素、智能无法分开。情绪并非彼此独立，多数情绪之间有着千丝万缕的联系。在健康的心灵中，各种情绪不分畛域、相互交融；而在不健康的心灵中，它们则会避而不见、针锋相对。因此，这需要情绪敏感性练习，并非因为情绪很危险、难以理解，而是因为情绪不断流动变化，而且与其他人、其他情绪联系的方式独一无二，因事而变。

情绪敏感性并非来源于分类和操控情绪，而是来自适应情绪持续不断的流动并意识到在每一个清醒时刻或沉睡时刻所有情绪都始终存在。一直以来，愤怒试图为你确立边界，恐惧使你拥有直觉，悲伤帮你放下过去、继续前行，羞耻密切关注你的为人处世，等等。流动是所有情绪的常态。你的职责不是将它们安排在整洁的狭小隔间里，而是欢迎它们为你带来生机。

欢迎情绪流

情绪流的首要原则如下：所有情绪都是真实的。所有情绪的话语都揭示着绝对的真相，要么是关于引发情绪的特定情况，要么指向内心世界。即使是非理性的、受困的或反复的情绪也能揭示出某方面的真相——不论是以往的创伤、遗忘的记忆、身体的失衡状态，还是对特定刺激物的严重反应。"凡情绪皆为真"并不意味着所有情绪都是"正确的"，也不是说你要把情绪传达的信息奉为圣旨。一方面，部分情绪使你想把别人打得灵魂出窍，还有部分情绪使你堕入地狱、对自己恨之入骨；另一方面，某些情绪反应展现出你浑然不知的嫉妒，还有些则使你沉迷于对你有害的事物。因此，你不必像个傻瓜一样对情绪俯首帖耳。不过，你必须明白，所有情绪都是真实的。你要做的就是欢迎真相，并通过把每种情绪放在完整心灵故园的视角下去看待，支持情绪流动。

若想形成这种视角，就不能使用大多数人所惯用的表达系统。共情者们不会说"你不应该有那样的感觉""你太敏感了"或者"没必要那么情绪化",不,共情者们远离情感麻木的态度和行为,不受当前文化的熏染,他们创造神圣空间,并在其中揭开与认可情绪真相。这也是你的技能之所以如此重要的原因。它们帮助你召唤灵魂参加仪式,为你自己和他人的情绪创造神圣空间。但毋庸置疑,如果你周围的人正在经历严重的抑郁、循环的焦虑或愤怒,你会帮助他们寻求外界帮助(重度抑郁、焦虑症和狂怒障碍会损害大脑和内分泌系统,这可不容小视)。

当你能够共情地了解情绪时,你的情绪(及他人的情绪)不会对你产生威胁,使你陷入失衡状态。当你遇到自己或他人的恐惧时,你会明白充满光辉的本能蕴藏其中。如果你感到愤怒、羞耻或嫉妒,你会懂得美妙的边界修复近在咫尺。如果发现了抑郁,你会在其中寻得巧妙的停滞。即使是最棘手的情绪,你也能欣然接受,并引导其蕴含的重要信息发挥出有益的作用。

常识告诉我们,沉溺于情绪是不明智的,因为你可能无法脱身。例如,如果你肆意哭泣,你将无法停止;如果你任由自己愤怒,你会向周围所有人发泄自己的熊熊怒火;如果你感到万分抑郁,你可能会想了断生命。然而,当你自觉地进入情绪领域时,情况则恰恰相反。如果你让自己哭泣,悲伤将贯穿你的身体,净化你的灵魂,然后哭泣就会停止,你就会恢复活力。如果你恰当地引导你真实的愤怒,它不会对任何人造成伤害。

事实上，愤怒具有极其高尚的品质，它会恢复你的边界，保护你和周围所有人。类似地，如果你真诚地欢迎抑郁，它会向你展示一些惊人的、足以改变生活的事物，告诉你自身能量消失的原因。

情绪本身不会引起麻烦，它们只会传输能量、传递信息。如果你不尊重它们，不在情绪海洋中遨游，你不仅会停止成长和进步，还会致使情绪的影响恶化。永无休止的抑郁、周而复始的狂怒、难以缓解的焦虑发作，这些都是情绪未被适当感受的明显迹象。

然而，当你踏入情绪的河流时，要意识到情绪可能会给你带来麻烦。在某些情绪状态下，你可能会觉得自己有点力不从心。倘若如此，不妨想想那些戴着水肺呼吸器的潜水员，他们跟随气泡来确定方向浮出水面。如果你承受不住，让理智带你走出情绪流，但要知道理智无法成功应对所有情绪。不管你用多少事实和想法来压制它，情绪都会继续以自己的方式发展。疏导情绪时要运用气性逻辑智能，你应当把该过程视作短暂的假期，稍微喘口气，振作起来，待活力恢复后回归情绪状态。这同样适用于土元素和火元素，你可以通过饮食、跳舞、休息、锻炼、冥想、祈祷来摆脱恼人情绪，重获自由。但你稳定下来后要回归情绪状态。当你能挺立于心灵故园中心时，便无须隐匿于某种元素，也无须逃离其他元素。

记住那句对任何情绪都适用的话语，"这一切终将过去"。健康的情绪在不停流动。

混合使用五种技能

保持每种元素的流动并不一定是令人煎熬的耗时过程。你可以采用简便的方法全天候保持身体的流动性，例如，坐在书桌前简单地扭动手腕脚踝，或处于私人空间时，打哈欠、伸懒腰、悄然低语或摇晃身体。支持智能流动轻而易举：让思想自由地计划、组织、谋划；在平时做些智力活动，如猜谜、数字游戏、文字游戏等。保持情绪流动也很容易：欢迎心境和情绪融入你的生活，沉浸于绘画或音乐（即使这对你来说仅是随意涂鸦、哼哼曲子），以及沉默地表达自我。同样，你也可以用简单的方法支持火性精神，接纳梦想、白日梦和幻想，或者愿意与各种事物的精神交谈。当火元素处于活跃状态时，你会发现有意义的事物无处不在——前面那辆车保险杠上的贴纸、歌曲或杂志上出现的词语、野生动物或无意间听到的只言片语。当你在平时生活中尊重每一种元素时，心灵故园绝对能让你过上充盈的生活。

疏导情绪时，邀请所有元素参与进来，任其发展，不要压抑或到处宣泄情绪。如果情绪极其强烈或受困于无法打破的反馈环路，那么恳请理智来帮忙并向其探求相关问题的正确答案，或者让身体发挥作用，如实地描绘出情绪的形状、颜色（如果存在）、温度、流动模式。这样一来，你就能把情绪当作信息或直觉，而非诅咒。你也可以调用火性幻想，释放雄鹰般的本性去追踪情绪，翱翔于身体、生活、家庭乃至整个文化环境。然后，你就可以使用治愈技能，去集中精力、立足现实、修复边界、烧毁契约（情绪受困于反馈环路时使用）、恢复活力（与情绪的对抗使你失去稳定或令你精疲力竭时使用）。

你随时随地都可以使用这些技能，因为它们总能创造神圣空间伴你左右。无论你身处何种场合，都可以着眼现实、确立边界、烧毁契约，包括工作、驾车、候机。恢复活力这一技能经过改进后甚至可以在公共场合使用（你仅需点亮边界、迅速恢复活力，之后再进行全方位的自我恢复）。如果你无法经常抽时间进行完整的冥想练习，活动身体就能打破其停滞状态，并改善其他元素的停滞状态。

将刻意抱怨与其他共情技能相结合十分富有乐趣，这样做的确有助于你清除郁积的想法和态度，使你摆脱旧有的情绪表达方式、思考方式及联想方式。我喜欢同时进行抱怨、四处走动和烧毁充满陷阱的契约："我想我必须这样做。嘭！这是它骑的马。啪砰！做事情太难了，整天拼死拼活的，我受够了！生活简直一团糟！轰隆！"这个过程十分有趣，带给我很多欢乐。然后，我就会以全新的态度、饱满的精神再度投入工作，或小憩一下，或出门找乐子。刻意抱怨真奇妙。

当我们一同进入更深的情绪领域时，我不希望你完全奉行我所说的，或者在阅读此书时封锁自我。你能在独一无二的完整自我中保持专注，独立决定如何应对遇到的每一种情绪，这才是我所期待的。如遇以下情况须寻求帮助：某种情绪既无法流动，也无法与你互动，抑或是某些情绪状态反复出现，使你不安。也许有时你会在某种情绪中洞察出我未曾知晓的东西。调动多元智能，让情绪主导，让丰饶的心灵故园来解读形势。运用自身最佳的判断力，在必要时向外界寻求帮助。我们同为共情者，你的信息绝不会比我的逊色！

第十二章

愤怒：保卫与重建

包括狂怒、盛怒和创伤治疗。

馈赠

尊敬、信念、恰当的边界、保护自己和他人、健康的超脱。

本质问题

必须保卫什么？必须重建什么？

阻塞迹象

压抑性表现：沉浸、自暴自弃、冷漠、抑郁、边界丧失。

宣泄性表现：创造严苛边界的循环狂怒；仇恨与偏见；与世隔绝。

练习

停止压抑或大肆宣泄情绪，把火性愤怒的强度引导进边界，然后说出真相或采取补救措施。这将以健康的方式为你重新设定边界，既保护你，又保护你的人际关系。

如果把愤怒人格化，我觉得它是忠诚的城堡哨兵与古代圣贤的混合体。愤怒会在你的灵魂周围巡逻，时刻关注你、你身边的人和你所处的环境，从而为你设定边界。如果你的边界被打破（由于他人的无心之举等其他原因），愤怒会挺身而出，恢复你的力量感和独立感。对于愤怒的问题是："必须保卫什么？""必须重建什么？"当你将强烈的愤怒转移到你想象的边界上时，保卫和重建都能迅速发生。这使你能够迅速而得当地处理愤怒。在愤怒的帮助下，你可以重设个人边界，恢复自我意识。就其本身而言，这个简单的运动在化解愤怒时无须诉诸任何内外暴力手段，因为你的边界将恢复得当。当你以这种方式加强防护时，愤怒的势头自然下降，这将使你在说话做事时不再凶暴、被动，而是占据优势地位。

相反，如果你压抑愤怒，你就会因缺乏自我保护所需的能量而无法恢复边界。因此，在最初受到冒犯后，你必然会进一步受到伤害。如果你选择对冒犯你的人无礼地宣泄愤怒，那么你的边界将处于无人看守的危险境地，就像守卫城堡的哨兵擅离岗位，出去横冲直撞。当愤怒被你用作武器攻击别人、无法看守你的领地时，心灵将不得不陷入愤怒更盛的情境。如果你已形成宣泄愤怒的习惯，你势必也会这样对待新注入的愤怒。结果是，你将进一步打破自己的边界（和别人的边界）。不断加剧的狂怒和盛怒就是这样形成的——问题的根源不在于愤怒的基本能量，而在于愤怒出现时人们生疏且无礼的利用方法。

当愤怒自由流动时，你甚至感觉不到它的存在。它只会帮你维护边界、坚定信念以及保持健康的超脱。自由流动的愤怒会让你自怨自艾地嘲弄自己一番，友善地确立边界，因为这两种行为都源自愤怒所赋予的内在力量和恰当的自我界定。一旦愤怒无法自然流动，你就很难建立及维持边界，你会倾向于冒犯、纠缠他人，听信外界变幻不定的观点而危及自身形象。

当你目睹别人遭到不公甚至残忍待遇时，你也会感到愤怒。由此可见，愤怒是种社会性情绪，它不想看到任何人受到无谓的伤害。无论是谁，当他选择不加掩饰或显露脆弱时，他的心扉便由此敞开了，这十分具有治愈性。然而，即便是同样程度的坦率和脆弱，若未经允许就被表露出来，往往具有危险性和侵犯性。不论受害者是你还是我，我心中的愤怒都会被激起。这种侵犯还可能带来恐惧、悲伤、抑郁及羞耻等情绪，但唯有愤怒在侵犯发生后会表明你受到了伤害，并为你建立新的边界。由于愤怒之下通常还隐藏着另一层情绪，它经常被错当成一种间接的情绪，人们常常轻视愤怒，甚至认为它并不真实。这种错误观念相当致命。

所有情绪都成群结队流动，并且彼此间紧密联结。尽管悲伤常常与恐惧、羞耻相伴而生，而且通常会在你真正释怀时送来欢乐，你都应该认为悲伤是切实存在的；尽管恐惧通常与愤怒结伴而行，而且常常会在你已能巧妙自如地应对它时送来满足感，你都应该认为恐惧是切实存在的。相似地，无论哪种情绪与愤怒结伴同行，也无论在你娴熟地恢复个人边界后会呈现何种幸福，你依旧应该认为愤怒是切实存在的。毋庸置疑的是，愤怒所传达的基本信息不论对你还是对他人来说都是一种屏障。危险来临之际，愤怒甚至会保护其他情绪，愤怒冲锋在前，让它们躲在身后。当你被惊恐麻痹时，愤怒会将可怕之物尽数驱散，护你周全。如果你有此相关经历，便会对愤怒的益处有所体会。和悲伤、恐惧、欢乐等情绪一样，愤怒也是无可替代的。愤怒与悲伤就像关系尤为密切的盟友（见第346至351页），使你的心灵具有非凡的力量。而愤怒与恐惧这对盟友（见第278至281页）则有助于你保持高度的本能专注。但是，只有每种情绪各行其道，这两对盟友才能发挥积极作用。

健康的愤怒为你确立边界，帮助你提高行事效率，因为它能让你真诚而得体地与人交往。当你清醒联结自身愤怒，清晰认识自身边界时，你就能尊重他人的边界及个性。因此，你的人际关系不会基于权力斗争、投射或纠缠。然而，如果你接触不到重要的、边界明确的愤怒，那么虽然你表面上看起来毫无异样，但会成为你身边人的一大威胁。如果你压抑愤怒，你就会创造出被动的、模糊的边界，与人纠缠，乃至危及他人。如果你无礼地宣泄愤怒，你会创造出具有威慑力的、令人生畏的边界，它会降低你身边所有人的稳定性。当你能够恰当地引导这种可贵的情绪时，你就能得体地保持自己的边界，同时保护他人的边界。

为何我们各不相同

很多人认为，只要我们摆脱权力感或独立意识，并接受我们全都一样这件事，内心就会充满宁静，愤怒就会烟消云散。这种想法乍一看很合逻辑，但你仔细端详它不出半刻，就会发现它并非来自共情智能。这种看法认为，设立边界和自我保护会阻碍人们获得宁静、和谐相处。实际上，这两者是通往宁静与和谐关系的必经之路。如果你无法了解并满足自己的需求，你就无法获得宁静、尊重他人的需求。同样，当你还没弄清楚自己究竟是谁（或你来自何方、去向何处）时，你根本无法与别人和谐相处。"人们全都相同"乍一看很有道理，但只要你汇集所有智能认真审视，就会发现这种想法漏洞百出。

当我们漠视愤怒支撑的重要边界，忽略个人渴望及期待时，我们就会不堪一击（我们的心灵没有了"皮肤"），继而引发情绪混乱、心神不宁等一系列连锁反应。我察觉到，当人们尝试保持自暴自弃状态时，常常会陷入循环性抑郁（通常在你与健康的愤怒及个性失联时出现）或焦虑（在你丧失本能时产生）。"同一性"思维将愤怒推向深渊的那一刻即是内心尘嚣四起之时。因为在心灵不受保护的情况下，愤怒必然要产生。如果愤怒长时间被阴影笼罩，它势必会暗暗蓄力、彻底爆发。

但依我之见，"同一性"思维在五行视角下有一定的科学性。实际上，在我们的火性幻想精神中［如果神经解剖学家吉尔·博尔特·泰勒（Jill Bolte Taylor）的观点正确，它实际上就存在于我

们的右脑中] [9] 我们是一体的。如果我们通过保持专注、立足现实来与精神幻想紧密相连，那么我们往往能深刻而持久地获得与全人类的统一感。精神同一是健康且自然的。在获取同一性的路上，破坏边界，忽视愤怒、脱离元素以及丢弃自我完全没有必要。

在智能上，我们能与别人保持一致。我们可以妥协、与别人想法一致，但智能上的同一性常常需要限制气元素最为喜爱的爆发式涌流。而气元素的同一性常常需要压制个体思考过程、忽视个体情绪反应（可悲的是，这使得水元素被迫隐匿）。我们虽然容易在智能上就那些基本点（如爱、健康、儿童安全、安全感）达成一致，但会在如何创造并维持这些基本点上出现意识形态分歧，这一分歧使得人类自有史以来战火不息。气元素中的同一性在现实世界里找不到有利条件，因为这是一种智能囚禁。我们的思维不可能保持绝对一致，这也不应该成为我们为之努力的目标。智能自由具有绝对的必要性。

在水元素王国，与别人共享情绪轻而易举。恰当地共享情绪即为共情，过度地共享情绪则被称为纠缠。不过，与所有你认识的人完全共情也是不健康的（相信我）。你的情绪需要在你自己的生活中流动，不是你朋友的、不是你配偶的，也不是你家人的。如果恒定不变地保持共情，并且不进行任何平衡或清除练习，你的生活会彻底混乱，愤怒会因尝试为你修复破碎边界而高速运转。你会在一瞬间由愤怒升级为狂怒，陷入无休止的惭愧和抑郁，甚至可能陷入自杀性冲动，或是对"软自杀"上瘾。

愤怒这个忠诚的心灵卫士恳求你不要尝试与他人保持情绪

同一，直至你高度完善自身技能、极其清楚自身行为。即使是这样，数十年的共情经验告诉我，与为他们翻译情绪（这会造成不健康的依赖）相比，教他们与自己建立共情联系要明智得多。最好是尊重别人的神圣隐私和先天智能，并在你自己的心灵之内使用共情技能。此外，以一种不纠缠的方式为身边人创造情绪圣所实际上非常容易，仅凭欢迎所有真实且必要的情绪就足够了。共情能力处在这种水平，不会对任何人造成伤害，因为它还不需要你移除边界、丢弃愤怒或让所有惯常想法全部渗入别人的情感生活。

土性身体中不可能存在同一性。不存在身体完全相同的两个人，我们不可能与别人交换身体。稍有不慎，甚至连输血、器官移植都有失败的可能。目前在这个世界上，没有任何办法使两个人的身体特征完全一致，这种想法也是极其荒诞的。

类似地，你的心灵故园中心或者说个性无法与其他任何人的个性相统一。你就是你，独一无二、无可代替；你的个性以前从未出现过，以后也不可能出现。你的个性不可能与其他任何人的个性趋于同一，因为你本身具有绝对的独创性，不可复制。在与具有明确边界功能的愤怒协作时，务必将这一点谨记在心。这有助于你理解并支持你自身各个方面的需求，既包括身体神圣性、智力自由性，还包括情感独特性和个人自主性。

精神同一毫不费力。你只需在愤怒支撑的鲜明边界内保持专注、立足现实，从而接纳火性幻想。随后，你就能在幻想、梦想以及白日梦中自在地体验火性同一。同样，获得真实且健康的同一性也并不难。你仅需与幻想的火元素融为一体，也就是说借助健康的愤怒赋予你的边界重建能力，学会自我整合。

愤怒蕴含的信息

当你恰当地疏导愤怒时，你的边界会得到修复，你的荣誉感也会被重塑。而当你横冲直撞时，你不会尊重遇到的每一个人（包括你自己）。类似地，当你压抑边界使之模糊时，你会与他人纠缠，失去边界感和明晰感，进而走上各种不人道的羞耻犯罪道路。反之，如果你将愤怒引导进边界，并将其点燃，你会在你灵魂周围建立一座华彩四溢的圣所。在其中，你能够保持专注、立足现实，并与心流相互配合。当你处于愤怒支撑的强大边界之内，精神集中、着眼当下时，你就能言辞得体、行事周密，安妥地保护自己、有效地修复边界。这时，你不必隐藏自我、进入压抑性低迷，也不必爆发愤怒、进入宣泄性暴怒。

接下来，让我们通过一则具体事例来体会：想象一下有人羞辱你，叫你傻瓜。这种事往往使人满心怒火。愤怒的出现不仅有助于你维持自我意识，而且会保护你及你身边的人。如果你选择表达愤怒，你的应对方式将同样富有攻击性。虽然这种回击能帮助你暂时保住自我意识，但它会煽风点火，使冒犯者的愤怒升级（你务必认识到这一点，既然他那样冒犯你，就证明他的边界已损坏）。大多数情况下，你的粗暴回击只会加剧冲突。随着互动逐渐恶化，彼此对立、敌视，双方的处境只会更加危险。冒失无礼地宣泄愤怒不会保护任何人或恢复其边界，反而会使双方都丧失尊严、同情和荣誉。在这种赔笑大方的交锋中，愤怒中具有保护性、恢复性和高尚的强度被挥霍得一干二净。

现在让我们考虑一下，采取截然相反的应对措施又会带来何种结果。试想一下，在别人喊你傻瓜时紧紧克制心中的怒火。你极有可能对这种冒犯置之不理，或者为冒犯者编造借口。这些做法既无法重建你自身的边界，也无法修复冒犯者的边界〔如果在遭到冒犯时，你习惯于自我压抑，请查看第346至351页论述愤怒与悲伤两者之间关系的那部分〕。愤怒不仅能保护你，而且能赋予你必需的力量，使你在冲突中与对手体面地交锋。

有一点至关重要，当你纵容别人来冒犯你时（虽然这种对待不当行为的方法看似情有可原），冒犯者只会和你同样受伤。当然，你的边界遭人冒犯后肯定会有所损坏，你的尊严肯定也会受到伤害。但另一方面，由于你不采取任何行动且一言不发，拒绝参与这场为治愈而呈现的冲突，攻击者惨遭侮辱、漠视也是必然的。拒绝应对别人的不当行为既羞辱了他人，又侮辱了双方之间的关系。当你压抑愤怒时，你必然会毁坏自身边界、破坏自我尊严。除此以外，你还羞辱了你的对手，忽视了隐藏于这种情境之下的、令你不适的真相。这样做的后果不堪设想，因为当你拒绝处理真实情绪时，就会使你的每一段关系、你生活的方方面面充斥着纷乱和欺骗。

现在，让我们来看看第三种处理方法：体面地掌控愤怒并恰当地引导它。换言之，当你受到冒犯时，让愤怒得以涌现。也就是说，接纳汹涌的愤怒之流并接纳受冒犯的事实，而非道貌岸然地置之不理（或者对愤怒展开搜索与歼灭）。由于边界由愤怒建立，疏导愤怒也算情绪王国中最轻而易举的事，你只需想象边界上的愤怒更加强烈。为其选定某种颜色、热度、声音或触感后将其注入边界。如果你热血沸腾，甚至可以用火点燃边界（我将其称为"烈焰"边界）。这种快速的应对措施既能让愤怒得到尊重，也能让你更加专注。这样一来，你就能改变冒犯事件的发展轨迹，集中精神并坚定地着眼当下。这些都有助于你看清现实。当你成功修复自身边界时，你就会明白你的对手感觉到了危险，他的气焰不再嚣张，正笨手笨脚地试图搭建紧急边界——通过摧毁你的边界，使你败下阵来。

你可以通过适当调整愤怒反应巧妙地保护自己，而非通过反击使对手更具危机感（或忽略冲突激化对手的冒犯倾向）。还有一点也请记住，由于我们是共情者，对手们肯定能察觉出些许不同，他们会向你学习。当你精神集中、立足现实时，你不必肆无忌惮地发泄愤怒或自我压抑。因为在这种状态下，你的个人边界已修复完好，你有能力保护自己和对手，并在交锋中持续保持边界。你也可以用一些方法建立语言边界，包括就对手的行为向其发问（"我很抱歉，可你为什么要挑事儿"），讲点自嘲的笑话来避免这场争执（"我知道我笨得不行，但'傻瓜'这个词听起来太尖刻了，你不觉得吗"）。如果你尊重愤怒，并盛情邀请它介入由他人愤怒引起的冲突，你的愤怒将不再是冲动鲁莽的流氓或软弱无比的懦夫。相反，它将重担灵魂哨兵这一光荣职责，不仅保护你的灵魂，还保护那些有幸与你相遇的人的灵魂。

有这样一则格言："我们最值得自豪的不在于从未跌倒，而在于每次跌倒后都能爬起来。"这则格言对于理解恰当利用愤怒的方法尤其有用。让我面对现实吧：你的边界会不时受到威胁，你的自尊心会遭到破坏，你最珍视的信仰会被指摘，你的是非观会经常受到粗暴的攻击。人之所以要心灵健全，不是为了避免这些必经的低谷，而是为了在跌倒后不失尊严地挺立，满怀怜悯、安然无恙地站起来。纵使是健康的愤怒也不会（也不该）帮你逃脱失败、挫折，它只会赋予你每次跌倒后毅然挺立的力量。压抑愤怒就如同极力避开生活中的挑战，又好像不注意自己的伤痛就能在某种程度上避免跌倒（如果你的思维逻辑就是这样的，请重读第132至138页上关于愤怒和宽恕的那部分内容）。当你肆无忌惮地宣泄愤怒时，就好像是在试图掌控生活，仿佛你暴戾的表现会把跌倒显得无足轻重。只可惜无论是压抑还是宣泄都无法为你带来强大或切实的力量。压抑者会摔得更惨（常常是骤然陷入抑郁和循环性焦虑），因为他们拒绝运用健康愤怒中的力量乃至无力爬起。而另一类无礼的宣泄者则会悲惨地跌倒在地，跌入暴力、虐待、极端孤立和自焚行为。原因是他们任意朝别人发怒，亲手损毁自己的边界并无力摆脱现状。

并不是说当你能够引导愤怒时，你就所向披靡了。事实上，你还是会不停地跌倒。不同的是，你肯定能重新振作，因为你能不假思索地（或怒气冲冲地）重新保持专注、确立边界。当你因受攻击或侮辱而勃然大怒时，你能把愤怒的强度引导到边界之内，并重新振作起来。当你这样引导愤怒时，其强度就能为你所用。事实上，它的强度与你明确边界、保持专注、立足现实的能力有直接关系。在愤怒的帮助下，确定边界对你来说如此简便，简直就像在沙地上画线。当你以这种方式疏导愤怒时，没人会察觉到你正心头火起。原因在于，你不会胡乱发泄或对任何人撒气。也就是说，你不会一脸愤怒、大发雷霆，你只会强化边界并向其注入更多力量和活力。

在这种周全的处理方式下，愤怒使你有勇气承认受伤和跌倒，这种勇气是宣泄者和压抑者所缺乏的。他们假装自己没有跌倒，一味地浪费精力、作茧自缚。而能恰当引导愤怒的你则很清楚自己挫败的事实。这时，你能识破对手的技巧，意识到自己在某种程度上愿意还击，而非站在受害者的角度看待事情。

只有在真正的危险来临时，愤怒才会产生。如果我朝你大吼大叫"你个立陶宛牧羊人"，你只会一笑置之。我的冒犯丝毫触动不了你，所以你不会发怒。但是，如果我悄声说"你对你妈妈不是很好，对吗"，你可能会瞬间怒不可遏，因为我戳到了你的痛处。如果你在这时压抑愤怒，假装没有受到伤害，这个痛处将依然得不到治愈或化解（只要我愿意，随时都可以向你再次提起这个痛处）。另外，如果你一股脑地向我宣泄愤怒，假装自己很强大，这种攻击不足以对你造成伤害，也许你短时间内心情舒畅，但你与母亲的关系仍保持原样，而你现在还得继续和我争吵。然而，倘若你能够尊重我对你造成的伤害，立即引导愤怒、重建边界，你就能得体地应对我对你精准的攻击——既然我戳中了你的痛处，就去直面它吧。

你要先告诉我你被我伤害了，然后再让我给出解释。很显然，我有一些重要的话想要对你说（否则你不会如此发火）。如果我能有条理地说出我亲眼看见的，我们就能发现一些重要信息。这些信息关系到你印象中及实际上你对待自己母亲的方式。如果我们俩还是势同水火，你可以继续把愤怒释放进边界（并继续在每次跌倒后爬起来）。不断重建边界（或让我缄默不言）虽然不一定能减轻母子关系给你带来的痛苦，但会使心灵保持必要的专注。有了专注力，你就能在你自己和我的攻击之间立起屏障，消除不适感，并任意烧毁与我、与你母亲、与你对她的态度等上千种事物订下的契约。在这种体面的对垒中，你不免会遭遇挫折，但你势必能振作起来。在愤怒建造的圣所内部，你会看清你我之间的关系，全新地理解你与母亲之间的契约和联结，并且尊重自身真实情绪反应（无论它们是什么）。当你尊重愤怒并坦然面对伤口时，你不仅会获得勇气，还会获得洞察力、智慧、慈悲心及越挫越勇的能力。

当你学会引导愤怒时，你会发现能触发愤怒的人或事都是你十分在乎的。为了防止边界受损，你必须首先赋予某人或某事在你生命中的意义。愤怒是对你面前的人或事的一种尊重，只不过这种尊重形式略显独特罢了，因为不重要的人和事根本激怒不了你！但当你感到愤怒时，这是最难面对的事实。你更倾向于做的是，"我不在乎那个白痴（或那件傻事）！"相反，如果你能利用强大的愤怒来重设边界，烧毁你与所有使你愤怒的事物之间建立的契约，你就会尊重这一事实：你很敏感，你遇到了极其重大的问题。无论是关于需要面对的问题，还是有待修复或尊重的关系，你都能获悉至关重要的真相。

健康的愤怒是你所拥有的最果决、最能明确自我的情绪之一。它旨在保护你、你的道德结构及你身边的人。你要记得，愤怒与个人边界密切相关。边界失常会使你陷入愤怒的麻烦当中，反之亦然。你可以学习第159至160页上的边界技能，从而支持健康的愤怒。此外，你要与愤怒相协作以支持那与其荣辱与共的边界。

愤怒练习

各种各样的愤怒都会进入你的边界，它们可能呈现为某种热量、颜色、声音、感觉或行为。如果这种呈现方式适合你，你不妨把自己想象成太阳，去感觉愤怒的光芒，抑或是将其从身体散发至边界内。该练习会欢迎愤怒，迅速而简便地引导愤怒，同时修复边界，保护身体不至于崩溃，恢复心灵活力。有了愤怒爆发的能量和保护，你可以体面地处理令你愤怒的情况，而不是通过压抑或无礼的宣泄去伤害自己或他人。

一旦你的边界重新稳固起来，你将能够有力地专注自我、着眼现实。这两种行为都将帮助你在冲突中不被打倒、行动自如。如果你的对手向你发出猛烈的攻击，你的愤怒很可能也会随之变得强烈。这时，你要持续将新的愤怒输送进边界（如果你将怒火憋在心里，你很可能会彻底爆发）。在与人谈话或争论时，持续把愤怒输送到边界内，而不是重拾那些旧有习惯，压抑愤怒或向别人宣泄愤怒——这便是愤怒练习的核心技能。如果你满身热血，请试着想象这种热量能使你坚定地着眼现实，还能随意地向对手发出警告或提出暂时休战。我的具体做法如下：跺脚走开、等私下里再抱怨（尽管声音很大），或者用武器弹药烧毁我与对手之间的契约。本质上，我非但没有伤害对手的心灵，还尊重了愤怒的强度。当我回归当下时（共情过程极其迅速，通常连两分钟都不用），我可以与对手再次交锋。不过，我此时的愤怒强度已不似离开时那般强烈。通常情况下，被尊重的愤怒中会产生其他情绪，这些情绪会帮助我们使冲突朝新的方向发展。

在愤怒练习中，请记住这两个问题："必须保护什么？""必须重建什么？"这两个问题将帮助你体面地参与冲突，同时继续保护和恢复边界及对手的尊严。要知道你的任务不是去争个赢输，而是要了解创伤和弱点。只有这样，你才能卓有成效地进行自我强化。你无法通过压抑或肆意宣泄愤怒变得强大，你只能通过用心参与愤怒引起的冲突来获得必需的力量，这种冲突的存在是为了治愈你。请记住这一点，冲突难免会发生，你会受到侮辱和伤害，你会跌倒——因为每一次挫折都是你成长和进步路上的必修课。健康的愤怒虽然不能使你战无不胜，但它能给你一种力量，让你在每次跌倒后都能站起来，既不失尊严，又带着同情和幽默。

解决冲突后，花点时间保持接地、聚焦自我、烧毁契约并活动身体，让自己恢复活力，让自己重新振作。让所有自我成分回归当下可是个妙计，因为愤怒会为你的系统注入难以估量的能量。那时的你与冲突发生之初大有不同。完成后向愤怒致谢，并告诉它灵魂十分欢迎它。欢迎这位哨兵、边界明确者、冲突调停者、可敬的守卫者——我们的愤怒。

尊重他人的愤怒

许多人假装冷静，不当地对待别人的愤怒，就好像没有理由感到愤怒似的。这种方法看似有效，实则是压抑的一种形式，让愤怒的人过分地被孤立。反之，如果你能建立合适的边界，与治愈性愤怒的特征相匹配，你就能创造出自己的神圣空间。愤怒的人不会被孤立或耻笑，因为他或她将与你结盟。在这种联盟中，你可以帮助他人修复边界——通过让他们抱怨、出气、得到同情以及在整个过程中维持你自己的边界。这种简单的尊重不需要花费你太多时间和精力。你不必提出建议、找出答案或充当智者，因为当人们了解到自己愤怒的原因时，他们通常可以在短短几分钟内找到解决办法。相反，当人们被哄骗、被故意忽视或被羞辱时，他们不会明白自己当初发怒的原因，也就不可能有所收获、有所成长。

愤怒的出现表明此时你需要保护。考虑到这一点，你要先留心和保护自己，然后再行动。拿在飞机上使用氧气罩这个浅显易懂的例子来打比方：在遭遇空中紧急情况时，你应该先戴好自己的氧气罩，再帮助别人。在愤怒出现的紧急情况下，你应该先设定好自己的边界，然后再尝试调解干预。你不必感受愤怒，你在愤怒时只需用感知到的颜色或特征去点亮边界。如果你试图帮助正在气头上的人，你应当点亮自己的边界。事实上，当边界强度与愤怒强度相匹配时，你能够保护自己。因此，你可以理解那个人的感受，并和他成为并肩战斗的盟友。

在与愤怒者打交道时，这种方法十分有效：对自己默念几遍："必须保护什么？必须重建什么？"这将帮助你把任务继续进行下去，并让愤怒的人不失体面地度过愤怒时刻。不要试图为他们确立边界或以任何方式"教导"他们。外界的干预只会进一步削弱他们的边界（这会使得他们朝你发怒）。单单是持续建立自身边界就能保持神圣空间，维持接纳情绪的氛围。这是你于己于人所能做的最具治愈性、最有效的事。

习惯性愤怒的人其实非常热心，虽然这看起来很矛盾，但事实的确如此。原因是愤怒程度往往与关心程度成正比（人们不可能因毫不在乎的事感到愤怒）。如果你生活中有人习惯性发火，请祝福他们——他们对世界的感知太过敏锐以至于浑身不自在，并且他们的边界已支离破碎。他们之所以经常心痛，不是因为他们愤怒，而是因为他们不知道如何用健康的方式处理自己的深切关心。习惯性愤怒的人看到自己身边的不公和边界侵犯会感同身受，并因此通过愤怒猛烈还击。他们绝望地希望自己能掌控世界、终结痛苦。在他们暴怒的表象之下，可能是他们的极端绝望。他们的爆发性举动根本不起作用，而且会给人难以相处的印象。但是，他们本质上是最深切的人道主义者，是最伟大的和平斗士。这看似违反常理，但绝对真实。当你尊重他人的愤怒，不再羞辱、忽视或反攻它时，你很快就能明白这一点。感谢你生活中的那些愤怒的人，他们正在处理那些根本问题，有关尊重、确定性、保护、修复及边界建立的问题。

愤怒受阻时如何应对

如果愤怒带来一些令你不快的后果，你要共情地照看它们。愤怒会使你的身体产生变化，因为愤怒十分炙热、富有活力；你应该会感到精力充沛、充满力量，甚至有点坐立不安。不过，如果你感到一种不适的烦躁、恼火、头痛或腹部紧张，你可能已经订下了某种契约，在愤怒出现时使你感到恐慌。大对数人都背负着这种契约，只是形式不同而已，因为从一开始我们就对愤怒羞于启齿。我们对愤怒毫不友善，在我们无计可施时，这些契约可能有一定的保护性和有效性。但是现在，我们已经掌握一定技巧，因此要以全新的视角看待这些契约。

和其他情绪一样，健康的愤怒产生后会去解决问题，然后继续流动。如果愤怒挥之不去、扰乱你的状态或造成你紧张性头痛或胃部不适，那么它的流动在某种程度上受到了阻碍。如果你感到不愉快或不舒服，而这些感觉与愤怒相连，你就该知道你与愤怒存在某种惩罚性联结（这可能来源于任何人或地方）。如果你能把这种联结想象成某种契约（或某些契约——可能不止一种），并将其烧掉，之后愤怒就能流动自如，并成为它旨在成为的治愈力量。

烧毁契约的方法如下：集中精力，着眼现实，用炽热的光或心中的感觉点亮你的边界。现在，想象一份契约——恰好真实存在于你的不适区域前（如果你准备燃烧它，那么它可能存在于你的整个身体前）。对着你的不适区域深吸一口气，将所有不适感汇集起来，想象在你呼气时把它们释放到了契约上。重复这一过程——对着你的不适区域再深吸一口气，再次收集不适感，想象把它释放到契约上。在边界内保持专注，以你个人角度去仔细审视该惩罚性契约。通过这种方式，你可以获得一些关于它的全新见解。要知道这种契约独立于自由流动的愤怒，甚至是作为个体的你。

不断对着任何让你感到不适的感觉、想法、感情或图像吸气，并将其汇集起来，释放到契约上。如果第一份契约内容已非常繁多，把它搁到一边，重新想象一份，然后继续进行。如果你感觉现在可以结束了（惩罚性的契约通常需要多次燃烧），卷起那份契约（或那些契约），将其抛掷到你的私人空间之外，利用你所能感觉到的一切情绪强度去烧毁它。让它随风而逝吧。圆满结束！接下来，以你喜欢的方式进行活力恢复练习，然后就可以出去玩啦！

要知道，尤其是对男性来说，反复的愤怒足以表明其潜在的抑郁状态。如果你经常愤怒、发怒、为不公而愤恨或恼怒，请去咨询医生或治疗师。愤怒是一种强烈的情绪，如果你经常表现出愤怒，很容易让大脑化学物质和内分泌系统陷入混乱。也就是说，一旦大脑化学物质或内分泌失衡，你很可能会不断地宣泄内心的愤怒。甚至在表达其他情绪更为合适时，你依然会表达愤怒。无论你属于以上哪种情况，请向外界寻求帮助和支持。

有这样一则精妙的格言很适合描述情绪困扰的状况："你不能两次踏入同一条河流。"如果你的情绪能够流动，那么它们每次出现时产生的反应都不一样；然而，如果它们被堵塞了（由于压抑、不当表达、从别人那里获取的侮辱性信息，还有化学物质或内分泌失衡），它们就会陷入单调的反复。反思一下，你的情绪生活中是否存在这样的问题。你的心灵中不应该存在根深蒂固、停滞不前的情绪，它们每次出现都伴随着同样的强度，成为你最常见的情绪或带来长期的身体症状。注意那毫无变化或持久影响身体或行为的情绪——要知道，并不是这些情绪造成了麻烦。一些不良后果正在延续。如果你形成了不良的情绪观念，你知道该如何应对：烧毁契约，继续前进！但如果这不起作用，请务必向外界寻求帮助。

涉入激流：狂怒和盛怒

狂怒和盛怒产生于极端丧恸时期，这时候要么是愤怒遭受忽略，要么是边界侵犯十分严重（或者是重要的个人敏感度遭到忽略）。鉴于此，我们要仔细观察狂怒者和盛怒者的身体和情绪状态。极有可能的是，他们的愤怒已郁积多年，而他们的工作和家庭生活也令其不堪重负。难以控制的频繁狂怒和盛怒还会引起（或许是源于）机体失衡。如果狂怒和盛怒经过多次疏导后仍丝毫未变，请务必去咨询医生。

作为激流级情绪，狂怒和盛怒都蕴含着巨大的力量。大多数情况下，狂怒和盛怒一经宣泄必定会危及他人，而压抑它们则会使你的心灵千疮百孔。不过，既然狂怒和盛怒中剧烈的强度可以在坚实的明确边界之内被疏导，也可以通过集中摧毁压倒性、破坏性契约被疏导，可见它们具有神奇的治愈效果和强化效果。这些强度能立刻重建你的边界，帮你脱离攻击性的危险行为，并使你不再表现得像个受害者。对这些强大的情绪进行引导，这将有助于你在不伤害任何人的情况下敏捷思考、迅速行动。

当愤怒的强度不足以应对当下情境时，狂怒和盛怒就会产生。在这种情况下，边界遭受的侵犯极其严重，甚至危及生命。人际关系中，当你的自我意识反复遭到攻击时，狂怒和盛怒便会产生。如果第一次你没有将不适感表达出来，第二次你在表达被忽略后没有断绝这段关系，它们就会挺身而出，告诉你两次遭人伤害是你忍耐的极限。这两种情绪之所以存在，是为了赋予你力量，好去焚毁契约，与生活中令你恼火的人及情境断绝联系。你也许不必与所有施虐者解除契约关系（那不是烧毁契约的正确做法），但你要制造机会让狂怒和盛怒挺身而出，帮你终结这场虐待。它们不需要任何人来指挥它们——做什么、去哪里、怎样感觉及如何存在。这也正是你在摧毁虐待性契约时该有的态度。狂怒和盛怒主张适可而止，它们认为以往发生的所有虐待和边界侵犯现已结束；在此刻，不存在任何疑问，不接受任何托词。狂怒和盛怒中的暴烈能让你有的放矢、坚定地做出迅速而果断的行动，使你不再受困、停止消沉并保持一种足智多谋的姿态。

狂怒和盛怒练习：渡过激流是唯一出路

疏导狂怒和盛怒的关键在于接纳它们，不诉诸宣泄、压抑，也不戴上一副虚伪的美德面具。只有当你真正面临险境时，狂怒和盛怒才会出现。不管是对于你的道德基础、自我意识，还是对于你的健康、生命，甚至是他人的生命，它们都象征着持续的严重威胁。狂怒和盛怒不同于日常琐事引发的寻常愤怒——它们是更高层次的。宣泄会将其蕴含的信息和力量从你的生活中排挤出去，而压抑则让你像坐在一堆定时炸弹上。唯有疏导是真正的选择，这也揭示了激流级情绪的咒语为何是"渡过激流是唯一出路"。

在你感受到狂怒和盛怒的那一刻就把它们释放进你的边界之内是非常重要的。如果你选择压抑它们（或酝酿它们伺机攻击别人），其内部强度会扰乱你的身体状况。狂怒和盛怒都渴望拥有"烈焰"边界。因为在这种边界之内，它们的强度在为你加固边界时能立即得到尊重。当你处在如此激烈的边界之内时，你会感受到它们所承载的力量以及它们内部的强度。与此同时，你不会扰乱自己及他人的状态。此外，当你以此方法疏导情绪时，不会给任何人带来危险。那是因为你的狂怒和盛怒并没有用言语或行为集中表现出来，你只是在自己的私人领域里调集自己的能量。此刻，你着眼现实、自我稳定的专注度和能力都在提高。你在实施保护措施，使自己的身体安然无恙，也使他人免受伤害。你现在做的事是正确的。

如果狂怒和盛怒的暴烈将你的边界鲜明地标示出来了，你应当立即烧毁契约——拿出喷火器向其喷射。如果你正深陷冲突，这是种为自己开脱的绝佳方式。在狂怒和盛怒出现时，它会让你的对手以为你在试图保护他或她，而非妄图终结冲突。如果有可能趁机逃走，歇斯底里地烧毁契约（或末日将至般地大发牢骚）。不要试图保持冷静或克制反应，这些情绪极其热烈、凶猛，你只管尽情踩脚、叫喊、摇晃。激烈的反应是对狂怒和盛怒的尊重，它不会伤害别人。与此同时，这种反应将清除掉你身体中的尘垢。在烧毁契约之前，你甚至可以在边界之内自由搏击，对那些契约（或委屈）拳打脚踢，令其远离你。当你以这种方式接纳狂怒和盛怒时，你会惊讶于其消解之迅速（因为这场化解也会过去）。对于你所经受的伤害，它们向你传达具体信息，赋予你修复边界所需的能量。它们会帮助你行事得体，焚毁你与当初激起你满腔怒火的行为和关系的契约。

对狂怒和盛怒进行疏导后，你就可以回到之前的冲突中，因为你的边界和自我意识都已恢复，身心已得到净化，而你本人也已重焕生机。故而，原先情境不会再依循旧有方式对你施加影响。如果你曾是压抑者，你将不再是原始契约或情况的边界受损者或自暴自弃者。如果你曾是宣泄者，那么你将不再是引起混乱、无论在哪儿都有冲突的脾气暴躁的反复无常的人。恰当地疏导狂怒和盛怒能使你在不伤害任何人的情况下高效而干练地行事。

祝福你的狂怒和盛怒，并意识到这一点：它们只在你置身严重危险境地时产生。它们奋勇向前、手持利刃来带你走出水深火热。接纳它们，它们会保护你独一无二的灵魂。恰当地疏导它们，那把利剑会变为象征性的匕首供你斩断纠缠着你的行为和观念，不再陷于某些关系和情境中。

如果在进行若干次疏导后，狂怒和盛怒仍丝毫未变，请咨询医生或治疗师。无休止的狂怒和盛怒会使你身心俱疲，所以请照顾好自己。如遇麻烦，向外界寻求帮助。在你能够以此方式与愤怒的强度相协作之前，你可能需要增强体质、激活大脑中的化学物质。如果你是一名受创幸存者，我恳请你继续阅读本书，并求助于适当的药物和心理治疗。

狂怒、盛怒与创伤治愈

对创伤未愈的幸存者（他们经常处于解离状态，遭遇边界受损）而言，狂怒和盛怒在其心灵中发挥着重要作用。为逃避创伤性记忆和闪回，许多受创幸存者选择诉诸解离、分心。不幸的是，这无疑加剧了他们的痛苦。只有当意识完全清醒时，痛苦才会解除。而当人们解离时，其身体及日常生活都会陷入全然的无意识之中。在这种状态下，想要着眼现实、保持专注简直是痴人说梦。进而，边界会更加薄弱，私人空间感也会更加微弱。因此，人们在解离、分心时，其边界几乎失去了作用——既失去了共情功能，又失去了心理功能。由于大多数解离者无法集中注意力、难以明确边界，他们身上都展现出内在不稳定性，而且是典型的交际不稳定性（他们倾向于选择加剧其痛苦的不适工作及关系）。这是因为在其生活中，他们已无法自知地选择。大多数创伤未愈的幸存者还倾向于爆发狂怒和盛怒，解离者亦是如此。如果你了解到他们因边界缺失而持续遭受冲突，你就会觉得他们的爆发完全合乎情理。所有情绪在帮你摆脱困境时都携带着恰好的能量，不多也不少。如果人们感到剧烈而持续的疼痛，其情绪只得做出深刻而原始的反应（换言之，如果情绪很激烈，痛苦也会很强烈，反之亦然）。

从濒死状态恢复生机便是创伤治愈的全过程。该过程并非井然有序，其伴随着许多情绪。它所遵循的深层逻辑源于心灵。心灵中尘封着关于往昔创伤的记忆，也储存着关于三个阶段仪式的知识。当我们与心灵中的深层逻辑产生联结时，就会明白狂怒和盛怒之于未愈幸存者的生命意义；就会看见强烈的边界能量奔涌向前，去弥补创伤中遗失的能量；还会发现寻常愤怒的修复力远远不够，因为受创的边界不只是受到冒犯或损害。边界在创伤（尤其是幼年经历的）中完全毁坏，需要彻底重建，只有狂怒和盛怒所承载的能量足以胜任这项工作。事实上，狂怒和盛怒有时并非机能障碍或不稳定的信号。相反，它们是应对创伤所致不稳定性的特定治愈方法。

狂怒和盛怒均为强烈的保护性情绪，它们只在极有必要的情况下产生。不管是对于重建被毁的边界，还是对于创造神圣空间以度过三个阶段的治愈之旅，它们都是绝对必要的。利用它们的强度建立好边界后，心灵就具备了度过创伤性仪式前两个阶段所需的力量，可以迈向充满可贵自由的第三阶段。

为进入第三阶段建造神圣空间

治愈创伤的共情过程不需要依照地图或指南来进行。该过程在灵魂选定的时间内以灵魂偏爱的方式展开一段惊心动魄的独特旅程。在绝大多数情况下，狂怒和盛怒是首先出现的，但也会发生例外情况。对于某些人来说，最先出现的情绪也许是恐惧、惊恐、惊慌，它们常常伴随着创伤的重现。如果在接下来的几章里，我们肯定会学习有关恐惧和惊慌的知识，但是首先将由愤怒或狂怒支撑的牢固边界建立好仍十分重要。如果没有好的边界，着眼现实、集中精力就将无法正常进行。并且，如果你试图在措手不及、未受保护的状态下重现创伤，你很可能会陷入危机。请不要这样做。你有时间站稳脚跟，为治疗之旅做精心准备。

记忆重现会带你回到最初的创伤氛围中（前两个阶段），因而具有非凡的意义。站在丰盈心灵的立场上看，你会发现自己已经在创伤中幸存下来了，可以说算是一位名副其实的幸存专家。从这个立场出发度过闪回过程实质上是个扫除心灵尘垢的过程。在那过程中，你通过着眼现实、烧毁契约彻底释放令人受困的立场或情绪。与此同时，你提出恰当的共情问题、活动身体，甚至利用拳打脚踢来走出这一困境（惊慌和惊恐一章会详细描述这一完整过程）。但是，如果你并未恰当地着眼现实、集中精力、明确边界，你将没有立足之地和可用技能。如此一来，你必定会被创伤重现击垮，就像当初面对创伤时那样。你最有可能采取的办法要么是解离、压抑或爆发出你所感觉到的情绪，要么就是寻求最简单的解决办法：为了熬过痛苦去嗑药、分心。

共情治疗过程会使你停止逃避，因为它将赋予你直面创伤性记忆所需的工具和信息。当你能将狂怒和盛怒疏导进边界时，你将能立刻创造出供你进行最深层治疗的神圣空间。当你能着眼现实时，无论何种情绪奔腾而出，你总能保持稳定的身体状态。当你能在边界之内保持专注时，你就能在任何想法或幻想出现时回归心灵中心。当你能烧毁契约时，你就能舍弃任何事物，包括行为、记忆、闪回、痛苦，甚至所有关系。当你能疏导情绪时，你就能成功利用情绪来烧毁旧有契约，并顺利完成创伤重现的过程。然后，当你完成这些时，你就能重焕生机，恢复灵魂各处的流动。

如果你已准备就绪，就能全身心地迈入仪式的第三阶段。但现在，你的首要任务是建立神圣空间供你治疗创伤——将愤怒、狂怒和盛怒疏导进边界，疏导进被强化的接地领域。这些预备步骤有助于你稳定边界系统、提升保持专注的能力。利用愤怒和狂怒强化接地能力将帮助身体释放创伤性感觉记忆，这种记忆也许是关于车祸、火灾或猥亵的。接地将帮助你清理受创时产生的情绪碎片，还将帮助逻辑智能和语言智能（这两种智能中储存了创伤期间以及之后你的所有想法、计划、策划及所做决定）逐渐放松警惕，从而使你能够再次清晰地思考。

利用狂怒和盛怒设定边界，这将会为你的火性精神建立完全明确的空间，供你冷静下来并做出反应。着眼现实有助于释放令人受困的感知及不适感，同时恢复情绪流动，使头脑再次清晰地思考。反过来，这又会怡养你的核心本性，因为它会让你全面融入整个心灵故园。换言之，你不必再徒劳地对抗情绪、想法、感知、炽热的幻想、记忆及重现。当你能恰当地引导狂怒和盛怒时，你将能够重建边界、更加专注、治愈心灵。狂怒和盛怒如同你的守卫、哨兵。学会得当地对待它们，它们就会保护你，为你治愈创伤并拯救你的生活。

记得欢迎愤怒，无论它以何种形式呈现：确立并维护边界的自由流动能力、不公出现时有所察觉的心境状态能力，抑或是不公完全超出控制范围时奔腾而出的汹涌激流。欢迎你的一切愤怒，并向它致以谢意。

第十三章

冷漠和厌倦：愤怒的伪装

馈赠

超脱、边界建立、脱离、稍事休息。

本质问题

在躲避什么？必须清醒地意识到什么？

阻塞迹象

持续冷漠、冷淡或分心，阻碍了创造性行动。

练习

在保持良好状态的前提下，尊重自己对脱离、超脱的渴望。以健康的方式利用冷漠下的愤怒重设边界。

压抑任何情绪都会使整个心灵陷入麻烦。愤怒对于健康来说至关重要，压抑它实际上会引起某种特殊的反应。当你无法或不愿处理真实的愤怒时，你就会进入冷漠（或厌倦）的伪装状态。冷漠虽不是情绪，但确实能保护你。不过，如果你没有意识到它的存在，它很可能会带来麻烦，毕竟它是压抑的产物。陷入冷漠状态并无大碍，但明白冷漠的出现会给你的情绪王国带来何种变化很有必要。在揭示冷漠的过程中，你会对受困其中的愤怒（以及这种被困的情绪有时是多么有用）有所了解，并懂得如何独自面对伪装之下的真正愤怒。

当你不具备与愤怒恰当合作的时间、精力或能力（无法保护自己或他人的边界，无力为遇到的不公现象打抱不平，无法影响周围的环境）时，你常常会陷入冷漠（亦称厌倦）的伪装状态，你用防御性态度将自己内心的真相掩藏起来，这种态度可使你远远地避开不适情境。冷漠通过向你灌输以下态度达到压抑情绪的效果：我不在乎；困扰不了我；随便。冷漠会让你去寻求分心的事物，如电视节目、休闲美食（与营养食品相对）、新欢、旅行、金钱、购物、一夜成名、转瞬即逝的意义、速效的解决办法等。冷漠是一种解离状态，大多诞生于需求得不到满足的不适宜环境。因为冷漠虽能掩盖情绪但本质上十分无力，虽渴望改变却又不具备情绪上的机敏，所以无法促成改变。

如果冷漠可以在你的心灵中自由流动，你会给自己放个小假，从聚精会神、孜孜不倦的状态中暂时解脱出来——去做白日梦，时不时地消遣、吃点美食，抑或是在感到疲倦时看会儿电视、看本闲书。你无须通过超负荷工作或过分警惕来防止分心。如果你对自己的冷漠表示欢迎，它就会迅速转移，但如果你抑制它（或沉溺于它），你就会陷入失衡状态。以下方法有助于你在需要自我超脱、稍事休息时保持平衡状态。

冷漠蕴含的信息

冷漠常常掩盖愤怒和抑郁（见第386页），而这两种情绪都是在应对不适环境或边界受损时产生的。你会发现，冷漠试图把不同边界杂糅在一起——试图用物质财富、上瘾和分心、讽刺或完美世界图景来自我标榜。冷漠意味着边界的丧失，意味着迫切需要改变，但它是以一种无效的分心方式表现出来的。冷漠整日喋喋不休，却一无所成。刻意抱怨（见第173至174页）是治疗冷漠的一剂良药，因为它能把无力的抱怨变为刻意的、确立边界的练习。

在许多无法采取有效行动的情况下，冷漠和厌倦扮演着重要角色。例如，青少年在生活中受到老师和家长的管束，仿佛他们还是个蹒跚学步的孩子，他们常常被冷漠所困扰。随着繁冗的传统成人仪式不再沿袭，人们不再注意或重视向成年过渡的青春期，也很少尊重正在努力成长的个体。处在青春期困扰中的少年们已经准备好持续忍受厌倦和冷漠。他们所处的环境容不下他们的灵魂，可他们别无选择，只能被动地等待直至不必再忍受漫漫无期的生命苦旅。冷漠有助于掩盖和遏制他们内心久久不能平息的愤怒，那些愤怒可能会焚毁他们唯一的家园。因此，在当下这种不可思议的无意识文化中，厌倦对青少年来说"有所裨益"。

但成年人的冷漠和厌倦就大有不同了。陷入厌倦状态标志着成为周围环境的产物或受害者，而非积极主动的参与者。成年人的厌倦（他们可做的选择超出青少年的想象）常常象征着情绪上的压抑、逃避和解离。但是，我们没有理由把冷漠和厌倦视作完完全全的可憎之物。如果我们正处于失衡或解离状态，无法恰当地利用情绪，那么冷漠的伪装状态正是我们此刻所需的。然而，许多人误用冷漠，制造出本该源于情绪的流动。对一些人来说，只有冷漠及其所需的分心能促使我们做出改变，进入下一段旅程。对一份工作厌倦了，换下一份；对一段关系感到厌倦，转身牢牢抓住另一段关系；我们不辞辛苦地工作，只为挣足够多的钱好为相中的汽车付款、为筹划的完美假期旅行买单。我们挺过来了。其实，我们对自己的了解未必有多深入，生活也不见得有多充实，但冷漠支使着我们迈出一步又一步，并为我们不去叩问心灵深处（以及文化中的深层次问题）的问题提供冠冕堂皇的理由。

我们用缓解厌倦的刺激物奋力挣脱与生俱来的抑郁、焦虑——大多数人一回到家立刻就看电视、玩手机、听音乐或玩电脑。我们能一天24小时不间断地关注消息、动态以及花边新闻。再也不存在任何全社会共同遵照的时间了，不论是休息、静默、沉思还是独处，因为我们亲手打造出了一个无法容纳这些事情的世界。我们为了赚钱、供房和维持人际关系疲于奔命；我们被健康问题、容貌焦虑和家庭问题困扰着；我们在一场场毫无胜算的时间对抗赛中试图治愈自己和他人；我们几乎永无宁日。当我们放慢脚步时，其他像我们一样心事重重、紧张不安的人肯定不打算投入冥想或沉思状态。我们要么睡眠紊乱，要么陷入深深的抑郁和焦虑中，这两种感觉源自欲望、未知和遗憾。所以，我们不去放慢速度，而是诉诸上网、看电视等我们喜爱的上瘾手段或分心方法来忽视自己对休息的需求（或压抑情绪和梦想），从而不用去应付各种各样的问题。

冷漠掩盖住真实自我，让我们得以面对空虚的现代生活。它让我们有理由相信一辆新车、更合适的爱人、另一份工作或者一块美味无比的馅饼会治愈我们。冷漠让我们变得肤浅。有时，我们除了冷漠，别无他法。有时，我们唯一能做的就是掩盖真实感受，用空虚的活动维持表面的光鲜。情感麻木的文化让我们相信，世界上根本不存在深度共情的生活，真情实感或幻想不会使我们放慢脚步，也不会让我们摆脱按时交租、抚养孩子及沦为可悲笑柄的苦役。当然，这都是错误的观念，但当前文化中充斥的信息告诉我们，我们不能停下脚步去感受世界或追逐梦想，因为我们必须不停地前进。结果呢，我们成了无时无刻不在分心的机器。接下来的练习可以帮助我们重新成为努力活着的独特存在。

冷漠练习

有些冷漠因你不愿去休息而产生，还有一些因你无法适当地确立边界、疏导愤怒而产生，将这两种冷漠区别开来具有重要意义。以下是区分这两者的方法：如果你现在十分冷漠，请尊重你的冷漠，并且最大限度地用它渴求的事物来满足它。然后，抓住它的缰绳，成为它的主人，而不是让它牵着你的鼻子走。比方说，你的冷漠想要找到一位完美的爱人，那就努力将自己塑造为值得爱的伴侣，而不是被动地等待某个真命天子或真命天女出现。如果冷漠想要拥有更好的住宅、汽车，抑或是更好的身材、行头，那就极力改善你现有的房、车、身材或衣着。如果你逐渐有意识地行动起来并深入剖析冷漠的需求，你就能发现真正的问题所在。如果你的冷漠是拒绝休息的产物，以上练习将会揭示出你的疲倦和某些悲伤（见第346页）或抑郁（见第386页）的关系。请有力地确立边界、着眼现实，并通过在几天内尽可能频繁地进行活力恢复练习（当然，还有休息）来补充能量。还有，检查一下自己是否有睡眠障碍，其存在极为普遍，但令人惊讶的是仍有很多人未被诊断出来。如果这些建议不能缓解你的疲劳，如果你陷入抑郁，请跳过该部分直接翻看第394至397页的抑郁练习。

如果你的冷漠之下掩藏着愤怒，以下练习将激发你的愤怒。鉴于你可能会感到愤愤不平、心神不宁、易受打击、困扰，请重读愤怒那一章，设定稳固的边界，毫不留情地烧毁契约，用愤怒提供的信息和强度保护自己。如果冷漠和厌倦成了你的习惯，你可能需要在打破循环之前多做几次练习——直至你完全意识到这一循环，循环才会终止。

倾听冷漠的声音却不盲目追随，这一点具有重要意义，因为非理智行动只会招致更多非理智行为。以一种自知且得体的方式去应对冷漠和厌倦，从而谨慎地打破循环。但当你无法改变时，请记住冷漠和厌倦就像止血带或节流阀一样堵住了你的愤怒和能量。如果你真的无力改变现状，保持冷漠也无妨。你只需改善应对其需求的方式。

我们都有过这样的经历：在学习或工作中，有时候除了走过场，真的别无选择，那么在这种情况下，冷漠和分心可谓一大福音。当我再度翻看大学期间使用的活页夹时，根据课堂笔记本上的涂鸦不难看出那些课有多乏味。在某些课上，我有时间画出整座城镇，模拟一个网站，并回忆出二次方程的所有步骤。我的冷漠保护了我和班上的同学，否则我就会为了缓解厌倦而扰乱课堂秩序或者让教授出洋相。

然而，如果你可以改变，但一直在冷漠的伪装状态下逃避责任、削弱边界，请集中精力、着眼现实，替冷漠发问："我在逃避什么？""我必须意识到什么？"倾听你的回答，透过冷漠的面具向外窥探，去发掘你的真实感受。

尊重他人的冷漠

尊重他人的冷漠之所以十分艰难，是因为冷漠者寻求隔绝的方式不健康——他们自我孤立或浪费精力，而非恰当地确立边界。这往往会削弱他们的边界，使其在并未迷失自我时也难以与人交往。冷漠中的可怕循环包含孤立行为和狂热式活跃。这些行为会招致更多的孤立行为。你无法帮别人打破这个循环，因为这是种内部循环。然而，你可以示范恰当的打破方式。当你与冷漠者交往时，你可以有力地设定自己的边界，这不仅是为了保护你自己，也是为了防止你给他们带来伤害。你可以把冷漠者想象成没有皮肤作为防御屏障的人，你要意识到在交往过程中，你的任何分心、解离行为都有可能进一步削弱他们的边界，进而加剧他们的冷漠循环。

如果你能让冷漠的人抱怨，倾听他们的痛苦，你可能会帮助他们发现隐藏在冷漠下的愤怒、疲惫或抑郁。你要在整个参与过程中不断加固自己的边界，并在冷漠者的真情实感出现时表示欢迎——真情实感是打破冷漠循环的唯一法宝。当你能够为别人的情绪创造神圣空间时（即使他们本人不愿去创造），你更有可能帮助他们回归清醒状态，恢复专注与平衡。

第十四章

内疚和羞耻：恢复完整心灵

馈赠

赎罪、完整、自尊、行为转变。

本质问题

受伤的人是谁？哪些过失必须弥补？

阻塞迹象

强烈且反复的愧疚感，它对你毫无指导作用，对你的关系也无修复作用。当你的行为举止使自己陷入险境时，羞耻才会产生。

练习

疏导这种强烈的情绪，设立强大的边界，进而建立神圣空间，在那里你可以弥补过失、修正行为、消除臆想的羞耻感、治愈自己的心灵、修复人际关系。

内疚和羞耻是愤怒的两种表现形式，当你的边界从内部被击破时，如你犯下过错或别人认为你的行为有失，你就会产生内疚和羞耻。愤怒如同在边界外部站岗的忠诚哨兵，它的职责是对抗外部威胁，从而保护你的边界。与之相对的内疚和羞耻则如同在边界内部站岗的忠诚哨兵，它的职责是对抗由于你自身的不当或不周行为造成的内部威胁，从而保护你的（以及他人的）边界。内疚和羞耻这两种情绪至关重要且无可替代，它们能帮助你成长为有自知之明、高度自控的人。有了它们的帮助，你就能合理管控自己的行为、情绪、思想、生理欲望、精神渴望以及自我结构。如果你无法清醒地对待自由流动的内疚和羞耻，你将无法了解自己，将因自身的不当行为、上瘾、冲动而深受困扰，也将无法在心灵中心铿锵挺立。

当自由流动的内疚和羞耻施展自己的治疗作用，优雅地在你心间流淌时，你便不会受内疚和羞耻的折磨。相反，你将拥有道德上的恻隐之心，你将具备评判、监督自身行为举止的勇气，你还将掌握修正个人行为的力量，既不会自视过高，也不会自我贬低。当你能成功应对真实的内疚和羞耻时，你会为自己感到骄傲，并自然而然地变得幸福且满足。可悲的是，由于所有形式的愤怒都深受人们的误解和斥责，内疚和羞耻也在劫难逃。人们使尽浑身解数压抑它们（或不知不觉间残暴地宣泄它们），以致大多数人不管怎样都无法把羞耻和幸福联系起来。内疚和羞耻被贴上了各种标签：无用、虚假、有害、上瘾、反常，更有甚者，它们被视为垃圾。人们对内疚和羞耻的种种反应并不违背常理，因为我们都曾亲眼见过或亲身经历过由于内疚和羞耻加剧而造成的伤害。遗憾的是，我们已经失去了与这些具有修复力的重要情绪建立联结的自觉意识。我们全面抗拒内疚和羞耻，以至于我们浑然不知两者之间的区别、它们最初产生的原因，也不了解内疚甚至算不上一种情绪。

内疚与羞耻的差异

我十几岁时曾读过一本有关自救的畅销书，书中给内疚和羞耻打上了"无用"情绪的烙印。这本书认为每个人都是完美无瑕的，因此我们不应该感到内疚或是为我们的所作所为感到羞耻。对我来说，这是个非常奇怪的观点，所以我特意去词典里查了一下"无辜"和"无耻"这两个词的含义，结果发现这两个词所代表的状态都是不值得引以为荣的。无辜意味着没有罪恶感、羞耻感或劣迹，人生如同一张白纸。无辜并非智慧或成熟的象征，因为只有那些从未活过的人才会毫无愧疚之感。无耻则是麻木、无礼、鲁莽的代名词，代表着一种非常明显的失控状态、冷漠状态和过度以自我为中心的状态。因此，无耻之人都是那些对为人处世之道一窍不通的人。无辜与无耻这两种状态帮我理解了内疚和羞耻的内在价值。

有趣的是，根据词典的定义，内疚根本不算是一种情绪状态，它只是对过错的认识和承认。内疚是一种情景状态：一个人内疚与否取决于他认可的法律法规或道德准则。你无法感知内疚，因为内疚是一种具体的状态，而非情绪状态！它与你的感觉基本无关，只要你做了错事，你就会内疚，不管你为此感到开心、愤怒、恐惧或沮丧。如果你没有做错事，你就不会内疚。内疚根本不等同于任何情绪。唯一可能让你感到内疚的是你不太记得自己犯了什么错（"我感觉自己好像很内疚，但我不是很确定"）。事实上，你真正感觉到的是羞耻。内疚是一种基于事实的状态，而羞耻则是一种情绪。

羞耻是内疚和做错事带来的自然情绪反应。当你的健康羞耻被心灵接纳时，其蕴含的强大能量和强度就会修复你受损的边界。然而，大多数人排斥羞耻，不能接受它在我们的生活中出现。我们常常将羞耻掩盖起来，我们会说"我感到内疚"，但我们不会说"我感到羞耻"，这在某种程度上反映了目前我们不能辨识和了解内疚，无法恰当地引导羞耻，并弥补过错。当我们不欢迎、不尊重身体内自由流动的适度羞耻时，我们便无法阻止自己的行为，这是非常可悲的。我们会明知故犯，没有力量阻止自己。在这望不到尽头的无羞耻感中，我们一次又一次地犯下罪行——我们总是内疚——因为没有什么能使我们再次认识到立身于世的意义。

如果我们继续使用错误的措辞"我感到内疚"，我们将无法纠正自己的过错，修正自己的行为或发现羞耻的根源。换言之，我们将无法体验真正的幸福感或满足感（这两种感觉只有在我们熟练处理难熬情绪时才会出现）。如果我们不说出来，也不正确地表述"我是为自己感到羞耻"，我们将仍然原地踏步。在我们做进一步分析之前，我将重申以下几点：内疚是基于事实的状态，而非情绪。你要么内疚，要么就不内疚。如果你不内疚，那就没有什么好感到羞耻的。但是，如果你不仅内疚而且你想知道如何处理内疚这一事实，你就要去接纳羞耻传递给你的信息。

羞耻蕴含的信息

羞耻是情绪疏导领域的一位资深教师。你无须特别研究甚至不费吹灰之力就能学习引导羞耻流过身体和边界，即使没有任何帮助或允许，羞耻感也会自然涌现。它会突然阻止你，让你满脸通红、无话可说或目瞪口呆。虽然从长远来看，羞耻确实会让你更加坚强，但它亦会让你在短时间内精神崩溃。如果你没有掌握任何内在技能，你将无法容忍这种必要的颜面扫地（也不能发现羞耻当初产生的原因）。羞耻能让你瞬间丧失行动力。如果你正在以一种巧妙的方式应对羞耻，这段低谷期也能变成一种福分。然而，如果你所应对的是臆想羞耻或外加羞耻，那么这段时间不免会使你受伤。

当羞耻产生于你自己真实可寻的缺点或失误时，它就会自如地流动（通常是在你还差一两步就要做出羞耻行为时）。如果你乐于接受适当的羞耻，那么你就能悬崖勒马，不管是在你将要做出疯狂的事、说错话时，还是在你即将做出不良行为或开启一段不合适的关系时。在适当羞耻的帮助下，即使旁若无人，你依然能够摒弃邪念、免受欺骗、光明磊落。它会让你守时、懂礼、行为正直。在它的引导下，你将能温和却坚定地远离诱惑。自由流动的真实羞耻会守护着你，保证你行事体面可敬、不出大的差错。此外，羞耻还会温和地管控好其他情绪，赋予你内在的勇气去驾驭它们（而非像防治流感般压制它们或向别人宣泄它们）。真正的羞耻会驻守在你的边界之内，实时监控心灵内外的一切情况。在羞耻可贵的帮助下，你会认真负责、善于自制，成为自己和世界的珍宝。结果，你会体验真正的自尊自重，它会一次又一次地引领你走向真正的满足和幸福。有趣的是，适当的羞耻还会让你免受欺骗、免遭陷害，因为你愿意直面自己的阴暗行为，这就会使你察觉到别人身上的阴暗行为，而不会陷于与其纠缠的噩梦中。〔用W. C. 菲尔兹（W. C. Fields）的妙语来说就是："你不能去欺骗诚实之人。"〕

辨别真正的羞耻

大多数人都没有被教导过，要接纳羞耻或后悔（我们都会自然而然地感觉到这两种情绪，尤其是当我们伤害了别人时），或与其心安理得地相处；相反，大多数人是通过感到羞耻去学着了解羞耻的。父母、老师、同伴、媒体等权威形象，常常试图通过从外部施加羞耻的方式教育和控制我们，而非信任我们与生俱来的行为节制能力。因此，大多数人压抑我们本应感到的羞耻（这使我们无法有效管控自身行为）或将羞耻尽数宣泄到他人身上，可悲地试图羞辱和控制他人。大多数人在这种可悲的行径中错失了机会，无法利用真实羞耻的强大影响力。此外，我们内心充斥着数量惊人的臆想羞耻或外加羞耻。

当我们与自身羞耻间未建立健康联结时，我们常常被迫遵照他人的是非观（"好女孩不会这样做；大男孩不会抹眼泪；家里人之间不怄气；没人喜欢自以为是的人；没人爱你，除非……"）。在这种攻击中，虚假信息、外来消息、损坏的契约以及不真实的羞耻将我们击垮。结果常常是，真实的羞耻汹涌而出，击退外来羞耻。如果我们能把握住自然的羞耻，我们就能够利用其能量有力地设立边界，将不实消息和朝我们袭来的人为羞耻化为灰烬。不幸的是，由于缺乏有关羞耻的技巧和实践经历，大多数人在各种羞耻袭来时走向崩溃，不论这种羞耻是否属于我们自身。通常情况下，当真实羞耻出现时，我们会被压垮，并且本质上已与情绪自我失联。我们陷入紊乱的恶性羞耻循环（那时我们会对无耻行为或禁忌行为既着迷又反感），与看似无意义的大量或真或假的羞耻苦苦抗争。

这种循环的存在没有必要，你可以通过鉴别自由流动的真实羞耻（它实际上是合理、重要且强大的）将其终止：在你伸手去拿曲奇饼干的那一刻，你意识到你并不饿，然后你走开了。这就是真实且自由流动的羞耻在恰当地发挥作用。之后，你会感觉自己内心强大、意识明确。真实的羞耻中不存在恶性循环，因为你只是在遵照道德准则生活。你用牙线清洁牙齿，因为你希望保持牙齿洁净；你不吸毒、不犯罪，因为你对这些不感兴趣；你尊重他人，因为这让你感觉很舒适。真实的羞耻会极其温和地制止你的冲动，你似乎感觉不到是羞耻在起作用。不当行为不会笼罩在你心头，也不会用充满诱惑力的强度呼唤你，因为你的真实羞耻会帮助你保持清醒，采取合适行为。这就是自由流动的羞耻给人的感觉。相反，臆想的或是人为施加的羞耻会使你几近昏迷麻木：即使你不饿，你也会把曲奇饼干吃光；你会羞辱自己和他人；你将丧失自控力，因为你无法接收真正的羞耻传递出的重要的、具有整体恢复性的信息。

当你能识别出真正的羞耻时，你将能够点亮并明确你的边界，坚定有力地着眼现实，召唤你的智能进入当前场景，以及核查（并摧毁）所有与你正背负的过度羞耻或虚假羞耻订下的契约。然而，如果你没有掌握任何技巧，羞耻的强度会使你无法正常生活，严重到你将为了防止自己犯新的错误而停止前进、停止自我挑战（这将以更加令人手足无措的方式加剧你的羞耻感）。你还可能会在面对内心号叫的羞耻感时不知羞耻。你会像个脾气暴躁的两岁小孩或极其叛逆的青少年般行事；你将违反你所重视的规则，只为证明自己是独立个体；你会变得口无遮拦，直至酿成一定不良后果时才感到羞愧；你将会暴饮暴食、疯狂购物、做错事；你将落入重重骗局；甚至，你将丧失真正的方向。

如果你卷入类似的迷失战争，你将一次又一次做出破坏性行为，基本上就像吸毒成瘾一般。你心灵的中心地带将完全陷入昏迷；你的心灵故园将一片荒芜；你的理智、你的幻想精神以及你的身体将被你的恶性羞耻循环所破坏；你的情绪将会不受控制地横冲直撞。你将乞求意志力、神明等一切你能想到的求助对象，但如果你无法欢迎真正的羞耻这股强大的力量，你将无法具备做出自觉改变、恢复完整自我的决心。

我们运用羞辱的方式去培养孩子，锻炼彼此，达到自己的目的——这就是身处边界损坏的文化中的我们做事的方式。这种现象暂时不会有所改变。你的任务不是由外而内改变文化，而是由内而外改变自己——使自己强大起来，成为独立个体并重新创造自己的真正边界。反对并摒弃外加羞耻具有极其重要的意义，重新获得真正的道德和正直亦是如此。但是想要做到这些，你只能接纳心灵内部的真正羞耻。当你能掌控自身羞耻并有意识地终止恶性循环时，你才能站在诚实的立场上以全新的眼光审视自己，你才能够识别和放弃任何源自外部世界的新的、虚假的和被施加的羞耻信息（当外界的指指点点导致你的边界减弱时，你可以通过加强自我意识来做到这一点）。最重要的是，你将能够克制自己不再把羞耻宣泄到他人身上，这将会以深刻的方式，促进你周围文化环境的改变——由内而外。

　　当你的行为出现严重问题或强加于你的行为控制导致严重问题时，你的真实羞耻都会汹涌而出。如果你能尊重并接纳羞耻，它将赋予你所需的力量，帮助你弥补考虑不周的行为，击退破坏你真实性的外来限制。如果你能使用技巧去屏蔽他人传递的那些会引起你羞耻的信息，你将释放不可思议的能量，有了这些能量，你将能够获知自己的道德准则。无论你处在哪个既定时间，正在应对多少羞耻，你都能重视并尊敬他人的边界。依靠自由流动的羞耻，你总能拥有一位在边界之内守卫的哨兵，一再使你重新遵守你给自己规定的独特道德准则。

羞耻练习

　　羞耻练习包括许多技巧，但与羞耻协作的首要任务是张开怀抱接纳它。当你的羞耻以其他形式（起初，它的通常表现是胆战心惊、脸红、一时结巴或内心警惕）出现时，停下来，迅速完成接地练习，强化边界，专注于羞耻，这具有重要意义。如果你的羞耻在你说羞耻的话或做羞耻的事前阻止你，你可以向它致谢并抢先做出必要的纠正措施。如果你不知道为什么羞耻会出现，你可以问问自己或身边的人你是否做错了什么（"何人、何物受到了伤害"），如有必要，请道歉或弥补。

　　这是学会处理羞耻的重要一步，同时也是第一步——在它出现的那一刻迅速而坦率地应对它。大多数人都对瞬时的羞耻轻描淡写，并继续进行当初导致羞耻的行为（这使我们陷入反复的或激流级的羞耻）。终止恶性羞耻循环并切断其反馈环路的方法，即立即面对羞耻（并立即利用它），设定自己的边界，恢复自己的正直，并做出修正（"必须纠正什么"）。如果你能公开接纳你的羞耻，一旦它帮助你做出改正行动，它就会自然地（迅速地）退去。随后，你的满足感和幸福感就会自然而然地产生，你就会成为一个更机智、更坚强、更可敬的人。

　　如果你无法用这种简单的方法疏导羞耻，而且你感觉到它在加剧，那么在这种情况下你可能就需要彬彬有礼地告别人群，找个安静的地方单独进行疏导。当你成功脱身后，你应该把你的羞耻释放到边界之内，因为如果你允许这种令人困惑的羞耻留在你的体内，它所蕴含的强度可能会让你失去平衡。羞愧的信息可能会四处弥漫，长期压抑的羞愧事件给你留下的记忆或知觉可能会重新浮现，而你自己几乎不可能承受，也无法正常生活。将羞耻引导到边界之内将唤醒自我意识，为羞耻建立神圣空间。不仅如此，它也将使你的身体趋于平静，赋予心灵区分你和你的情绪所需的平静（在你处理被侮辱、被诬陷的情绪时，区分这两者是绝对必要的）。当羞愧出现时，切合实际的判断如同救生员，所以祝福并欢迎你的智能加入该过程吧。不要让你的逻辑无法发声或使你的羞耻失效。相反，对逻辑委以重任，让它负责翻译羞耻所要传达的重要信息。

当你把羞耻移入边界之内，让你的身体平静下来之后，请坚定地接地。接地练习有助于释放受困于体内的羞耻（如体像障碍、饮食失调、性羞耻、强迫或上瘾）。当你接地时，你可能会感觉身体愈加不适。这是个好征兆，它意味着你的身体在情绪疏导过程中成了一位有自知之明且足以胜任的伙伴。在很多情况下，你身体的那些被羞辱的部位实际上承载了生理上与心理上的双重痛苦。保持注意力集中，运用你所掌握的技能去安抚所有不适区。倘若不适感持续或加剧，在问题区域前放置一份契约，将所有的不适感投射到上面。这样一来，你便能领悟到身体试图让你意识到的事（这可能需要几次疏导训练）。

当你在充满活力、由羞耻支撑的边界内充分接地且精神集中时，羞耻承载的能量和强度将赋予你所需的能量，从而让你看清自身行为并审视你与引起羞耻的一切事物订下的契约。真实羞耻是你该承受的，臆想羞耻则是强加于你的，在神圣空间中区分这两者轻而易举。一旦你能构思出你的契约，两者有何不同显而易见。在真实的个人羞耻中，你只会感觉到自身行为在契约上方呈现。你将能看到或感觉到自己在说错话或做错事，你会适度懊恼并有改正自身行为、补偿受伤者（也包括你自己）的冲动。当你摧毁与真正的羞耻订立的契约时，你会感觉到朝向它们的强度而非大量的暴力。

　　然而，当你想象出一份充满外加羞耻和强加羞耻的契约时，你将感受到一种不和谐的图像、噪声和静电从你身上喷涌而出。你会听到令你羞愧的权威人物的声音，你将感觉到一位纪律严明的长辈站在你身旁，你很可能会丧失专注力，进行一场时光旅行，重回当初接收到羞耻消息的时刻。这份契约很可能会迅速堆满内容（如果是这样的话，把它放到一边，想象出一份新的契约），当你将其烧毁时，你的羞耻会加剧为熊熊怒火。当你掌握一定技能时，这种强度将会成为一笔巨大的财富。但是，如果你还未掌握技巧，它则会将你击倒在地（这就是大多数人拒绝处理个人羞耻的原因）。当外界将羞耻强加于你时，你的内心充斥着大量的紧张感。当你有力地着眼现实、专注自我并将契约烧毁时，这种强度能让你自由。卷起这些契约，无论它们来自何处，将它们抛出你的私人空间，并凭借羞耻中蕴含的强度将其摧毁。

当你在疏导激流级的臆想羞耻或受困的羞耻时，你掌握的所有技巧都将有助于你处于稳定状态。接地练习会帮助你释放所有被困在你身体或心灵里的羞耻；当你照亮完整自我时，你的内在专注将帮助你建立一个私人空间供你疏导羞耻；烧毁契约的能力将帮助你彻底识别并释放一切受困羞耻的消息（无论它们源自何方）；恢复活力的能力将使你重焕生机。当你与羞耻合作时，请务必定期进行恢复活力的休息活动（见第174至178页）。当你烧毁与外加羞耻之间的契约时，你会做出各种各样具有治愈作用的改变。也就是说，你会高度警惕停滞倾向。当你有意识地恢复活力时，你力求改变的能力也会和你支持停滞的能力一样成为一种自觉。

羞耻是每个人心理上的一大绊脚石，因此引导羞耻的过程有些漫长。尽管如此，不要在这个过程上花费太多时间。倾听身体、思想、精神以及其他情绪的声音；如果你有任何部位疲惫或不安，请多加留心。将契约卷起来，狠狠地烧掉，然后立刻恢复活力或找点乐子。在进行疏导练习时，不要心情沉重或苛求完美（尤其是你与羞耻协同工作时）。要让你的情绪明白，你以后会常常进行引导羞耻的练习，当下只需照顾好自己。站在心灵故园的中心，请记住，你有情绪，但不受其摆布。允许自己享受偷懒的自由、反抗的自由、在某一瞬间不甘坠入深渊的自由。不要被情绪支配，而要不停地思考，不断地感知，不懈地梦想，并始终保持与心流、笑声一同律动，因为很可能从你降生于世的第一次呼吸起，羞耻就已加之于你。你不需要在今天下午之前把羞耻通通清理掉！你拥有的时间很充足，如果你让羞耻明白这一点，它会变得平缓，使你迈着放松、镇静的步伐前进。

关于羞耻，记住这一点：当你能顺利疏导真实羞耻时，你会为自己感到自豪（理应如此），这将使你产生真实的满足感和愉悦感。你不会在广受欢迎的心理学书中读到这些。在那些书中，羞耻通常被污名化、妖魔化了，但那都不属实！真实的羞耻对你的身心健康和关系处理至关重要，一旦没有了它的存在，你便不会感到开心。羞耻告诉我们："我们存在于此，是为了互帮互助、转变自己并弥补过失。这并不意味着枯燥乏味是生活的本来面目。这颗星球与其说是流放之地，不如说是应许之地或者享受恩典的机遇之地。在适度羞耻的出色协助下，我们每个人每天都有机会去做对的事，纠正错的事。"

羞耻受阻时如何应对

在长时间反复感到羞耻之后，恢复意识相当困难，其原因在于，侮辱性的信息及标签将塑造你所扮演的无数个身份角色。你可能已经习惯于给自己贴上基于羞耻的标签（"我是失败者、酒鬼、暴怒狂、创伤后强迫性赌徒，我还咬指甲"），这些名号只会轻率地把你归为某一类人，并使你愈感羞耻。当你从恶性羞耻循环中走出来时，请审视你的自言自语，因为那些旧有的头衔和标签会将你抛掷到旧时的身份中去。在你走向痊愈的过程中，为打破此循环，改用一些有力量的短语很有帮助（不是"积极的"宣言，而是有力的、基于选择的短句）。例如，如果抽烟使你烦恼，而你的口头禅是："我戒不了烟！我已经试了100次了。我就是个烟鬼！"你可以把软弱无力的话改为铿锵有力的话，然后坚称："我是绝对不会戒烟的！我拒绝戒烟。我爱抽烟！"你甚至可以高调宣扬支持吸烟，列举吸烟为你的生活带来的种种好处。你可以庆幸自己有意识地选择了抽烟。

当你可以将吸烟拽离徒劳的恶性羞耻循环时，你就能以全新的眼光看待吸烟这一决定。当吸烟成为一种选择（而且是棒极了的选择，哇）时，你便可以站在更坚定的立场上去看待它。你可以根据你自己自然形成的道德准则来决定你是否要吸烟，而不是根据羞耻的反馈环路来决定。你可以把吸烟带来的身体变化纳入考虑范围内，运用你的智能去审视并研究吸烟这一习惯，探索自己对烟草和尼古丁的情绪依恋，并求助于幻想精神以了解你始终需要烟雾作为屏障的原因。你自然的羞耻会提出它真实的保留意见，现在你可以像一位有数千种选择的机敏正直之人那样（站在这个角度上，无论走到哪里，你都会保持镇定）认真聆听，而不再是整副灵魂长期被尼古丁压垮与囚禁的懦弱瘾君子。你可以聚焦自我，将任意数量的契约——不论是与不当行为订下的，还是与任何笼罩心头的污蔑性信息或标签订立的——燃烧为灰烬，你将能够作为完整个体向前迈进，而不是一个苦于周边环境、个人成长经历或气质性格却无能为力的受害者。

边界危机：当羞耻真正陷于困境

如果你的心灵中并不存在大量羞耻标签，但你仍在反复的羞耻中苦苦挣扎，那么你可能存在边界问题。当你的边界受到削弱或不合时宜地得到增强时，你往往会与他人纠缠。这只是因为你的个人边界不够明确。如果你的羞耻恒定而持续，抑或是你发现自己无端地丧失正常表达、恰当行动的能力，那么你的羞耻很可能处于另一种反馈环路之中。

当你的个人边界无法良好设定时，愤怒会切换到其心境状态以帮助你进行自我保护、修复个人边界。如果你持续压抑或爆发这种愤怒（如狂怒、盛怒、仇恨或冷漠），你的边界问题将会愈演愈烈。随后，羞耻也会产生，因为你现在不仅在处理来自外部世界的冒犯，而且正在因对愤怒管理不善而伤害自己与他人。在这种状况下，羞耻试图让你沉默下来并阻止你，仅仅是因为你的边界太过脆弱，保护不了你（也就是说，你真的不应该出现在公共场合）；抑或是它的范围太大，不经意间侵犯了你身边人的边界（也就是说你肯定会冒犯到别人，即使你不是故意的）。

如果羞耻持续出现且令你不快，请翻回第154至157页上有关边界确立练习的部分，密切注意在身体周围各方位保持一臂长（不多也不少）的边界。随后，将羞耻释放到边界之内，让它使你的私人空间焕发生机。如果你让羞耻和愤怒各尽其能，担当你的哨兵和行为上的导师（而非施虐者），你将能够过上自知的生活，在做事情及处理事情时保持清醒，而非仅因边界受损便爆发情绪或压抑情绪。

在你学习明确边界以及呵护个人边界的过程中，要确保你在认真疏导每种愤怒能量（狂怒、盛怒、仇恨、冷漠或羞耻）。不要将其压抑在内心世界里，也不要将其任意宣泄到外部世界去。当你重新加强边界时，你将能够保护你自己以及你身边的所有人，使他们免受被人纠缠、边界损坏以及反复的恶性羞耻循环的折磨。

尊重他人的羞耻

当人们真的做了错事时，我会仔细打量他们身上的一种情绪：适度的羞耻。如果某个朋友冒犯了我，我会为这件事打电话给他或她，看看他或她是否会有适度的羞愧和悔恨之意。如果我的朋友感到羞耻，那么我知道这种冒犯已经结束，我今后不必再为此事喋喋不休。反之，如果某个朋友不仅冒犯了我，而且之后拒绝承认或道歉，我就明白他或她身上存在羞耻问题。如果是这样的话，我就会密切关注这个人的动向。我通常会给我的朋友们三次冒犯我的机会，但如果他们仍然不知羞耻，我就会舍弃这份友谊。设定边界不仅仅是一种想象技巧。与值得尊敬的人为伍十分重要，与那些在道德层面无法管控自身行为的人划清边界也很有必要。

我们应该支持适度羞耻，不论是对于我们自己，还是他人。当我们在管教小孩子时，如果他已经很明显知错了，这时我们便不必再教训他。你希望看见的是他因为先前的冒犯表现出适度羞耻，而不是因为你严厉的说教而感到羞耻。如果孩子已有悔改之意，而你仍然不肯罢休，这就像在施暴，通常会使孩子变得冷酷无情。我们都经历过这种冷酷，它会促使人们在做事时不知羞耻，进而丧失别人的信任。当某些人做事不知羞耻时，这些人就会陷入教养不佳、素质低下的行事方式中，这也是我愿意给每个人三次机会的原因。我们都可以通过学习和成长摆脱童年创伤的影响，但有时人们就是不想这样做。在转身离开的那一刻，我喃喃自语，祈求上天庇护他们的灵魂。

如果你已为人父母或从事与孩子相关的工作，帮助他们健康地与真实羞耻建立联系十分重要。要做到这一点，如果说有什么比较好的办法，那就是设定一些惩罚措施，并让他们一同参与设定过程。当我提出这个建议时，许多父母对我嗤之以鼻并料想孩子们会选择额外的冰淇淋作为惩罚方式。他们认为孩子不会严肃地对待惩罚，因为他们都是不爱守规矩的小淘气。但我从为人父母、教学和指导的经验中得知，孩子们对待自己的悔悟行为非常严肃认真。大多数孩子都深感懊悔，他们给自己设定的惩罚措施常常具有中世纪的滑稽意味。作为家长等权威形象，你很容易就能减轻他们所建议的惩罚，并帮他们另想一种替代方案，而非采取以下措施（我认识的小孩子们曾给出的这些建议）：再也不吃东西；交给警察叔叔2000美元；把玩具全部送给无家可归的小孩。当孩子们在他们的悔悟行为上也有决定权时，他们就能健康地与羞耻建立联系（只要你阻止他们对自己的灵魂施以惩罚性自我鞭笞）。

诚然，我们都不是这样长大的。正因为如此，我们自己还有我们认识的人都在与羞耻苦苦对峙。并不是每个人都愿意提及该话题，这就使得毫无技巧的人很难为羞耻建立神圣空间。滥用羞耻的丑恶行径已使我们所有人陷入危险境地，因此，当羞耻出现时，大多数人只会自我解离，甚至迷失方向。虽然语言表达通常是传递其他情绪的绝佳方法，但它也会迫使人们直接陷入恶性羞耻循环。那是因为凡是来自外界的羞耻（或者是因被压抑或无力宣泄而经受侮辱的羞耻），只要被人们公开表达就会变得更加强烈。羞耻对维持灵魂的圣洁至关重要：一经释放，羞耻就会片刻不停地努力揭露灵魂的卑劣并恢复其完整性。如果人们已掌握一定技巧，他们会牢牢抓住羞耻，渡过激流，回归安全地带；然而，如果人们并未掌握技巧，他们就会落入水中。

我的适度羞耻使我得知，与满心羞耻者合作的人要么是专业治疗师，他能为经历激烈情绪的人提供一系列技能和支持，要么是通过自学（通过这本书或其他途径）积累技能的人。对于后者来说，这将是一种心灵内部工作。我提醒你，千万不要试图为缺少支持结构的人处理羞耻循环。我赞赏你为他人建立神圣空间的想法，但有时最神圣的行为是让他们知道自己身处激流之中，并让他们明白寻求朋友不能提供的帮助并不可耻。

受创幸存者与"毒性"羞耻

受创幸存者常常会被羞耻击垮，偶尔是因为他们的自责（不知为何他们经常为造成创伤而感到"内疚"），但通常是因为他们在受创期间或受创后主动感到羞耻。有些施虐者（或其他在情绪方面无能的人）责怪幸存者在错误的时间出现在错误的地点。

许多受创幸存者因反复出现且难以化解的羞耻而无法正常生活，或因自己徒劳却叛逆地试图反抗强大羞耻而受到伤害。这和令人困扰的创伤后恶性羞耻循环被一些心理健康护理人贴上了"有害"的标签。虽然如果这些强烈而反复的羞耻被宣泄或压扣，必然会带来一定毒害，但是当它被良好地引导出去，则完全没有任何害处。事实上，这种激流级的羞耻可以直接把受创幸存者带到幸福的第三阶段，即治愈阶段。

这种强度的羞耻只能在神圣空间内进行疏导。因此，如果你还未掌握娴熟的技能，那么请向外界寻求帮助。许多治疗师可以在他们自己的咨询室内建立神圣空间，许多创伤救助组织也具有治愈能力，因为当你能够看到那些被你引以为耻的行为，在幸存者同伴的精神中映现出来（或被某位治疗师解释），你就能从内心深处破除加之于羞耻的病态污名。你会明白，创伤后恶性羞耻循环其实很普遍，不仅仅局限于你一个人身上。你将会懂得，强大的羞耻之所以存在，不是为了使你陷入崩溃，无法正常生活，而是为了在你往绝对错误、可耻的方向前进时，预先提醒你停下。

如果你正在应对未被治愈、未化解的创伤（这时的你正处于分心、边界受损和解离状态），你会在第一阶段和第二阶段不断循环，你很可能主动寻求能重创你的场景或关系去加剧这种循环，孤注一掷且麻木不仁地希望快些进入第三阶段。在这种岌岌可危的情况下，你的灵魂根本不希望你继续前进。它会使尽浑身解数阻止你，与此同时，它在努力为你重建边界，扑灭那不断灼烧你心灵的烈火。

在面对这种混乱局面时，你很容易走向崩溃。正因为如此，技能、支持以及神圣空间具有绝对重要的意义。无论你选择独自踏上旅程，还是寻求治疗师的帮助，着眼现实和专注自我的能力都会使你免于分心、解离，正如建立神圣空间会逐渐降低你边界受损的程度。当你在神圣空间内回归现实、恢复心灵完整时，你就可以疏导（或在他人的帮助下疏导）任何情绪。与此同时，你可以烧毁与所有可耻记忆、各种标签或与使你无能为力的外来信息订下的契约。共情能力有助于你带着完整性和专注力去认识到疏导过程终会过去，从而有意识地进入仪式前两阶段的领域。随后，你的羞耻会帮助你坚持正确的立场，去直面任何牵绊你、羞辱你的记忆或行为。它可以赋予你所需的热量和专注力，去宽恕自己、弥补你无意中犯下的过错。不仅如此，它还可以恢复你的尊严和荣誉。

当强烈的羞耻出现时，它会赋予你完成严肃心灵工作所需的专注和动力。如果你还未掌握所需的技能，请求助于有效的治疗，但也请记得祝福你的耻辱，欢迎它参与你的治愈过程。真正的羞耻不会来惩罚你，它来此的目的只是加强你的内在边界，增强你的决心。这样一来，你便可以终止恶性羞耻循环，摆脱外加羞耻和臆想羞耻，恢复心灵完整性，并治愈你的灵魂。

当你能接纳羞耻时，你就能逐渐辨别出羞愧的各种形式，而非陷入恶性羞耻循环。拥抱你自由流动的能力吧，轻松地支持自己和他人的道德行为；当你做错事时，请接纳你的情绪状态；在可耻之事未得到自知、妥善解决时，欢迎汹涌向前的激流。接纳你的耻辱，并向它致以谢意。

第十五章

仇恨：深奥的镜子

包括仇恨、轻蔑、厌恶和阴影原理。

馈赠

强烈意识、狂野幻想、骤然转变、阴影原理。

本质问题

坠入阴影的物质是什么？必须重新整合的又是什么？

阻塞迹象

毫无共通的自我意识，对他人灵魂发起激光照射般的猛攻。

练习

通过详细描述你察觉到的严重错误，从仇恨对象身上找回你的阴影物质。向你迷失的自我问好，将仇恨注入边界内，焚毁你与这些可鄙行为的契约，并使你的心灵恢复完整。

虽然从历史上看，人类对仇恨的表达造成了无法缓解的痛苦，但就其本身而言，仇恨实则是一种自然、健康且特殊的情绪。仇恨是狂怒和盛怒的一种激光聚焦形式，在我们自身的边界遭到摧毁时产生。本质上，这种边界的摧毁不是由于一种攻击导致的，而是由于你无力独自应对的一种更为私密、更为内在的危险导致的。仇恨不等同于厌恶，它不仅仅是与朋友发生不愉快后不再继续来往；仇恨也不等同于恐惧，不是你出于本能地感到他人不恰当的或危险的意图。事实上，仇恨是狂怒和盛怒的强烈爆发，这意味着你正在面临边界毁坏，你内心的平衡状态几近完全丧失。如果你能够迅速充分利用仇恨，并对其保持高度清醒的意识，你就可以借助其强度获取一些绝对会令你震撼的信息，不论是关于你自己、你的行为的信息，还是关于你仇恨对象的行为的信息。实际上，我们无法完全揭示某些深埋的问题，除非仇恨蕴含的强大能量爆发。其原因就在于，不依靠其强大的守卫能力、敏锐的意识、坚定的信念以及快速重建边界的能力，你可能无法完成从一切正常的状态到骤然敏感的仇恨启动状态的深刻飞跃。

诚然，仇恨象征着边界毁坏，但其指向的焦点还有另外一个非凡的辅助功能，那就是提醒你：某些隐藏起来的具体内在问题正在威胁着你。重申一下，仇恨不只是厌恶，即使你摆脱了冒犯你的人，它依然存在。仇恨实则是着重攻击某个人（或者某一群人，如果你的仇恨已经演变为种族主义、恐同、仇外等偏执形式）。教别人去恨就是心理极不健康的典例。将你的仇恨传递给别人，并因此使别人的边界也遭到毁坏，此举形同施虐。虽然建立仇恨团体看起来很有趣，但是其中的每个个体都将因诋毁他人、保护自己而受到伤害。当仇恨产生时，你对你看到的仇恨对象做出某种反应，同时也被愤怒掌控，揭露出掩埋在你灵魂阴影中的严重边界问题。

来自内部的攻击：透进阴影的微光

当压抑活动在心灵（或社会）中被使用时，被压抑的物质将陷于无意识的状态。被困、被侮辱的物质不会消失。相反，它们会聚集起来，并积累成所谓的阴影。有很多心理治疗学派（尤其是荣格学派）都很重视有关阴影的研究，因为人类心理的很多最深层次信息都潜藏在阴影中。阴影原理内涵丰富，值得倾尽毕生心力深入研究。即使是在当前时期，大体了解一下该原理也很有必要。

简言之，阴影是心灵中我们未曾意识到的存在。这不是因为它本身很神秘或很隐蔽，而是因为我们自己不愿意承认它的存在。阴影中包含了受到压制的冲动、未被察觉的情绪、不被接受的行为以及未能实现的梦想。虽然有人认为阴影包含的成分是我们身上"坏"的部分，但是实际上它没那么简单。阴影中还有艺术的光辉、最本真的渴望、数学天赋、经济头脑甚至是人性之美，这些皆依赖于最受我们强烈否认的阴影。每个人的阴影都是一只无可复制的野兽。

罗伯特·勃莱（Robert Bly）在其杰作《论人类阴影的小书》（*A Little Book on the Human Shadow*）中这样写道："故事是这样展开的。降生之际，我们'身披祥云'，从宇宙之巅而来，我们身上集聚了哺乳动物基因中代代承袭的欲望、十五万年生命之树中绝妙留存的自觉、五千年部落生活后完好保存下来的愤怒。简言之，我们整个光芒四射。我们把这份恩赐献给父母。他们不想要。他们想要一个可人的宝宝。"

这一幕不断地在生活中上演。首先，出于对父母的爱，我们压抑了自己的光芒和欲望。接着，我们开始建立同伴关系，并开启学习生涯。在这一阶段，我们不得不压抑自己的情绪、身体欲望、部分智能以及大多数幻想。最终，我们长大成人，只能意识到最初360度光芒中的很小一束。其余光芒隐匿在充满被压抑倾向和能力的阴影世界里，而且那些遭到侮辱的事物往往会趁我们不注意泄露并爆发。阴影之所以蕴含着巨大的力量，不光是因为太多的人受困其中，还因为否定完整性需要耗费巨大的力气。而那些被压抑、被漠视的物质之所以具有危险性，并不是因为它们本就很危险，而是因为我们费了很大的力气才将其从我们的意识中驱逐出去。

所以我们每个人来到这个世界上，都带着360度的灵魂，这个灵魂既勇敢又懦弱，既聪明又愚蠢，既温柔又残忍，既体贴又自私，既优雅又笨拙，它携带着数不胜数的对立特征。随着我们渐渐长大，我们学着压抑某些自我成分（这是适应社会过程中出现的正常现象），但同时又要重视某些成分。每个家庭、社区、组织、学校、文化和国家都各自强行将一系列不受自己欢迎的才能和行为归集于阴影之下，同时对那些适合于这种环境的才能和行为表示欢迎。所以我们每个人都有阴影自我，也就是一直以来人们教导我们要进行压抑的能力和行为的集合。然而，当某些人使我们想起自身阴影时，我们往往会在某些方面感到不安。可悲的是，在当前严重损害愤怒的文化中，这种不安常常被人们以反正统、反人道的罪行（种族主义、性别歧视、恐同症、战争、暴行、种族灭绝、种族清洗和偏见）宣泄出来，或被其压抑成能将人撕裂的自我仇恨。

对仇恨的宣泄和压抑完全破坏了仇恨的主题，这是一种可怕的耻辱，因为如果你没有意识到你的仇恨、谩骂和小气，你将无法发现你的心灵是如何被损害的。如果你不能清醒地对待仇恨，你就缺乏想要保持独立的足够动力，你将无法整合360度完整自我中被压抑和被丢弃的部分，你将完全错失灵魂正在努力完成的重大举动。

如果你表达仇恨，你就会对你的仇恨对象造成伤害，并使自己陷入恶性仇恨循环，该循环将使你完全束手无策。但如果你将仇恨压抑在伪装的面具之下，你就会因不够清醒而无法发掘出当初使你产生仇恨情绪的根源问题。另外，你将无法获得进行最深层次工作所需的力量和敏捷。此外，你的仇恨也会不幸加深，因为依然破损的边界现在需要仇恨中包含的极强的保护强度。

你有权感受仇恨。事实上，你无法终止这种感觉，除非你真的想用一种持续的强迫性压抑限制来伤害自己。仇恨产生的背后隐藏着重要原因，我们不应对其视而不见。从仇恨中解脱的唯一方法是亲历仇恨，即了解仇恨出现的原因，学习尊重其所含信息的方法，这种信息非常强大，强大到足以改变生活。如果你能控制住仇恨，并能恰当地引导它，你就能迅速解决你所遇到的最大难题，并在不伤害自己或他人的情况下，迅速达到新的意识水平。仇恨不是问题所在，完全不是。事实上，如果你能在应对仇恨时使用共情能力，仇恨内部的力量可以使你发生转变。

仇恨蕴含的信息

我一直在想，当我们真的恨某个人时，我们为什么不去向前看，过我们自己的生活呢？为什么我们要如此耿耿于怀，对某人进行攻击、谩骂和无休止的抱怨呢？为什么我们不能就此放下呢？为什么仇恨使我们像寄生虫一样盘附在仇恨对象身上呢？治疗师兼作家约翰·布拉德肖的一次演讲为我指点了迷津，他说："仇恨是最强烈的依恋。"它比爱更加强大，也比血缘更加强大。（我把愤恨和轻蔑都纳入仇恨一类，因为这两者给人的感觉非常相似——虽然它们与仇恨不尽相同，但从我们持有这三种情绪的目的来看，它们的相似度足够高。）当愤恨、仇恨和轻蔑出现时，我看到并感受到了一场喜爱与困惑交织的怪诞舞蹈。仇恨中有一种明显的享受，一种对参与和纠缠的极度渴望，我无法理解仇恨中的独特乐趣，直到我懂得愤恨和仇恨背后隐藏着一种强烈的依恋。

当我们表达仇恨时，我们会哄骗自己相信：我们与仇恨对象完全分离，我们与他们完全不同，我们更强大、更真实、更积极、更正直。如果这些都是事实，我们就应当拥有适当的边界和尊重他人的能力。当我们感到这种能力有力且充盈时，愤恨、仇恨和轻蔑就不会产生。反之，当边界因我们内部严重失衡而遭到破坏时，愤恨、仇恨和轻蔑就会出现，并可能带来最强烈的愤怒。如果我们能在心灵中引导仇恨，我们就能立即重建边界，专心地聚焦自我，以令人惊讶的速度检索阴影，随后完成蜕变。当我们宣泄仇恨时（让我再次提醒你一下，仇恨不仅仅是厌恶），我们把所有的愤怒和厌恶都集中在另一个人的灵魂上，我们正在依靠他们忍受自身的阴影成分。通过将我们自身的严重失衡投射到他人的灵魂上，摒弃自身不想要的物质，会使我们感到格外欣慰（尽管最终是灾难性的）。

受压抑的物质继续发展，破坏了我们自我感的稳定性时，仇恨便由此产生。为保持心灵完整，失去的贪婪、才华、渴望、暴烈和弱点从我们压抑的熔炉里迸溅出来，仇恨就产生了。如果我们拥有内在技能和敏捷性，我们就可以度过这些破坏性极强的时刻，有意识地破浪前行。我们可以掌握仇恨，利用其强度去设定绝对无法逾越的边界，我们可以在其内部建造"熔炉"，燃烧与压抑和内在暴虐建立的一切关联。然而，如果我们没有掌握任何技能，我们甚至无法容忍这些汹涌的流动。不仅如此，缺乏敏捷性会使阴暗物质被猛然激活，这些阴暗物质会执行寻找并破坏当前的使命。大多数情况下，我们会找到那些代表我们丢失和践踏的物质的人（这项任务并不困难，因为凡是人类都具有人类应有的特征），并通过宣泄仇恨，将麻烦投射出去。在某种非常真实的意义上，我们将仇恨对象当作行李搬运工——这些投射行为可以一时减轻心灵的负荷。但问题是，投射肯定会耗费我们的意识，这意味着我们将无法保持专注、重建自己的边界、保护自我，或是尊重真实的情感和他人。当我们把那些物质投射到别人身上时，我们的心灵变得残缺，同时我们自己也丧失了荣誉和技能。

姑且退一大步，假设将阴暗物质投射到别人身上的这种做法稀松平常——这样做并不总是可怕的。投射并不糟糕，进行投射乃人之常情。大家都会这么做，因为人们通常无法坦率地与其合作。（如果我们做得到，就没有阴影这一说了，不是吗？）事实上，我们不仅会把那些"坏"的阴影物质投射到别人身上，"好"的物质也同样如此。举例来说，当我们崇拜某个公众人物时，我们会把最好的自我投射到他身上。在我们的脑海中，他们展现出了我们被埋没的天赋、勇气和才华（这些品质和那些较为丑恶的品质一样，也经常被压抑到阴影中）。这种方法常常很有必要，因为大多数人说不出这样的话，"我的家人培养我成为科学家，但是我置之不理，做了画家"。相反，我们都需要尊敬并崇拜画家，促进自身的艺术智能发展。我们甚至可能在崇拜这种投射方式下，将自己与某些画家联系起来（就好像他们为绘画赋予了生命）。卡尔·荣格为人们更好地理解阴影做出了重大贡献。他指出，投射有时是意识到阴影物质的唯一方式。他还进一步说明，投射是我们摆脱父母庇护的唯一方法。所以，羡慕他人才华是发挥自身才华的合理途径。

然而，你会发现，当偶像走下神坛、表现得像个平常人一样时，格外崇拜常常会转变为大失所望。这时候投射便破灭了，我们应该放手、善用自己的天赋（回归自身边界之内）。可惜大多数人不明白这个道理。人们继续保持对偶像的依恋，并试图再次使他们符合我们心中的完美形象，我们的心情也会随着他们的举动起伏不定。当我们找到方法重新进行投射时，一切都很称心如意。但是，一旦投射破灭，我们必须重新开始。这种依恋关系极不稳定，在迷恋和幻灭之间摇摆不定。在很多情况下，这种崇拜甚至会演变为仇恨——变成一种激烈而阴暗的依恋（想想那些跟踪狂和狂热的粉丝，你就明白了）。这种强烈的崇拜形式有助于我们更好地理解何为仇恨。

仇恨是崇拜的扭曲形式，那种奇怪的纠缠喜悦就是这样产生的。仇恨隐藏在崇拜之下，两种情绪的强度、阴影投射形式和纠缠感都同样强烈，两者的唯一差异在于投射物质不同。在罗伯特·勃莱、罗伯特·约翰逊和康尼·茨威格关于阴影的优秀著作中，三人都曾指出，仔细观察后不难发现，我们很容易就能在自己崇拜或仇恨的依恋对象身上发现自己未能实现的阴影物质。如果我们心中压抑的美好或才华被某个人展现出来了，我们就会通过崇拜、偶像化或迷恋来依恋他。如果我们的丑恶在某个人身上有所体现，我们则通常会通过仇恨、蔑视或愤恨来依附于他。

大多数人都能理解我们与偶像和崇拜对象之间的关系，但当我们彻底地仇恨别人时，我们通常意识不到我们创造出的这种强烈而复杂的依恋关系。即使是听到这个消息，我们也会感到害怕。然而，事实就是如此：如果我们厌恶某人，我们可以掉头走开；如果我们害怕某人，我们可以避而远之；但是当我们仇恨某个人时，以上两种做法我们都不会选择。当我们宣泄仇恨时，我们会带着强烈的喜悦依附于仇恨对象。

当我们发现某个人身上表现出我们嫌恶的特质（包括自私、力量、傲慢、才智、愚昧、性欲、死板、温顺）时，我们的灵魂几乎是在狂欢。我们的心灵狂野地舞蹈、叫喊："看看这些卑鄙小人！看看他们把我们做不出来的坏事做绝了！"我们被他迷住了，无法将视线从他们身上移开。我们怀着病态的敬畏之心看着他们，因为他们做了我们被迫压抑着不做的事情——那些对父母、老师或同伴来说十分讨厌、危险的事，甚至是连谈及时都要小心翼翼的事。与此同时，我们带着愤怒的怀疑看着他们，因为大地不会裂开吞噬坏人，神灵不会判其死刑。因此，我们体内的阴影物质开始疯狂地震动，我们通过压抑形成的自我形象开始崩塌，为了应对内心不可思议的地震，狂怒和盛怒（更不用说恐惧和惊恐）倾泻而出。

当这些内心的地震发生时，大多数人不会利用这个特别的机会，意识到自身阴影和我们正遭受的被迫压抑。相反，大多数人抵制这种剧烈的运动，反而把仇恨投射到那些表现出我们阴暗想法的人身上，这与我们痴迷地纠缠那些歌手、演员、画家是同样的道理。无论是仇恨别人，还是崇拜别人，我们都在点燃一种扭曲的爱恋。在这种爱恋中，我们的投射对象不得不为我们表现出那些阴影物质。当我们与他人强制订立这些阴影契约时，我们的边界便会毁于一旦：我们的注意力投向别处，我们的心灵故园化为断壁残垣。无关仇恨、崇拜，我们不尊重投射对象，因为我们迫使他们似人非人。

如果你能在此时把握机会了解自己，你就能光荣地走向独立，这始于你意识到我们每个人都带着人类的所有东西的那一刻。我们每个人既贪婪又慷慨，既软弱又坚强，既尖刻又优雅，既温柔又残忍，拥有数不胜数的对立特征。你美丑兼容、善恶并包。个性化的过程就是记住完整自我，有意识地与所有元素、倾向、智能和平共处的过程。仇恨产生是灵魂发出的信号：这是我难以承受之物。这就是我迷失方向之地。

当仇恨产生时，你的任务就是适当地疏导它，因为宣泄仇恨和阴影物质会摧毁你的边界，而抑制仇恨、压抑阴影物质会促使你脱离身心。仇恨爆发是为了让你察觉到被压抑的物质并将其整合，因此这些物质才努力显现出来。当你了解这种可敬的运动时，你会祝福你的仇恨和仇恨对象，因为他们使你得以看清那些困于阴影中的部分。你将能够体面地化解仇恨、重新站立、回归良好状态，而非一味地迷恋仇恨对象。当你可以恰当地引导仇恨时，你自己以及你周围的所有人都能免受任何基于投射关系的伤害。

仇恨练习

关于你的仇恨对象，仇恨肯定能说出部分真相，但更多的真相是关于你本人的。如果你宣泄仇恨，你可能会以牺牲仇恨对象的利益（或自身人性）为代价获得一定缓解，但你仍将对当初导致仇恨快速产生的根源问题一无所知。你的任务不是指指点点，而是真正尊重勇敢的灵魂，它鼓起勇气，诚实地在你面前充当（即使它不是有意识这么做的）你心灵中被摒弃和被鄙视的那部分。你要做的是祝福并保护仇恨对象，同时发现、理解并整合阴影物质。

这样一来，仇恨会立即（不可能更快）直接进入你的边界内。这种集中爆发的狂怒和盛怒承载着改变生命的巨大能量，这种能量必须被好好利用。你绝不能将其宣泄到他人身上，所以这个练习必须独自进行或在已掌握技能同伴（不是你的仇恨对象）的帮助下进行。当仇恨带你涉入汹涌的激流时，有两条特定咒语可以使用："渡过激流是唯一出路"和"这一切终将过去"。

请点燃你的边界之火，依靠仇恨中的强度建立极其明确的神圣空间。高度聚焦自我并着眼现实，请幻想你面前铺有一张巨大的羊皮纸，然后将你仇恨对象的图像投射其上。疯狂地涂写、叫喊、投射，让图像呈现在你面前。大声地向这张羊皮纸抱怨（如果你需要的话）。如果你已将这张羊皮纸画满，把它搁在一边，再打开一张新的羊皮纸。继续投射，直至你感受到内心的变化，然后将其紧紧地卷起，这样你就看不到上面的任何内容了。把它扔出你的私人空间，用仇恨烧毁它。

这是保护你的仇恨对象，让他摆脱你的狂怒的第一步。如果你能在自己周围建立燃烧的强大边界，你就能在自己的神圣空间里诚实地表达个人感受，同时保护你的仇恨对象不受迁怒。无论烈火有多炙热，烧毁契约都不会伤害到别人，因为你并没有在投射什么，你没有在和他们说话，你甚至都没有看着他们——你只是在你自己建立的绝对隐私的圣所中如实倾吐真实感受。事实上，火焰强度与你所能达到的脱离程度直接相关。在这神圣的仪式空间里，仇恨的强度将使你获得自由。

如果你试图用些许暴躁烧毁仇恨契约（一种极其缠绕、完全无意识、彻底扭曲的契约），那么你根本奈何不了它！当你陷入与某人的恶性仇恨循环时，你需要强烈的干扰性情绪来解救自己，并从头开始重建被毁坏的边界。现在不是彬彬有礼的时刻，你需要一杆长枪。所以，勇往直前、火力全开，这将有助于你修复边界，纠正自身行为，改善人际关系。只有当你将它们投向他人或塞进阴影时，强烈情绪才会带来麻烦。当你能够正确地引导它们时，它们将为你带来治愈严重失衡所需的稳健性。祝福你那强烈的情感——它们使进行深层次的心灵工作成为可能。

如果你已经烧毁了与仇恨对象签订的契约，你就可以开始完成真正的任务了，那就是去正确了解仇恨对象向你展示出来的东西。你可能想拿着纸笔，因为如果你能写出（或者仅仅是大声说出）令你的仇恨对象变得如此可憎的品质，你就能获得难以置信的清晰认识。当你列出仇恨对象所具有的特定缺点时，转换你注视仇恨对象的角度十分重要——向下看，向旁边看，向阴影所在的地方看（"什么陷入了阴影里"）。全面地了解他们，将你的注意力集中在他们的自私和矛盾、残忍和无知、失控和软弱上。然后扪心自问，你是否在生活中为这些缺点留出了空间。如果你的回答是一声尖叫

"天哪，不"，那么我可以说，你已经找到了自己的阴影。

一旦你知道自己究竟是哪些部分被困于阴影中，你便可以为每种丢失的成分（如残暴、无知或自私）简单建立一份契约，然后观察其内部。仇恨中的强大智慧将赋予你需要的强烈专注力，帮助你了解这些部分是怎样坠入阴影，你又为何同意让它们留在那里的。核查后再将你与这些阴影的契约烧毁，你将能整合被压抑的物质（"必须重新整合什么"）。这不会让你变成残暴、无知或自私的人。实际上，它会保护你，因为你将不再遭受残忍、无知或自私等阴暗物质的折磨或诱惑。当你重新整合阴暗物质时，你不会突然间享受残忍、无知或自私，也不会受其威胁。你将能够健康地脱离拥有这些特质的人，而不是一味扭曲而充满仇恨地依恋他们。当你能使先前无意识的部分变得清醒时，你将能够唤醒自己的灵魂，并使曾经被压抑和阻塞的地方恢复流动。当你能揭露自身的阴暗物质时，你就能立刻分解这些物质，减少阴影对你灵魂的消极影响。

当你能控制仇恨并合理引导它时，你甚至会感觉到自己对曾经的仇恨对象怀有某种感激和保护欲。这是因为你能把他们看作是有血有肉的人，而不是你扭曲幻想中的恶棍或英雄。当你发觉曾经的仇恨对象是有其独特命运的独立个体时，治疗就全部完成了。干得好！

创造并烧毁一些仇恨契约后，你就与进入恶性仇恨循环时有所不同了。请着眼现实、重建边界、恢复活力，从而唤醒自己。许多人进行阴影练习后，决定将图腾形象放置于他们的神圣空间内，以此保持新获得的专注，此类形象大体上包括猛禽、大型猫科动物、熊、鳄鱼等食肉动物。当然，这些都是你想象中的自身形象代表，不过让这些机警的图腾动物留心你的边界和行为大有益处。

当你完成这些时，向仇恨表示感谢吧，因为仇恨为你的灵魂举起了一面镜子，让你的灵魂知道任何时候它若是迷失方向，你都欢迎它回来。然后去做一些有趣的事情吧。

等等，这是否意味着接受所有人

人们第一次做完这种仇恨练习时，常常会想，因某些理由厌恶别人是否合适，或者说他们是否应当不问缘由地接受所有人。你能感受到他们试图再次创建边界的愤怒吗？你能察觉到他们试图做出正确决定的判断力吗？这是个很好的迹象。这种仇恨练习效果惊人，它经常通过阻碍，使人们思想停滞，因为他们已忘却如何以旧有方式做出反应。面对这种突如其来的变化，他们的保护性停滞倾向被激活，这种倾向会为新形势寻求新的规则。

这就是新规则：如果你只是不喜欢某个人，没什么问题。如果某人的行为与你的生活不相融合，你可以不受伤害地离开他或她，就这样做！对不喜欢的人敬而远之合情合理。你可以月成年人的眼光来判断和谁待在一起、不和谁待在一起。然而，如果某个人使你勃然大怒，除非改变你自身或是最好改变对方才能释怀，这时问题就出现了，纠缠、投射、仇恨就产生了。你有充分的权利去感受自己的仇恨，但无权用你那些被忘却的特质玷污别人的灵魂。现有的仇恨练习可以让你诚实地面对投射、纠缠以及你在任何充满仇恨的关系中的阴影。

我注意到，某些人身上有种迷恋倾向，试图将仇恨转化为虚假的爱和接纳（或纠缠的"治愈"行为）。我把这种倾向称作"压迫者的斗篷"，它来自我最喜欢的一句俗语："解放者常常披着压迫者的斗篷。"当我们没有意识到自身被压抑的仇恨时，我们接受或治愈他人的意图就很容易被仇恨阻拦。如果我们在整合心灵、挺直站立之前试图纠正错误、结束不公、拯救世界，我们往往会把阴暗物质直接硬扯进变革运动的核心。

举例来说，我看到过无数未治愈的受创幸存者，在以援救为基础建立的关系之中，通过大量努力却最终再次沦为受创对象：妇女团体制定的社会系统，远比传说中十恶不赦的父权制本身带来的影响更糟糕；环境保护组织亵渎了公共话语，使得可行性交流无法进行；福利机构极其冷漠，贫困者与其向他们寻求帮助，还不如干脆流落街头；受害者权利组织或治疗团体无意中使其成员受困于前两个阶段而再次受伤。社会上到处都是无法治愈的阴影，这让许多所谓的解放者变成了新的压迫者。我们受到误导，对仇恨一味反对（我们拒绝直面仇恨、尊重仇恨），这造成了不必要的又不幸的混乱。

当你心怀仇恨时，你的灵魂准备好去做的工作将会是你所经历的最深层次的工作。帮自己和周围的人一个忙吧：带着你的仇恨以及投射对象进入一种自觉的关系。不要压抑仇恨，也不要爆发仇恨，不要试图通过虚伪的接纳来消除它，否则你会危及自己、你的人际关系、你的"善"行乃至你所处的社会。合理地引导仇恨，你将以觉醒的方式治愈自己以及所在的世界。

仇恨受阻时如何应对

如果你在完成最喜爱的活力恢复练习后仍然满心仇恨，请翻回第213至215页——狂怒和盛怒练习部分。这些练习应该会帮助你解除那些与仇恨订下的惩罚性契约，并恢复你的心流。如果这些做法没有给你带来缓解，请记住循环的愤怒或仇恨可以掩盖潜在的抑郁状态，抑郁不可小觑。请照顾好自己，如果仇恨正在折磨你，请寻求心理帮助或医疗支持。

尊重他人的仇恨

毫无技巧、缺乏主观意识的人很难利用仇恨创造神圣空间。仇恨是一种激流级情绪，一旦处理不当，就会造成真正的伤害。不幸的是，身处贬低愤怒的文化中，人们总是无法体面地对待仇恨。受到心怀仇恨之人的影响，就如同遭遇一个五级愤怒的紧急事件。建立强大边界就是这时的首要任务。心怀仇恨之人不仅面对着严重的边界损害，而且正在被体内强烈压抑的阴影物质压迫和刺激。正如你所料，你的任何言语举动都很容易导致心怀仇恨者将仇恨转移至你。因此，请千万谨慎对待。

我甚至可以说，真正疏导仇恨的过程很孤独（因为该过程极其私密）。然而，你可以为满心仇恨的人提供蒸汽释放阀，让他们向你袒露心声。这项任务很艰巨，你必须保持接地状态，明确自己的边界，但如果你能让人们张开嘴讨论自己，你就能给他们提供一吐为快的机会。这种谈话本身就是一种治疗，因为人们几乎从来没有充分发掘仇恨的机会。大多数人都会践踏别人的仇恨，因为它极其危险、可怕。我们都知道仇恨会造成什么，没人想让仇恨发酵到那种地步。不幸的是，当我们在抑制别人的仇恨时，实则增加了他们的心理压力，这便增加了其仇恨在不久的将来爆发（或崩溃）的可能性。如果你能在他们所在的地方（而不是你希望他们出现的地方）与他们相遇，并通过点燃自身边界来适应他们的情绪，那么你就成了一位帮他们走向治愈的盟友，这样他们就不会在仇恨中被危险地隔绝。就像对待其他情绪一样，当满心仇恨的人感到自己不是孤身一人时，他就可以冷静下来。情感上的孤立十分痛苦。

你不必成为心理咨询师或圣人，因为只要你能接受阴影物质暴露出来，这些物质的毒性就会立刻减小。他们的仇恨将不再难以驾驭且具有威胁性，因为它将被坦白、被聆听、被处理，并被体面地对待。记住要默默地重复那些与仇恨相关的问题（"已经陷入阴影的是什么"和"必须重新整合什么"）。此外，在建立及重建边界过程中，记住面对激烈情绪的两条咒语（"渡过激流是唯一出路"和"这一切终将过去"）。提醒自己仇恨中遇到的蕴含着强大的边界建立能力和阴影物质寻回能力，并祝福你生活中遇到的满心仇恨的人。他们正身处水深火热之中，处理着足以改变人生轨迹的关键问题。如果你能为他们创造神圣的空间，他们也许能稍微缓解，并完全清醒地进行那些深刻的灵魂工作。

如果你无能为力，而对方又无法意识到自身仇恨，请照顾好你自己，并（委婉地）建议他们向医学专家或心理专家寻求帮助。

阴影的乐趣

你可以做一些非常有效的阴影恢复工作，而不是一上来就被深层的仇恨击倒。你可以试着写下崇拜对象或议论对象所具有的全部品质。和你的崇拜对象一样，你的议论对象身上会表现出一些阴影物质（否则你不会花时间去八卦他或她）。两者都会使你获得出乎意料的见解。

如果你能完整描述出崇拜对象的所有品质，你就能照见自己心灵深处的愿望、梦想和抱负。你一开始可能有所怀疑，但这是真的。如果你能与你崇拜的对象解除契约，然后想象你用这些优良品质充实私人空间，你就能逐渐将其融入生活。同样，如果你能描述出或写下议论对象的恶劣品质，你就能照见那些你不曾表达或未曾实现的事情。如果你能与议论对象解除契约，然后将这些可恶的品质纳入私人空间，你就能逐渐找回丧失的部分，并治愈你的灵魂。

当你完成这些抢占先机的阴影寻回步骤时，你很可能会被你的阴影的黑色喜剧所震撼，并且你的仇恨会把你推向你真正需要去做的方向。在我快三十岁时，我写了下面这首关于仇恨的诗。

好吧！

孩提时代，我鄙视橙色，

憎恶它的刺眼，只想避开它

——躲进沁人心脾的凉爽蓝色。

铺排所有颜色，唯独没有蓝色，

正橙，红橙，橙红，桃红，瓜红，杏黄皆有！

过一会儿我咽下傲慢，

好吧！橙色也不错！

青年时代，我鄙视科学家

——科学家和大学男生

——写反科学小说、巨篇恶俗剧本，

关于他们冷漠麻木的生活。

二十六岁时，猛然步入大学

在发现没有它的生活面目后

——毕业的告别演说，致辞者是何学位……

好吧！科学！

成年时代，我鄙视诗歌

——诗歌和广告，

令人痛苦尴尬的两种方式

用于宣扬观点。

现在，我因……而获奖。

好吧！广告！

还有两首诗。

知道这一切，

　　我现在还敢鄙视什么？

　　伟岸的人类！

　　你也可以发散创造性思维创作个人诗篇。当你感到仇恨在内心升腾时，扪心自问："这个可怕之人身上的哪些特质，是我想要具备的？这个人代表了我的哪些本质部分，这些本质部分是已丧失了还是受到了压抑？"然后，坚定地建立自身边界，烧毁契约，把目光从那个可怜的灵魂上移开并聚焦于你自己，接着开始工作，好吗？

当仇恨看似合理：仇恨、宽恕与第三阶段的旅程

　　通常情况下，许多人并不会宽恕仇恨，但他们觉得憎恨那些选择伤害他人的人合情合理。我们中有很多人对罪犯有种特殊的仇恨，尤其是谋杀犯、强奸犯、施虐者和猥亵儿童者。这些人并未表现出你我阴影中的无意识部分，但是，他们体现出了整个人类物种的阴影。与他们交往过的幸存者，心中不仅充满了恐惧和创伤，而且充满了仇恨之火。虽然这些仇恨合情合理且情有可原，但它们的存在会加大治愈的难度。原因有二：其一，不管怎样，我们的文化中没有任何仇恨传统，这意味着这些激烈的仇恨要么演变为犯罪行为或自残，要么被压抑成破坏性情绪干扰障碍、上瘾症和狂躁症，或者是无法缓解的抑郁、焦虑和自杀性冲动循环。当这种强度的仇恨被忽视、被侮辱时，混乱就不可避免地随之而来。

第二个治疗创伤的严重障碍，是被我们的文化曲解了的宽恕观点。有些人误认为仇恨和宽恕相互对立。在那些人的哄骗、催促和恐吓下，所有幸存者都过早地（坦白来说危险地）选择了宽恕。在关于愤怒与宽恕的章节（见第132至138页）中，我谈到这两个既定对立面之间存在绝对联系。但现在，我们已经进入了仇恨的激流（这是最激烈、最直接的愤怒形式），我们可以更加简明扼要地谈论愤怒支撑的过程必然通向仪式的第三阶段。在共情的仇恨练习中，体面地经历创伤带来的真实情感后果，随后我们会产生深层次的宽恕。

我再次提醒你，真正的宽恕不会为他人的可怕行为找借口，也不会为施暴者辩护。真正的宽恕并不支持那种荒谬的幻想，即每个人都尽了自己最大的努力。（更合理的宽恕说法是："我明白你当时正在做对自己有利的事，但那永远不会给我带来益处！"）真正的宽恕知道伤害已经真实发生，这就是为什么愤怒、狂怒、盛怒和仇恨会出现在它面前，帮助修复毁坏的边界。真正的宽恕创造了与折磨和折磨者的截然分离，而这种分离需要以具有边界修复功能的愤怒为支撑，从而创造穿过痛苦地狱的通道。愤怒（以及狂怒、仇恨）和宽恕不是相互对立的力量；它们形同伙伴，地位完全平等，共同带领我们迈向幸福的第三阶段，即创伤治愈。

就我的亲身经历而言：在我二十多岁时，我对侵犯我的恶人（在他之后还有很多）和人们强加给我的残酷宽恕概念充满了激烈的仇恨。在仇恨的影响下，我把自己决然地孤立起来，仇恨在我的体内激荡，我的症状从狂怒和盛怒变为极其残忍的自杀性抑郁。我掌握的技能足以疏导狂怒和抑郁，但那令人厌恶的游说（宽恕即成圣）使我不停地头晕目眩，乃至我看不清仇恨，弄不清其来龙去脉。最终，我通过查词典的方式把语言智能和逻辑智能融入该情境。我惊讶地发现宽恕是展现慈悲的能力。我从来没有从任何宽恕说客的口中听说过这一点。相反，他们把宽恕表现为投降，或者是不再需要承认自己受伤。这令我着迷，我查阅了"慈悲"一词，它是指对不幸的人予以同情或使人免受佐害的意愿。这两点完全出乎我的意料——宽恕只能来自力量；你可以伤害别人，但是你有意识地选择不去伤害。我从不曾有过那种力量，联想到猥亵者时我总觉得自己是弱者。当初那些事故发生时，我还少不经事、对自己太过压制，而那种失落感和不足感在之后的日子里随着我的成长也在与日俱增。

童年时期的创伤可以塑造之后成长和发育的全过程，因为受创的感受往往与儿童一起成长——就好像它们被倾注到日常居住房子的地基上，和钉子一起被敲进了木框。然而，创伤下还隐藏着更深层的信息，它带着强烈的情感汹涌向前：一个人的本质永远不会丢失、被消除、被玷污或被毁坏。这种本质似乎在一波激流级的强烈情绪中回归，就好像被隐藏在阴影中却坚定不移的幸存者本质，正在向麻烦的核心施以具体的援助。

如果你知道愤怒会重置边界，恢复被打破的东西，你就会完全理解那些边界被打破的人需要愤怒和仇恨。你将看到情绪出现的深层逻辑，以及被合并的人的内在完整性，他们在强大的援助下正努力浮出水面。当你理解了情绪的治愈和恢复能力，你就会欢迎它们以任何形式出现。你不会妖魔化这个人、压抑那个人，或者在这里美化另一个人，你也不会允许宽恕凌驾于他们之上。你会明白，宽恕是由一种深度情感过程所造就的，那个过程就是从创伤和背叛的摧残中恢复过来并再次变得强大。你将理解愤怒与真正的宽恕之间的深刻联系，理解慈悲的真正含义：慈悲只能产生于一种力量，它赋予你伤害他们的能力，而这种能力可以通过控制冲动和选择不去伤害的能力来调节。这是你的愤怒通过适当渠道传递给你的礼物，它们使你成为一个可敬的保护者，不仅是保护你自己，也是保护别人。当你能将你的愤怒和仇恨引导到强大的边界中，并利用它们的强度来彻底消除与你的创伤制造者签订的契约时，你将能够获得清晰而权威的独立。你的创伤将不再困扰你，因为你将恢复你的力量和本能。

当我最终进入这个宽恕过程时，我能运用狂怒和仇恨摧毁奚落我的流言蜚语，我能够成功应对触摸的阴影和身体中的厌恶，我终于能够清除心灵干扰。这种干扰很容易识别，因为它总是带来强烈的情绪。当我去面对内心真正的情感物质时，性侵我的人也不再比我高大。我变得越来越雄伟，而他变得越来越渺小，直至不足以被视作野兽，而是悲恸欲绝的个体以及我最深切同情的对象。我不能伤害他，也不能诅咒他，因为我能对他做的和我想对他做的任何事，都无法与他自己的生活方式造成的恐怖相提并论。你明白了什么？他毫无力量，因为没有人在伤害别人时有这样的无力感——他生活在亲手创造的地狱里。我必须耗很大的力气才能逃离他所创造的地狱，但是他，因让一个孩子进入他自己病态的创伤性噩梦，亲手摧毁了自己的灵魂。如果我为了责备他、证明他罪大恶极而保持病态，心怀恶毒的仇恨，那么我不会为自己和那个猥亵者带来一丝改变。我只会让一份绝望的、让人丧失力量的契约永久地侵蚀我和他。但当我治愈创伤后，我变得自由了，我也能够解放他人了。最重要的是，我不再对那些冒犯者如此残忍，因为现在我明白，唯一受到伤害（真正的、无可挽回的伤害）的人是伤害别人的人。

我的生命家园从根基上遭到了难以置信的破坏，但仇恨和盛怒的出现证明我仍然拥有无限可支配的力量。在它们奋力、不屈的帮助下，我得以洗去身上沾染的污秽——不是通过任何没血性、没胆量的擦除技巧，也不是通过一些天真的宽恕幻想。相反，我借助愤怒和仇恨的强大力量（以及这一认知：事实上，我已经挺过了这些侵犯），深入剖析创伤仪式前两个阶段的可怕真相。有了这些帮助，我得以坚定地着眼当下，焚毁数百份猥亵契约，不断重建边界，最终内心充盈地站立起来。从这个角度来看，宽恕这项任务并不复杂，因为我已经变得足够清醒、足够强大，可以做到真正的慈悲。创伤已经痊愈，我没必要再和性侵我的人纠缠下去。仇恨使我得以重建自身边界、重焕心灵活力，挣脱恐惧、重获荣光。创伤已成往事。

如果你能引导自身仇恨并寻回阴影，你将恢复完整自我。你将成为被阴影磨砺（而不是迫害）的灵魂战士，用真正的力量创造和平、真正的慈悲和真诚的宽恕。去吧！

第十六章

恐惧：直觉与行动

包括焦虑、担忧和创伤治愈。

馈赠

直觉、专注、明晰、关注、提防、活力。

本质问题

应该采取什么行动？

阻塞迹象

担忧和焦虑持续，削弱了专注力和洞察力。

练习

将注意力集中于恐惧之上。做好准备，自知地行动，借助恐惧赋予你的充沛专注重焕心灵活力。

我们从共情练习中得知，自由流动的愤怒能带给你专注、本能和直觉。恐惧则会磨砺你的意识，提醒你固有的生存技能，并提升你有效应对新环境或多变环境的能力。当恐惧自由流动时，你会感到注意力集中、能力敏捷。不幸的是，我们在与自由流动的恐惧建立联系时，总会受到各种干扰。故而，大多数人对恐惧一无所知。大多数人认为我们对恐惧有一定的了解，因为我们曾经历过担忧、焦虑、惊惶、惊恐或惊慌。然而，这些情绪都不是恐惧！虽然我们都感受过真正的恐惧（如果没有恐惧的存在，我们也无法幸存），但我们完全将它与焦虑和惊恐混淆，我们实际上已丧失识别恐惧的能力，一种独特而重要的能力。

以下是几则事例：你是否有过凭借直觉躲过车祸的经历？抑或是，你是否在面对意外事故如房屋失火时，沉着冷静地应对处理，直至危险过后才感到焦虑不安？我们每个人最有可能会说，危险状况来临时，我们内心毫无恐惧（恐惧之后才会产生）。但事实上，这种说法是绝对错误的。恐惧是一种技能，控制着我们的身心和情绪，令我们变为擅长解决困难的高手。实际上，我们确信自己内心毫无恐惧，高度专注、直觉敏锐、足智多谋时，正是我们的恐惧自由流动时。

身处恐惧领域时，你的任务很简单。你只需要学会识别流动的恐惧。例如，开车时你会看看两边的后视镜，为行驶缓慢或迅疾的车让道，打转向灯，与其他司机相互示意，这些时候恐惧都在流动。你的本能参与了全过程，你始终在扫视多变路况中的新奇和危险，争取能够平安到达目的地。当恐惧在你身上流动时，你会变得聚精会神、头脑清醒，并能够有效应对环境变化。如果你遇到意外情况或危险情况，你能迅速做出反应，保护自己和身边人。这是因为你不仅精神专注，而且已经准备就绪。流动状态下的恐惧时刻伴随着你，不只存在于开车等包含潜在危险的情境下，而是存在于一切状况中。

当你在办公室接电话、调整日程，或是同时与两方或三方进行交涉、核查供应商和承包商行程时，流动的恐惧（不是焦虑，不是担忧，也不是惊慌）也不曾休息。你的整个自我都在与你一同参与其中，并保持专注。你浏览大量信息，调整做法以达到不同要求，以各种独特的方式与形形色色的人、各式各样的机器以及水平参差不齐的公司打交道，并保证你的业绩（乃至收入）不断提高，保证你能合理应对多变的市场环境。当恐惧自由流动时，你将在生活的方方面面得心应手、游刃有余。大多数直觉敏锐的人都不曾意识到这一点，但直觉技能与恐惧中蕴含的直觉能量密切相关。自由流动的恐惧赋予我们每一个人这种能力：让人根据情绪及身体暗示去识别、分类、翻译、理解和行动。这一点没什么神奇的（直觉产生于闪电般的神经过程，该过程是意识无法完全感知的），但由于社会对恐惧完全持诋毁和排斥的态度，直觉被视作神秘能力，而不是可以自由获得的、由恐惧支撑的正常技能。

再次重申，恐惧不是担忧或焦虑，只有当你的直觉在某种程度上被损坏时（或者你因某种原因而忽视它时），它才会刺激和烦扰到你；恐惧也不是惊恐或惊慌，它会在本能彻底崩溃时占据你的心灵。自由流动的恐惧会使你富有直觉、敏捷平衡、安然无恙。这不是因为你在生活中小心翼翼，从而避免了所有可能存在的危险，而是因为你每时每刻都能相信你的直觉和机智。如果你技能广泛、本能地富有直觉且专注，你实际上已经与流动的恐惧建立起联系了（尽管你可能不认为自己是恐惧的）。现在，你只需承认恐惧，欢迎恐惧，并感谢恐惧的帮助。恐惧不是你的敌人。事实上，它很可能是你最好的朋友。

那么，恐惧到底经历了什么呢？为什么大多数人都对其本质毫无意识呢？我发现了三个造成这些疑问的明显问题。第一个问题是，我们不把恐惧称作恐惧，而是把它看作一种根据收到的信息来行动、运动以及改变行为的杰出能力或天赋。我们称恐惧为常识、本能、直觉、生存技能，甚至是守护天使，但我们就是不称它为恐惧，因此我们无法恰当地识别它。第二个问题基于第一个问题：因为当恐惧处于活跃状态时我们无法识别它，所以我们常常把恐惧的后果（我们在逃脱事故或危险后所经历的那些烦躁不安的感觉）与恐惧本身混淆。当我们的恐惧自由流动时，它可能会完全控制我们的身心，并以完全创新的方式引导我们度过危险。当危险解除、我们得以幸存时，恐惧就会消退，这样我们才能定下心来。当恐惧消退时，我们的身体需要将其过多的活跃物质和肾上腺素释放出来，其他情绪需要被表达出来，大脑也需要以几种方式回顾和整合我们的幸存经历。由于对恐惧的不了解，大多数人会把这一系列后遗症与恐惧本身混为一谈。这些烦扰而急躁的反应与恐惧有关，它们也需要得到尊重和关注，这样一来，恐惧才能继续正常流动，但它们不等同于恐惧。

这两个问题很容易解决：第一个问题的应对办法是了解恐惧的实质，第二个问题的应对办法则是理解引发我们恐惧的情景后续状态，体验活跃的情绪并与其相互协作（我们可以通过查看第285至286页的练习内容学习具体做法）。然而，还存在第三个问题：我们不清楚我们与恐惧的关系（不仅关涉恐惧本身），以及恐惧与愤怒的关系。关系问题比先前的问题更令人困惑，也使我们无法辨别、尊敬恐惧，并与其协作。我们的恐惧是强烈且不可或缺的。

恐惧及其与愤怒的关系

如果你能够想象出健康的愤怒围绕着你，保护你、明确你的定位并时时刻刻监督你的行为，那么你很容易就能明白，愤怒引发的不安会削弱你的心理边界、疏远你与他人的关系、缩小你的私人空间，并降低你的自尊心。如果愤怒没有得到得当而体面的疏导，你将显现出不良心理健康状况。在这种情况下，恐惧将会在你的心灵中继续流动，不是为了增强你的直觉和专注力，也不是简单地为了帮助你应对变化或新刺激。相反，它帮助你将愤怒从这一瞬间移到了下一个瞬间。现下社会存在一种说法，我非常感兴趣，即当前社会的抑郁流行病（抑郁是各种情绪中边界损伤的象征）已演变为焦虑流行病。即使在社会层面上，愤怒引发的麻烦也会导致恐惧引起麻烦。

接下来这个类比可以帮助阐明我的观点：假设你在雨夜驾驶一辆汽车，这辆车代表愤怒支撑的边界，而你（司机）则代表恐惧。这辆车完好无损、密不透风，轮胎质量优良、刹车性能良好，车窗干净、雨刷正常工作。倘若如此，你的驾驶可能在一定程度上存在挑战，但不会特别艰巨。所以，当你的汽车处于良好状况时，即使是在最恶劣的天气条件下，你也能比较顺利地行驶。如果你的车状况良好，即使有意外出现，例如，路面上有坑洞、突然出现一只动物以及旁边车辆的司机技术差劲，你也能巧妙地避免事故。当你的情绪领域处于健康状况时，这几乎就是愤怒和恐惧互相协作的方式：当愤怒为你明确边界并帮助你在这个世界上定义自己，你的恐惧就能够指引你在生活中少经波折。然而，如果你驾驶的是一辆破车，刹车不灵、车窗有雾，雨刷布满尘垢、十分老旧，那么你就得时刻保持高度警惕，才有可能挺过暴风雨。万一遇到危险，差劲的车况肯定会影响你的驾驶，那么你就有可能无法安然无恙地结束旅程。当你的情绪领域状况不佳时，这也是你的愤怒和恐惧互相协作的方式：因你不尊重愤怒，导致你的边界被侵蚀、被忽视，变得残破不堪时，为了使你不走弯路，恐惧就不得不保持高度警惕和过度活跃的状态。

丧失边界后，你将无法管控自己的行为或者识别他人身上的恰当行为（这意味着你会持续因自己所建立的关系而感到不安），你会在没有充分理由的情况下羞辱他人或受到他人羞辱，而且大多数时间里你会变得敏感脆弱。当你处于这种混乱局面中时，你与恐惧的关系基本上会立即破裂。你将丧失隐私和神圣空间，而无法管控自己的情绪。虽然恐惧仍然会挺身而出保护你，但其强度可能反而会扰乱你，因为此时你的边界很脆弱。恐惧让你集中精神，但你几乎不可能做到，因为你根本不知道从哪儿开始、到哪儿结束，因此，注意力增强后很可能会转变为焦虑或多疑。恐惧还会产生大量的能量和肾上腺素，帮助你应对威胁。但是，如果你的边界因愤怒受到压抑而变得脆弱，或因爆发式的愤怒宣泄而过度膨胀，那么增加的能量只会外泄，你会认为所有靠近你的事物都是一种威胁（正如当你的车破烂不堪时，路上每个新转角都可能是致命的陷阱）。

请记住，当你面对变化时，恐惧就会变得活跃。如果你没有边界，你就会被不和谐的变化击倒：每次经过某个房间、走出家门、碰见人或动物、接电话甚至是打开邮箱，一切变化都有可能将你压垮。当边界不够强大时，你会感受到无形的焦虑，你会对他人进行语言（甚至是人身）攻击或指责有人设计陷害你，你会自我压抑并对面前的问题闭口不谈，你还会陷入惊慌循环，这都只是因为你的心灵在面对危险时不受保护，恐惧被迫采取了一种非自然的动态呈现形式。

如果你的边界受损，而且你反复经历难以解决的情绪侵袭（如担忧、焦虑、惊恐或惊慌的袭击）时，请好好照顾自己，因为你本质上是在应对紧急情况。这种情况不是由恐惧引起的，而是你的恐惧正拼命尝试修复你内心严重的心理混乱。所以，请尽快去看医生或咨询治疗师，因为焦虑和惊慌侵袭会对你的身体造成严重影响，这不容忽视。试试我接下来要说的方式，看看是否对你的症状有所帮助：参与这种紧急状况，自我接地，并想象你前方有一份契约。在你接地的过程中，允许任何被阻挡的或难以克服的焦虑和惊恐涌出体外，将这些焦虑和惊恐一股脑投射到契约上，然后毁掉这份契约，无论你想怎么毁了它，只要你感觉舒服就行。这种共情能力可以帮助你稳定身体，这样你便可以再次集中注意力。当你已经摧毁了像这样的部分契约，并处于较为放松的状态时，请翻到第152至162页有关边界确立的章节，确保你完全理解边界的作用。然后，请重读第193至219页有关愤怒的章节，以便恢复自我治疗需要的正确情绪（给恐惧提供其急需的休息时间）。

当恐惧可以在你定义明确的边界之内安全而自由地流动时，它将给你带来敏捷、集中、沉着且富有活力的本能直觉力。事实上，你表面上根本感受不到"恐惧"。这正如当你的边界合理建立时，你看起来毫不愤怒。当情绪可以在你的心灵中自由流动时，它们能微妙地治愈你、赋予你能量以及告知你消息。这样一来，你将不会陷入明显的心境状态。然而，为了给这种治愈性流动提供空间，你必须身处有安全保障的明确边界之中。在边界内，所有情绪都能行动一致、反应协调。这就说明情绪的健康首先完全依赖于你尊重愤怒的能力。请记住，我们需要纠正一下愤怒与恐惧之间的关系：愤怒负责为你确立边界、保护你的自我意识，而恐惧则使你在意外来临时精神专注、做好准备。两者并肩作战。

恐惧蕴含的信息

自由流动的恐惧有助于你保持专注，确定你所处位置与所感事物之间的关系，并使所有能力共同参与当前时刻。恐惧出现后将赋予你应对变化或新情况所需的能量和专注力。这通常意味着你必须停下脚步，或者至少要放慢脚步。不幸的是，大多数人都在对抗一切试图阻止我们前进的事物。换言之，大多数人都在与恐惧做斗争。这种做法犯了严重错误，而且其导致的后果也会很严重。恐惧并非懦弱，它是你内心的保护机制，它知道你没有为接下来发生的事做好充分的准备。恐惧阻止你，其目的不在于让你无法做出反应，而在于使你拥有集中心思、汇集资源所需的时间。当你需要额外的技能或时间暂缓片刻时，恐惧就会挺身而出，这样你就能在休息片刻后再采取行动了。如果你相信自己的恐惧，并花时间集中精力，你就会获得这些技能。

当你向恐惧提出这一内在问题（"应该采取什么行动"）时，恐惧会斩钉截铁地对你说："站住别动。跑！说出来。保持沉默。躲！当个隐形人。赶快走。快点向左跑。看上去很蠢。降挡转向。叫！抱成一团、护住脑袋。用书挡着。抱起孩子跑出家门。打'911'。仔细听、放缓呼吸。别担心——虚惊！还击！别还手。在付诸行动之前好好钻研一番。深吸一口气，保持专注。回家。"

当自由流动的恐惧把信息传递给本能后，你会采用独特的方法应对所遇到的每个情境。你有数百种选择，如果你乐意，恐惧每次都能帮你从中选择正确的那一种。恐惧不等同于懦弱，它是一种谨慎。它承载着你的生存本能，它包含了数十万年的资源和反应，曾帮助你的祖先在洪水、火灾、战争、逃跑、地震、龙卷风、伏击、饥荒、瘟疫、海洋航行、暴乱、革命、镇压和跨大陆迁移中幸存下来。如果你尊重恐惧并倾听它的声音，你就可以随时在身内接收到所有帮助祖先们在恶劣环境下（数百万人在同种环境中被病魔困扰或因病而死）生存繁衍的信息。你可以这样想：你还活着就证明你和你的祖先都是生存专家。如果你倾听恐惧的声音，你就能获得无数专业信息、本能和资源，比你可能需要的还要多。

然而，如果你跨越恐惧，毫不在意地向前冲（也就是说，你忽视、挤压或粉饰恐惧），那么你可能会勉强成功，但你肯定会进入一种反馈环路，要么越发恐惧，要么越发贬低恐惧。不尊重恐惧（大多数人早在幼儿期就学会了这种做法）会导致当代所谓的"焦虑症"。这意味着，无益的恐惧或处在焦虑层次的恐惧会反复出现，既不合时宜又无充足原因，而有益的恐惧则很少出现，即使是在必要时刻也不一定会出现。这种障碍并非源于恐惧或焦虑，它通常直接归咎于我们对恐惧的贬低、抵制和禁用（抑或是化学物质或内分泌失调，所以如果你深受焦虑的困扰，请务必去看医生或咨询治疗师）。和其他所有情绪一样，恐惧应该在必要时刻出现去处理问题，然后继续自由流动。如果我们因试图表现得勇敢无畏或有礼貌而抵制恐惧，我们将削弱自身的生存技能，并使自己陷入一片混乱。

不要听任恐惧的摆布，这几乎成了国民自然的消遣。即使人们对恐惧的本质有一定的了解，他们往往仍抵制其原始智慧。不过，许多人已懂得感谢恐惧，因为恐惧可以在他们继续遭受引起恐惧的事件时提醒自己。我观察到，恰当引导恐惧是合理解释恐惧的一种方式。重要的不是让恐惧彻底阻止你（除非你想坠落悬崖），而是要找到与之合作的方式。当你能够恰当地引导恐惧时，它将有助于你提高自我保护意识，同时可以促使你去研究、准备以及重新理解勇敢这一特质；它旨在使你以自己的方式生活，而非让你做出无畏或大胆的行为。虽然这种行为（极限运动等）经常成为有趣的新闻片段，但它们会危及你的身体和生命。我观察到，鲁莽、大胆是奇怪的情绪管理技巧，它一股脑将所有被困住的、被压抑的恐惧赶出你的心智。不幸的是，蛮勇之人很快就需要做出更夸张、更大胆的动作或重复令人上瘾的冒险行为，因为他们倾向于无理由抵制并克服他们平常面临的恐惧；由于不断压抑情绪，为了使自己保持正常，他们不得不爆发恐惧。

事实上，我们每个人（无论是否鲁莽大胆）都学着以各种方式阻碍、抵制并禁用恐惧。对于这一点，我们根本没必要感到羞耻，这是我们所受到的教导、训练、教育和管束共同造成的。我们也确实在如此训练及管控自己，但这并不是终身判决。如果你能有意识地与流动的恐惧建立联系（见第37至40页上的练习），其调整意识会帮助你重新获得本能和资源。恐惧还会使你与内在的直觉力重新产生联系。恐惧能随时为你提供各个方面的信息和建议，因为它对你真正面临的艰难险阻了如指掌。当你对未来、事业或人际关系等产生疑虑时，你不妨问问自己在害怕什么。恐惧可以让你知道你需要关注什么，从而为下一阶段做好准备。

恐惧还有一个重要功能：它能够帮助你明白自己究竟是何时面临真正的变化。当你准备开始一份新工作、一段新感情或人生新方向时，恐惧就会以情绪的形式出现。如果你无法理解恐惧，你很可能会停止自己的脚步，或者无畏地冲向新事物。然而，这两种极端的行为都没有益处。如果你能欢迎恐惧，将其看作你正面临新事物的证明，你就能放慢脚步、保持专注并依靠本能和直觉的引领，稳妥而自信地开启新的冒险之旅。

恐惧练习

当你能自由自在地感受恐惧时，大部分时间里你都会趋向冷静、放松。这是因为你的直觉高度活跃，也就是说你能毫不费力地避开不必要的危险。你往往能识别那些古怪的司机，并在他们犯下伤害性驾驶错误之前紧急绕道。而你之所以倾向于避开不安全的人群和区域，不是因为你感到非常焦虑，而是因为似乎有些东西在指引你朝向另一个方向。所以，你的第一个任务是识别恐惧，并建立不会阻碍恐惧的良好个人边界。想要做到这一点，你可以建立强大的边界，并在神圣空间内接地，保持注意力集中。当你拥有强大的边界、流动的恐惧赋予你的显著专注力以及化解一切变幻莫测或令你痛苦万分的想法和感觉的能力时，你将与你与生俱来的本能和直觉建立联系。

你的第二项任务是在恐惧要求你放慢脚步并为某种改

变做准备时，仔细倾听。这个要求的呈现形式有很多：突然反胃，感到不安；突然意识到自己需要竖起耳朵听或聚精会神看；突然感觉到某些事物很"有趣"，或是稍令你不安或困扰；突然想做些创新举动，不想再循规蹈矩地生活。当你重新了解流动的恐惧时，创造一个短语或身体姿势很有用处（例如，说一句"等一下，有点不对劲"，或者举手做出一个"等待"的手势），它能给你几分钟的时间来检查一下自己，并询问恐惧："我应该怎么做？"在大多数情况下，恐惧会提醒你周围环境的某些变化。倘若如此，你可以将变化简单地记下，对你的姿势、动作或行为做出必要的改动，感谢恐惧对你的提醒。当你准备做出不当行为或重拾此前一直在努力改变的行为时，恐惧也会出现。使用你的"等待"短语或手势将有助于你放缓脚步，从而打破你的旧有模式，帮助你恢复更为健康的本能。

如果你能以简单的方式容纳流动的恐惧，当你真正面临危险情境时，恐惧就能较为容易地增强你的直觉和本能。如果你知道如何集中注意力、倾听恐惧的声音（如有可能），你就能获得你所需要的全部资源，安然无恙地度过危险。虽然恐惧、直觉和本能不会使你所向披靡，但如果你聆听它们的声音，它们就能为你提供最好的生存信息。

危险来临时，聆听恐惧的声音

当你面临真正的危险、处于真正恐惧的情况下时，你也可以运用恐惧来强化你的边界。你可以想象你私人空间的内部区域（位于由愤怒界定的明亮边界之内）几乎被恐惧点燃。当情绪陷入困境，恐惧使你心绪不宁、动弹不得（而不是让你有所准备、接受指导）时，这个技巧尤其有用。如果你能消除你身体内的恐惧，你就能利用其强度来强化你的想象领域，并使你的身体平静下来，恢复平衡状态——以上种种都有助于你倾听恐惧的声音。掌握这种简单的共情技巧后，你就可以获得恐惧带来的所有益处和资源，并且不会被其压垮或丧失行动力。然后，当你发问"应该做些什么"时，恐惧会以各种方式引导你度过危险，这取决于哪种反应为你提供的生存机会最大。

当你允许恐惧指导你的行为时，你会发现自己的行事方式完全不同以往：于强大时选择躲避；于温和时回击或巧妙处理；于喜怒无常时不露声色；于沉着冷静时情绪激动。当你的生命危在旦夕时，你的恐惧便会采取一系列挽救生命的方式，而这些行为在一般情况下绝不会出现。然而，请不要抵抗这些本能。你会明白，让恐惧和承袭自几十万年前祖先的本能掌握大局，是一件多么明智的事情。和你相比，恐惧的思维更加敏捷、动作更加迅疾、决定更加果决。如果你让恐惧把控全局，它会采取一系列必要举措保护你的生命安全。

真正的危险过去之后，你不会受到伤害，恐惧也会减弱，这样你就可以平静下来，重新审视经历的情境。如果你能充分利用这段冷静期，快速运转的身体就能释放出多余的活跃物质和肾上腺素（实际上，抖动和摇晃身体极其有用），情绪将能恢复正常流动，大脑也将能以各种不同的方式来回顾危险情况。不幸的是，大多数人都没能抓住这个自我冷静的机会。我们经常压制我们的情绪高涨和精神兴奋，我们假装不曾有任何异常发生。我们告诉人们，我没事，我很好，不用担心。这是极其愚蠢的，因为这个冷静期不仅能让我们释放多余的活跃物质（这是我们恢复正常运行的唯一方法），而且能让我们通过反复回忆来分析我们的经历。这可能是恐惧最具治愈效果的地方：如果它受到尊重并得到正确引导，我们会立刻得到从不同角度仔细检查和审视紧急情况和创伤的机会（那时我们的记忆仍然鲜活）。

这些查阅性的回顾或者说是重现，可以帮助你整合那些危险时刻。它们对于你未来的生存是绝对必要的，因为你的生存技能不仅依赖于你祖先的本能，还依赖于你审视、理解当前情况的逻辑能力。在那些情况下，你不知所措、处境危险。危险过后，你的恐惧会消退，足以帮助你冷静下来。但与此同时，它也会让你精力充沛，继续工作。如此一来，你便可以在精神上和情感上重温危险或创伤，更充分地整合你的经历。这个回顾过程利用了恐怖情况或危险情况的具体细节，帮助你深入了解自身的优缺点，这样你就可以更加熟练而机智地应对未来的紧急事件。可悲的是，大多数人习惯性地抑制了这一疗愈过程，而没有为自己安然脱险感到庆幸，没有感谢恐惧的慷慨相助，也没有让整个心灵故园参与到整合经验的工作中，更没有去进行回顾和反省。我们质问这种恐惧后的状态（"我活下来了！为什么我现在会害怕"），并嘲笑它或用逃避行为、分心症状或上瘾症状来抑制它。这种无能的行为会让我们陷入恐惧后的亢奋状态，从而使我们陷入无法解决的警惕或焦虑之中。

如果你不能或不愿整合那些可怕的经历，你就会持续处于警惕和提防状态：你的肾上腺素会不停地分泌，你会发现自己对任何事情都积极活跃、兴奋不已或用力攻击。你的身体将无法放松，你的睡眠可能会受到干扰，你的饮食也会失去规律。你也可能开始看似强迫地在恐惧情境的记忆中循环——你可能会经历持续的事故重现、梦魇、痛苦、迷惑、情绪波动以及多种行为干扰。在这里，恐惧的疆域是通往创伤仪式第三阶段的入口——欢迎回来。

恐惧与创伤治愈

如果你有意识地重温恐怖情境，你就能释放出多余的活跃物质和肾上腺素。大哭、喊叫、浑身颤抖，四处奔跑，讲述你的故事，或者陷入疲惫的睡眠之中，以上诸多手段都能修复你的情绪流动和复原力。如果你能自觉地借助恐惧完成记忆重现，你就能以安全可靠的方式重新感受第一阶段的孤立，重新接受第二阶段的考验。那时，你就能顺利度过仪式的前两个阶段，并庆祝自己迈进幸福的第三阶段。在那里，结局将会十分圆满。

记忆重现看起来就像这样：你在强大的边界之内聚焦自我、自我接地，并用愤怒点燃边界（这将为该过程创造仪式场所）。如果你的恐惧极其令人痛苦，你可以释放出部分恐惧至边界分明的私人空间内，让身体稍微放松一下。若想做到这一点，你可以把恐惧想象为一束光、一种颜色、一种声音或一种活动，看着或感受着它流入你的私人空间。你甚至可能想要四处乱跳，摇摆一会儿，释放部分活跃的恐惧。随后，当你精神集中时，你可以有意识地在宽阔的神圣空间内部回顾那些恐怖的场景。

"有意识地回顾"是其中的关键，因为重要的不只是单纯地重温事故（你的恐惧已经知道你先前的经历，它现在想知道的是那些新信息）。当你在脑海里（以及神圣空间内）浮现那个情境时，你可以想象自己与它相互合作；你可以加快或放慢其进行速度，回放、编辑或仔细研究。你也应该用身体模拟几种其他的应对方法。如果你在实际的创伤情形中吓呆未动，但其实当时想跑，这时你就应该想象一下跑动的情景，可以想象绕着屋子跑。此外，你也可以想象其他情景：站住不动、叫喊、改变方向、捶打或哭泣等。

应对这些重现记忆的关键在于完成你想起的每一个动作，然后以胜利者的姿态终止记忆重现（即使你在真实事故中没有取得成功）。当你身处神圣空间时，情境的真实状况几乎不重要；你要做的是运用恐惧收获经验、尝试新的可能、增加选择、习得新的技能。提醒自己：你已经是个生存专家了（你幸存下来了，不是吗）。这些重现记忆之所以存在，只是希望你更加老练、更加娴熟、更加机智。

当你把重现记忆视作强大的求生工具时，这些重现反而会很有趣，颇具喜剧色彩。你可以转换身份，从一位崩溃的受害者变为强大的幸存者。恐惧令你摇身变为"成龙"（武术大师），敏捷而机智，充满幽默色彩，你可以借此以全新的目光审视自己。如果重现记忆不停地重现（因为可能还有较多的生存信息隐藏在那个情境中），你就不会认为自己是疯子或内分泌失调，你会专注而充满活力地极其乐意地重现当时的情境。然后，当你已经提取出事件中包含的全部信息时，你就能着眼现实、烧毁有待解除的契约，并重焕活力。

即使是未来的恐惧（对尚未发生的事情感到担忧和焦虑）也能以这种方式处理。如果你能在脑海里预演这些恐怖的事故，你就能在不幸到来之前多次模拟双赢的场景，并尽你所能做好准备。你能融入所有元素和智能，想象那些令人担忧的情境，并预备下无数使你脱险的应对方法和计划，而非用积极的肯定（如果你很担心，那简直是一堆谎话）来消除你的担忧。而且如果你的恐惧在想象忧心的事故时有所加剧（这种迹象不容忽视），你不妨更为深入地探索那个场景，终止想象该事件，或大幅改动你的参与方式。如果你倾听恐惧的声音，它将帮助你做出全面的准备，并使你受到周到的保护。恐惧会让你知道什么时候出现了问题。你的任务是仔细聆听恐惧的声音，帮助身体感知恐惧的方向，利用大脑应对恐惧以及想出为之做出准备的方法，并让幻想想象出你成功战胜恐惧的未来图景。

演员们认为治疗怯场（最普遍的恐惧之一）的唯一方法就是准备，准备，再准备。这个例子很好地体现了学习和倾听恐惧的智慧。恐惧知道这个世界充满了危险和新情况，它试图以各种方式让你做好准备（如果你愿意的话）。当你还没准备好时，恐惧会阻止你前进，因为它希望你得以幸存。你应用感恩、爱和尊重回赠它。它将唤醒你的直觉和本能，提醒你即将发生的变化，使你免于做出危险的举动，并在危险不可避免时保护你，在历经危险后帮助你恢复自我。

尊敬他人的恐惧

尊敬他人的恐惧并非易事，所以对此应该先做好失败的心理准备，因为我们一直以来都学着压制自己和身边其他人的恐惧。我们每个人的心灵中都本能地充斥着对恐惧不利的话语（"没什么好害怕的。不要做个胆小鬼。别害怕！我不害怕。不必担心。懦夫死一千次……"），而你一不小心就会说出这些话。若想尊重感到恐惧的人，关键是要把他们视作本能直觉活跃状态下的人，而非懦弱或反应过激的人。如果你肯改变自己的态度，你就能帮助恐惧者与其直觉能力建立联系。

当恐惧能够专心地集中时，才能够最大限度地发挥作用。对于恐惧者来说，一个有益的开放性问题是："你感觉到了什么？"让他们知道你很重视他们的直觉，帮助他们将注意力集中到自己正获取的信息上。自我接地并确立边界，因为当恐惧被揭露时，你自己也可能会逐渐感受到恐惧（这就是为什么我们经常压抑他人的恐惧——我们自己不想感受到它）；当恐惧更加集中时，你只需问一个问题："我要做些什么？"当恐惧以这种方式受到欢迎时，它会让你们俩都娴熟而敏捷地脱离危险。

如果你有机会照顾处于恐惧后状态的人，你可以让他们感受他们自己的感受以创造神圣空间。帮助他们认识自己身体发生的颤抖、大笑、咒骂、哭泣或激动，这是刚才曾经历的刺激体验的必要部分，是一段不可或缺的冷静期，这一点十分重要。人们在这种时候都会很脆弱，所以如果你能为他们挡住旁观者异样的眼光，保护他们，同时口头赞美并支持他们（不是以一种居高临下的方式，而是陈述明显的事实："哇！太激烈了"），那么你就能为他们创建一个仪式性场所。

我必须要严肃地警告大家：当人们处于冷静期时，千万不要试图阻碍他们。他们的身体正在处理大量的肾上腺素和能量。如果你阻碍他们，你很可能会扰乱其体内流动（这几乎就好像你如同断路器般切断了他们的线路一样）。轻柔的抚摩不成问题，但是不要包围他们，否则你会干扰他们。如果有人向你求助，一定要帮助他们，但要等他们先开口。最适合你的定位是做一名助理：从根本上来说，你等候他们的指令，而非发号施令。

一旦他们准备就绪，他们就会想在语言上或精神上重现这起事故，并从不同的优势角度审视它。在这时，也让他们自己带头。如果你告诉他们"应该"做什么，他们将无法找到自己的解决方案（再者说，你还有可能出错）。以支持者而非权威者的身份去听他们讲故事，恐惧本身就是生存领域的真正权威，因此能与恐惧建立联系的人也将成为权威。

人们在颤抖过、大笑过、哭泣过、愤怒过和倾诉过之后，吃东西、喝水或拥抱能有效地帮助他们稳定情绪。不过，重要的一点是，这要等到他们真正度过冷静期后才能进行。因为吃、喝、身体接触可以帮助人们专注于当下，放松心情，而冷静期恰恰需要人们专注于过去的事故，而且要有点亢奋。不要着急进入那个过程，直到人们完成多次复述、情绪稳定、不再颤抖也不再处于活跃状态、脸色恢复、呼吸平稳且交流顺畅。这个冷静期将人们与恐惧的治愈核心联系起来，使他们变得强大，收获经验，甚至保护他们不至于患上创伤后障碍。让这个疗愈以它自己的速度进行，直至人们平静下来，再带他们吃吃喝喝、拥抱他们（如果看起来比较合适）。

最近，有人提出这样一种方法：在恐怖经历或创伤性经历发生不久后，激活大脑的认知处理中心。2009年，在牛津大学进行的一项研究中，一些受试者需要在观看不愉快的创伤和事故视频后，玩电脑游戏"俄罗斯方块"（对照组受试者看完视频就独自坐着）。[10] 实验结果是，相比于独处静坐的受试者，玩"俄罗斯方块"的受试者经历的创伤性记忆重现少得多。该假说认为，如果大脑的处理中心忙于其他任务，它就不太可能花时间反复回顾创伤性记忆。这似乎证实了这种认知行为方法的有效性：让病症开始发作的焦虑症患者从100开始倒数到3。我们可以在元素框架中看到，让智力以自己的方式解决简单问题有助于我们稳定情绪。此外，还有一些建议：你可以做些轻松愉快的运动来改变大脑的关注点，如在房间里跳舞或抖动身体等；或是嗅闻一些令人愉悦的气味来改变感觉，包括香草、巧克力、肉桂或花卉香味等。

当恐惧受到欢迎和尊重时，它会提醒人们危险或新情况的出现，使人们做好准备果断行事，它也会赋予人们所需的能量，从而帮助人们在任何情况下尽善尽美地完成自己采取的行动方法，进而收集更多生存信息。随后，它就会回归机警的（但并不焦虑、担忧）自由流动状态。在这种状态下，它仍会收集信息、技能、资源和知识。如果你能注意到这个自然而有力的过程，你就能创造可供恐惧的神圣空间，为他人也为你自己。

当恐惧被困：担忧和焦虑产生

有两种不同的担忧和焦虑。第一种是持续感到可怕、疲惫、紧张和忧虑，这种担忧和焦虑源于被拒绝和不被尊重的恐惧。处于这种焦虑中时，你可能会为是否要出门、到底怎么做而感到焦虑，为自然灾害或恐怖袭击感到焦虑，为身体健康状况、朋友和家人的安全以及金钱和财务感到焦虑，甚至是为生活整体感到焦虑。这些无形的焦虑并不会有效增强我们的专注力，相反，它们会无休止地重复出现，干扰我们的幸福生活，而且难以缓解。这种不适的状态目前被称为焦虑症，但这种障碍并非源于焦虑；这种过度警惕行为实则是正常的身体反应，在我们无法冷静下来，或无法充分利用恐惧后状态中的治愈性信息时出现（这也可能是化学物质失衡或激素失衡的症状，所以如果你正在遭受焦虑的折磨，请务必向外界寻求帮助）。但要注意这一点，治疗干预有助于缓解焦虑，但它可能会过分强调特定的担忧，而无法解决最初引发焦虑的情况。这样一来，虽然我们可以应对这样或那样的忧虑，但如果我们继续拒绝、抵抗恐惧，我们仍会持续忧虑和焦虑。当这种反馈环路被激活时，我们的治疗任务不是终止所有恐惧，而是有意识地与流动的恐惧重新建立联系（参见第285至286页的恐惧练习）。

第二种类型的担忧和焦虑是一种对未知的恐惧反应。在这种焦虑的影响下，你会感觉到一种难以摆脱的混乱感和沮丧感，但又无法掌握其中的精确信息。你可能会灵敏地感知到某些切中症结的疏漏点，包括某个人的声音、汽车声、某种气味以及看似与周围格格不入的图像。在这种情况下，保持专注并花时间整理你的所见所感极其重要，因为恐惧为你争取了大量的时间去做准备。这种焦虑具备防范和预测功能：它使你可能预料到即将发生的事情，并采取一定的防范措施。我说的是"可能会发生"，因为在这个点上，你或许能够识别可规避的危险，并成功逃脱劫难（会在危险开始的时候阻止其发生）。

可惜的是，大多数人都忽视了这些微妙的信号，有时是因为我们不信任自己的本能，但大部分情况下是因为我们过于心急或努力表现得彬彬有礼（更有甚者，无畏）。你千万不要这样做。请重读恐惧练习的内容，熟悉直觉情绪和本能情绪。这些确实能帮助你幸存下来。在《恐惧给你的礼物》一书中，安全顾问加文·德·贝克尔提到，他在做安全研究期间曾采访的每位暴力受害者都记得早期事件的细节以及难以摆脱的不安感觉（他们几乎总是选择忽视它们），这些信号尝试帮助他们预测并避免遭受即将发生的暴力。恐惧不仅具有保护作用，而且真诚，而贝克尔的大部分研究现已在帮助人们倾听恐惧声音上做出重大贡献，无论这些恐惧是公开地呈现还是以不明显的方式出现。有趣的是，贝克尔是一位童年遭受暴力的幸存者，他深入剖析自己的创伤，并震惊地发现一个真相：恐惧能使人幸存。他完美地演绎了如何完成创伤仪式的三个阶段，并成为一位灵魂斗士和保卫者。

虽然担忧和焦虑的出现并不总是意味着实际危险将要发生，但它们往往是在试图让你注意一些重要的事情。留意恐惧向你发出的信号并予以尊重。所有情绪都是真实的！

担忧和焦虑练习

如果你大多数时间里都感到担忧和焦虑，那么请密切关注你是否立足当下。回归现实和释放紧张感是保持冷静和专注，并进而获得安全感的绝佳方法。如果你在大量焦虑感中苦苦挣扎，体内肾上腺素、皮质醇以及其他相关激素的含量随之升高，你体内的化学物质通常会因此失衡。你的身体需要长时间的休息，与自然接触，补充修复性营养（肾上腺素等激素紊乱会引起食物过敏和饮食失调），练练瑜伽，打一会儿太极拳，出去走走，游游泳——以上诸多方法都有助于你恢复平衡。在治愈过程中减少甚至停止摄入刺激物质和进行刺激行为（咖啡、茶、糖、巧克力、草药能量增强剂、减肥药、过度运动、过度性行为等）也很重要，因为当你处于焦虑性反馈环路时，你的身体会陷入失控的"战斗或逃跑"行为，而刺激物只会雪上加霜。

在治疗焦虑症的过程中，许多心理治疗师采用脱敏和认知重塑技术，将智能融入其中，这个方法很好。假设你非常害怕蜘蛛，在认知重塑和脱敏治疗过程中，你的治疗师会帮助你慢慢地忍受蜘蛛。他会教你在心里默念"蜘蛛不是在追我，它只是在墙上爬而已"之类的话语进行自我安抚。据证明，这种方法可以大大减少恐惧，而且对一些人来说，只采用这一种方法就足以完全治愈。不过，有些人由于长时间处于高度恐惧状态，因此还需要药物治疗（如 β 受体阻滞剂或抗焦虑药物）缓解亢奋，药物将有助于镇定他们疲惫的身躯。冥想也具有治愈效果，但须谨慎练习，因为某些人在进行特定形式的静坐和正念冥想时会更加焦虑；如果是这样的话，他们应该改为练习如太极拳或气功等动态冥想。对于有焦虑倾向的人来说，静坐不动似乎比静修运动的疗效更好。

虽然加强个人边界是恐惧练习中的重要组成部分，但是你在被焦虑压垮时很难做到这一点。解决这一难题的方法之一就是刻意抱怨（第167至170页）。循环性焦虑会让你陷入困惑和惊慌的旋涡之中，如果你能另辟蹊径，通过刻意抱怨来获得愤怒的帮助，你通常可以打破这个循环，恢复你的直觉和幽默感。如果你能大声地抱怨某件事，你就不用再担心它了，因为一旦其被揭露，你便可以用积极的方式来处理它。刻意抱怨有助于你把无形的焦虑用语言表达出来，同时也能让你恢复健康的愤怒和注意力。当你重新获得愤怒和专注时，你就可以保持冷静、回归现实，恢复本能和直觉，并再次明确你的边界。

当你走出焦虑的恍惚状态时，要注意你的边界。当恐惧陷入反馈环路时，你的私人空间可能会因可用直觉的缺乏而变小。让焦虑涌进个人空间（直至你再次建立由愤怒强化的边界），这样一定有助于你放松身体、走向治愈，同时它也会将足够的能量填充至你的私人空间，以恢复其正常的大小。困在你身体里的焦虑只是有点令人困扰而已。如果你引导它，它会帮你恢复个人神圣空间，让你获得无限的直觉和信息。去运用它吧！

尊重他人的担忧和焦虑

当人们陷入担忧和焦虑的世界时，他们其实已经十分接近恐惧了，但还未有意识地与其合作。担忧和焦虑都意味着真正的忧虑，但它们表现的方式往往令人困惑。如果想要为担忧和焦虑的人创造神圣空间，你可以让他们回到现实的直面恐惧中来，他们自己有能力采取果断行动。为了做到这一点，你可以用一系列"如果……"场景缓解和探索他们的焦虑（而不是压制或试图安抚他们）。比方说，如果一位朋友对即将召开的会议感到担忧，你可以帮助他或她预演一些令人担忧的情景（衣着不得体、迟到、语无伦次，等等）。在以上诸种担忧中，他或她往往能发现某些在会议开始之前必须解决的重要问题。

一直以来，我们学着强迫自己克服忧虑，但这才是真正的羞耻，因为忧虑实际上蕴含着数量惊人的建设性信息（尽管尚未获得）。在这种情况下，潜在的事实可能是，我们刚好选择了错误的着装，选择了胡言乱语般的说话方式，选择了在某种程度上并不适用于工作关系的应对方式。当自由流动的恐惧浮出水面时，你的朋友就能连接其自身的直觉和能力，而后便能做出有利的决定并采取纠正行动。

当你能够帮助人们为受困于担忧和焦虑之中的信息建立神圣空间时，你就能使其流动的恐惧得以赋予其保持专注、立足现实的能力。他们也能因此再次听见自己内心本真的语言。

记得欢迎恐惧的所有形式：自由流动的本能或直觉、自我专注的能力；心境状态下，巧妙应对危险及得当整合其中信息的能力；还有危险将至的信号，即担忧和焦虑。欢迎恐惧并感谢它为你所做的一切。

第十七章

困惑：恐惧的伪装

馈赠

扩散的意识、无辜、灵活性、稍事休息。

本质问题

我的意图是什么？应该采取什么行动？

阻塞迹象

无法决策，不能行动，不相信自己或自己的决定。

练习

好好利用休息时间，别再从外界寻找答案。探寻本质问题，这些问题将帮你修复本能和决策能力。试图终结一切不解。

当你不能或不愿感受恐惧而且已经丧失本能时，困惑这一伪装状态就会出现。实际上，困惑尝试通过阻止你的行动去保护你，但它很容易使你持续陷入无法缓解的状态。处于困惑状态并无大碍，但查明其产生原因十分重要。如果你能解开困惑的谜题，你就能重获本能和直觉，并发现困惑为何要阻止你采取关键的行动。

当你感到困惑时，你会发现自己犹豫不决、心绪不定，几乎无法着眼现实、聚焦自我。困惑本质上是解离的形式之一，让你在迷失方向时丧失行动力。它有些近似于冷漠，也是一种伪装状态。不同的是，冷漠是感到厌倦或渴望炫目的东西，而困惑则是决定不了什么是自己想要的。在困惑状态下，你无法做出决策，因为你的决定有可能是错误的；你不能前进，因为你可能正在朝错误的方向前进；你无法清晰地思考，因为你无法恰当地翻译、存储或获取信息；而且你经常忘记过去的教训，所以你往往会重蹈覆辙。总之，你的精神无法集中，你的情绪以不利的方式反复出现，你的身体丧失了本能，而你的注意力一心想着逃离喧嚣、回归平静。如果你抵抗困惑、逼迫自己做出决定，你肯定会再次陷入困惑不解（或持续猜测）。

困惑练习不是为了消除困惑，也不是为了越过这一障碍以向前迈进，而是为了花时间去发现心灵混乱的原因。困惑阻止你是有原因的。我的丈夫蒂诺能清晰地记得自己做过的梦，其中一个梦让他领悟了解决困惑的完美线索。在那个梦中，他听到了这样一种说法："意图终结一切不解。"从那以后，每当他或我陷入困惑，难以做出决定、制订计划或处理关系时，我们就会问对方："你的意图是什么？"我们一弄清这个问题就能很快理清头绪，觉察目前面临的艰难险阻。当困惑散去，真实感受就会出现，专注力和现实感就会恢复，而我们也将能够重新连贯地思考。此后，我们都会感谢困惑及时地阻止我们，因为我们总会发现自身本能、行为或意图严重紊乱。了解自身意图确实清除了所有不解，反过来说依然成立：不解终结一切意图。那些幻想是我们不折不扣的守护者！

困惑练习

困惑练习理论上很简单，但做起来有一定的难度。你只需要自问，你的意图是什么。不是你应该朝哪个方向走，也不是你应该做出哪种选择或行动，而是你的意图究竟是什么。当你无法遵循本能或流动的恐惧时，困惑就会出来阻止你（这就是你解离的原因）。探寻意图几乎总能帮助你准确地找出自己丧失直觉和专注力的原因。在大多数情况下，当你的行为或动机与你既定的生活目标不相符时，困惑就会出来阻止你。在困惑状态下向前迈进肯定会使你愈加偏离正轨。因此，我们可以把困惑看作重要的情绪屏障。如果你盲目前进，那么你必将犯错；但如果你能阻止自己，挖掘内在的动机和意图，那么你就能重新审视自己的处境。当你这样做时，你就能立刻意识到（有时充满震惊，有时激动不已）你无法思考或行动的原因。当你了解自身意图后，你就能彻底明白自己如此困惑不解的原因。

　　这是一则关于该练习的具体事例：假设你要在两份工作之间做出选择，但你完全拿不定主意。如果你向前迈进，强迫自己做出选择，你可能会更加纠结直至陷入深深的困惑中。随后，你肯定无法做出令自己满意的决定（但至少你做出决定了，不是吗）。但是，如果你停下来想想自己的意图，你极有可能会发现两份工作都有严重的甚至难以克服的问题，而最好的决定就是两份工作都不选。这也许是个令人沮丧的发现，尤其是在你因房租到期希望马上找到一份工作的情况下。然而，如果你决心过上充实而有意义的生活，你就会更加倾向于凑出这月的房租，用心找一份工作，而非忽略直觉、出卖灵魂、目光短浅。我们都知道有些人会为了付房租而去做一份前途暗淡的工作，那么十四年后他们仍会在那里工作——悲惨而困顿。困惑阻止你是有原因的！

　　但有些时候，质问意图也无法帮你找到问题的症结。在这种情况下，逐一询问每种元素就能简明扼要地阐明问题。拿我的亲身经历来说，我曾得到一份在邮轮上进行教学演示的工作，但我并不想以这种方式与人相处。然而，我对这份工作的困惑使我完全不知所措。我质问自己的意图，试图集中注意力，与心灵故园建立联系，但困惑仍在蔓延，我不知道如何是好。

　　最后，我清醒过来，整理好自己的思绪，询问每种元素是否希望我接受这份工作。我的火性幻想告诉我这不符合我对教学工作的预期，所以答案是否定的，它不希望我去做这份工作。我的气性智能认为做这件事违背了我较好的判断力，质疑其合理性，所以它也认为不应该接受这份工作。我的水性情绪观点鲜明：它们对这份工作毫无兴趣。但是，我那土性身体对乘坐邮轮的渴望昭然若揭！这便是我陷入困惑的原因。我内心深处的分歧十分严重。这时，我的任务就转变成了剖析身体垂涎邮轮的原因（我当时迫切需要度假），然后找到更好的方法来满足它（我花了一些时间休息，洗热水澡，去河边漫步，并安排了几次按摩，我的身体因此非常满足）。请注意，我没有压制或忽略身体的诉求，也没有煽动其他任何元素或智能这样做。我身体的需求是完全合理的，但有些满足它的方法比在邮轮上教学更好。

当你感到困惑时，很重要的一点是要明白你内心深处的某些意识（有时在你内心最深处）实际上在为你着想。如果你能在困惑出现时停下来重新审视自己的处境，你就能与这种意识相互配合，找到方法回到有意义的完整生活核心。困惑不是问题所在——它只是一名信使。停下来，仔细倾听它传达的信息，它将帮助你重获专注力、洞察力和完整性。

尊重他人的困惑

尊重他人的困惑对你来说可能有点棘手，因为你可能在试图承担这一错误角色，即所有事情的全知者和所有答案的给予者。你本身的智慧固然重要，但帮助困惑的人恢复他们的智慧和本能更为重要。如果你成为解答专家，你只会加深他们的无助，助长他们的优柔寡断。如果你能提醒自己，他人之所以感到困惑是因为他们与固有直觉和专注失去了联系，你就能温和地引导他们找出答案。为了成功做到这一点，你可以帮助他们消除心中的困惑。如果他们能够说出自身意图，他们的困惑就会立即消失（如果不能，你可以教他们询问每种元素，直至他们找出自己的心理障碍）。当人们了解自己的渴望和需求后，你的任务就转变为帮助他们找到重回心灵中心的方法，继续保持神圣空间。困惑并不等同于愚蠢，它是一种隐蔽的状态，也是一种独具特色的障碍。如果你能帮人们花点时间了解自身需求，你就能帮助他们恢复本能、决断力和创造力。

第十八章

妒忌和嫉妒：关系雷达

包括贪婪。

馈赠

公平、承诺、安全、联结、忠诚。

本质问题

背叛了什么？必须治愈及修复什么？

阻塞迹象

持续怀疑不利于保持清醒和关系稳定；极度贪婪把一己之需置于逻辑和尊严等一切事物之上。

练习

分辨你到底是在应对别人做出的不忠或不公行为，还是在应对自身缺乏的自尊或价值。无论何种情况，先修复边界，然后，倾听直觉的声音并尊重妒忌和嫉妒内部的愤怒和恐惧。

妒忌和嫉妒是两种不同的情绪状态，但它们蕴含着相似的信息：妒忌是对亲密关系中不忠或欺骗行为的反应，而嫉妒则是对资源或认可分布不均的反应。两者都包含着愤怒（包括仇恨，所以去检查一下你的阴影）和恐惧的混合体，都试图在凭直觉对你的安全或地位做出真实的风险评估后，去建立或修复丧失的边界。如果你能尊重这两种情绪，它们将帮助你保持个性及关系的高度稳定。如果你的妒忌可以自由流动，你就不会过分妒忌，也不会占有欲过强；相反，你的自然直觉和分明边界也会帮助你本能地选择并维持值得信赖的伴侣关系或朋友关系。类似地，如果嫉妒能自由流动，你就不会公然显露嫉妒或贪婪；相反，你内在的安全感会使你重视自己对获得感和赞赏的渴望，同时欣喜于别人的成就及认可（即使这不是他们应得的）。然而，当你侮辱妒忌和嫉妒时，你将难以辨别或结交可信赖的同伴，你会试图通过贬损他人、操纵一切来增强自尊心和安全感，但你（以及你身边的所有人）也会因你的这种破坏性企图而深受困扰。

我把妒忌和嫉妒称作"社会学情绪"，因为它们能帮助我们理解并自如地应对社会生活。很少有人能理解这一观点。当今文化环境下，人们将复杂难解的情绪划分为病态心理，而妒忌和嫉妒更是遭到了更为普遍的攻击。显露这两种情绪的人鲜少得到尊重，他们经常被称作"妒忌狂"或"红眼病"，以上标签直接把这两种情绪逼到了阴暗的角落中。这种做法并不可取，尤其是对于蕴含着直觉性及保护性信息的情绪。当你预料到社会或个人安全上正存在风险时，妒忌和嫉妒才会产生。把这两和情绪压制下去就相当于把烟雾报警器关闭，但这并不能使你明白情绪爆发的原因啊！当你抑制妒忌和嫉妒时，你不仅不会意识到引发妒忌和嫉妒的情境，还会丧失情绪敏捷性和本能，难以掌控自己的社会生活和人际关系。

许多心理学家及非专业人士已把妒忌和嫉妒归为"原始"情绪，他们认为这些情绪很大程度上是属于尼安德特人的，而非文明开化的现代人的。这又是误用智能对某种情绪状态进行轻率划分、不加尊重的表现。当智能可以攻击情绪时，我们的心灵故园就会失去稳定，实用智能就会明显衰弱。将妒忌和嫉妒归类为原始、过时的情绪忽略了以下事实：自人类有史以来，妒忌和嫉妒对个体而言必不可少。如果这两种情绪真的应该被淘汰，那么它们早就消失不见了。既然它们依然存在，我们作为共情者就有责任查明它们存在的必要性。我们就从妒忌说起吧。

妒忌蕴含的信息

假设你和伴侣一同参加某个派对。你们两个刚刚正式交往，第一次以情侣的身份出席公共活动，你对这个夜晚抱有很高的期待。你的另一半在为你拿酒时遇见了他或她的前任，他们两个人欣喜地相互微笑，此时，你的心被眼前的情景刺痛了。你立刻放下这种痛楚，面色如土却不得不强颜欢笑，以防别人察觉到你的异样。接下来你懂的，你的另一半和前任相互拥抱，你禁不住去猜测他们之间会不会余情未了。当你的爱人回到你身边，把酒递给你时，你会怎么做？你会压抑妒忌、强颜欢笑吗？倘若如此，你的爱人肯定很欣赏这种做法，但你会有点心痛（而且你很可能会在剩下的夜晚时光里不由得心头一阵愠怒、闷闷不乐）。不然的话，你是否会表达心境状态下的妒忌并指责爱人的背叛行为？如果是这样的话，你占上风了，但你的另一半会因此形象受损、名誉扫地（可能你并没有这样的不当意图）。如果以上就是你仅有的处理方法（伤害自己或责怪伴侣），那么妒忌理应臭名昭著。幸运的是，你还另有选择。如果你能够考虑一下妒忌为什么产生（以及妒忌给你带来了什么），你就能体面地疏导这一强烈的情绪。

在上述情境中，自由流动的妒忌使你能够准确解读当前局势，因为你的另一半与其前任明显强烈地相互吸引。妒忌融合了直觉（恐惧）和自我保护（愤怒），当你最亲密、最重要的关系受到威胁时，它就会处于心境状态。亲密关系中的亲昵行为和安全感对于你的健康快乐极其重要。因此，当你察觉到伴侣的背叛行为时，你的身体就会产生危机感。根据我们的血脉，这种威胁感无疑可以追溯到更"原始"的时代。那时，配偶的选择和保留是在恶劣的气候条件下得以生存的重要保障。但是，亲密关系在人类演进过程中始终占有重要地位，因为时至今日我们每个人仍面临着健康、安全和快乐方面的威胁。即使锦衣玉食，你仍然需要人际关系所赋予的亲密感和安全感，因为可信赖的伴侣仍有助于保障你的家庭生活质量和物质生活水平。可信赖的伴侣仍肩负着养育子女、供养家庭以及保护家人的职责，他们仍然提供亲密、爱、安全、陪伴、性爱、友谊和保护。健康且忠诚的关系对你社会层面和情感层面的幸福尤为重要，事实上，对你的生存亦是如此。

如果你的伴侣不可信赖，或者你作为伴侣关注中心的地位受到威胁（就像上述情境一样），你的心灵就会释放出情绪和信息来帮助你面对安全和幸福的真正威胁。这不是一种病态表现，而是自然而然的正常反应。然而，如果你忽视并侮辱妒忌，你往往会陷入反馈环路，使你的生活不得安宁。如果持续妒忌对你的生活造成了较大的困扰，请阅读戴维·巴斯的杰作《危险的激情：为何妒忌的必要性近乎爱与性》。该书论述了妒忌在社会学及生物学层面的必要性。令人大开眼界的是，尽管记录了压抑和不当宣泄妒忌所致的可怕后果，巴斯仍为妒忌辩护，称其为一种自然而准确的情绪。巴斯提出的有趣发现之一来自那个以多对情侣为研究对象的跟踪调查，这些情侣为应对其中一方的"病态"妒忌而进行治疗。该研究明确地证实了绝大多数案例中都有一方在暗中出轨（而少部分案例中有一方严重缺乏内在的安全感）。在所有案例中，妒忌都表明危险状况真实存在（这种危险状况源于外在或内在的不安全感），并恰当地采取了必要的行动警告主人亲密状态、伴侣关系的维持和家庭幸福正面临着严重威胁。

请记住所有情绪都是真实的，即使它们令人不适或充满看似危险的强度。当妒忌出现时，其背后一定隐藏着充分的理由。你要做的是认可它、欢迎它，而不是假装自己在最重要的关系中不需要安全感。妒忌是爱及恋爱关系之中重要的组成部分。事实上，真挚不渝的爱常常会引起你的妒忌，因为它以深刻的方式使你打开心扉。当你真正让另一个人走进你心里时，你基本上对他卸下了所有防备。这时，你的心灵就有义务小心呵护这段关系，因为它已与你浑然一体。而妒忌在这种保护策略中扮演着重要的角色。

应对妒忌的关键在于，辨别你感知到的真实风险在何种情况下源于伴侣的背叛行为，何种情况下又来自你在这段关系中的无价值感或不安全感。对于妒忌等不适情绪，疏导这一应对方法无可替代，亲历妒忌是唯一出路。

妒忌练习

妒忌中包含愤怒，所以在边界遭受冲击而损害后，你应该将其注入边界之中以起增强作用。妒忌这种感觉相当强烈，要么怒火中烧，要么怨气沸腾。无论哪种情况，将它释放出来、引导进边界都将有助于你恢复私人空间、平复心情。如此一来，你便能再次集中注意力。借助妒忌确立边界是对其内部愤怒的有效利用，这能帮助你重建神圣空间。在那里，你便能够以全新的力量应对冲击和削弱。之后，你就能获得妒忌赋予你的本能和直觉，它们都以恐惧为基础。

如果你在利用愤怒修复边界之前率先采取行动（这的确

算是应对妒忌内部恐惧的正确方法），你极有可能矫枉过正并爆发情绪，或欠缺补偿并陷入崩溃。但是，如果你首先增强边界并保持其稳定性，你就能在接地力量的支撑下采取行动。在为自己创造出神圣空间后，你将获取完全的直觉和本能。换言之，有各种各样的应对方法供你选取（而非仅限于两种惯常选择：爆发和崩溃）：仔细研究当时情境（"背叛了什么"），在脑海里搜寻其他背叛事件（该做法精妙地利用了妒忌内部的直觉），不温不火地和另一半谈起你的担忧，审视自身价值感和安全感（"必须治愈及修复什么"），或者烧毁契约以便意识到你开启这段关系时做出的约定（忠诚可能不是你当初的关注点，现在显然应该是了）。无论你采取以上何种行动，你都会表现得像个光明磊落、情感丰富的人，而不是个无可奈何的受害者。如果你倾听妒忌的声音，你会更加清醒，对自己和伴侣也会更加尊重。

如果你肆意压抑或宣泄妒忌，不去有效地利用它，你就更难辨别及恰当应对不忠行为。之后，你建立的关系极有可能更不融洽、更不稳定，你就会心绪不宁，无法好好照顾自己、平衡生活以及发掘最深层次的问题。但如果你能尊重并仔细倾听妒忌提供的重要信息，你就能触及任何关系中扰人问题的核心，因为你完全可以承受过程中必经的可怕旅程。在这个核心地带，你不仅能深入了解现任伴侣，还能发现你对自我价值及他人价值秉持的根本信念、你对家庭关系中爱与归属已有的预设、你仍保留的与父母或保姆（你最早建立的、充满爱的关系）间的契约，或许还有你用来保护自己不受损失的巧妙把戏。下意识选择合不来的人实际上根本不能真正建立联系。

妒忌受到尊重后会帮助你发现亲密契约与同侪压力、家庭规矩及矛盾、媒体洗脑等都有关系。如果你能把这些受困的或扰人的信息投射到一张大小适宜的羊皮纸上，并注视着它们，你就能逐渐理解某些关系及妒忌困扰你的原因。随后，你便能运用妒忌获得自由。当你能卷起羊皮纸将其绑紧后，你就能将其密封包装好，不受其内容的影响（现在你已经知道了契约的内容以及你同意签署的原因）。随后，当你能将其丢弃并用任意强度将其烧毁时（妒忌能够灼烧这些契约），你就能够充分利用情绪的能量而非被其击垮。你将能够净化心灵、增强意识，并重获边界、直觉和资源。这段刺激你妒忌心的关系也许还在继续，但是现在你已变得清醒很多。但是，如果伴侣不够坦率，抑或是你反思后发现自己当初建立这段关系的理由站不住脚，那么这段关系很可能会破裂。也许在真正进入下一段关系之前，你会发现自己很容易患得患失，需要进行治疗。无论你的故事如何展开，受到尊重的妒忌会赋予你保护自我心灵及伴侣心灵的能力。请不要把妒忌当作不速之客。相反，我们应当邀请这位来宾进来并全心地接纳它。妒忌包含着深刻的治愈信息。

如果你之前的大部分时间里都用压抑或宣泄的方法应对妒忌，现在你会发现有无数种情绪被困在妒忌内部，其中尤以愤怒和恐惧为代表。你会发现自己的内心潜涌着羞耻、仇恨、狂怒和愤怒，或者充溢着焦虑、惊慌或疑惑；你正被冷漠或抑郁拖入深渊，或者被悲伤、绝望或丧恸纠缠。不要认为这些感受是病态的！只要你能够接纳并引导情绪，重视其中的重要信息，所有情绪都会在你身上流动。如有需要，你可以重新翻阅前面的章节，重温如何应对各种向你袭来的情绪。但你首先要了解这一点：情绪的涌流更加活跃意味着你采取的行动都很合适！坚定立场并庆祝一番，你的情绪恢复涌流啦！运用多元智能，感受自己的身体，联结幻想并记住这一点：你有情绪，但你不受其摆布。情绪绝非你的施虐者，它们是你的工具、向导、守护者及同盟者。

如果你现在已经烧毁妒忌能识别的契约，请尽快重新专注自我、立足现实、点亮边界并重焕活力。妒忌有助于你揭示并剔除大量信息和旧有行为。心灵的极端异常变化会立刻激起你的停滞倾向，所以你应该立即恢复身体各个部分的活力。该做法的益处在于你将能自如地应对停滞，正如应对变化一样。完成以上步骤后，向妒忌表示谢意，并告诉它你随时欢迎它的到来，期待它帮助你甄选、维持并看守生命中最重要的关系。

妒忌受阻时如何应对

妒忌虽然无休无止、持续不断，但它很少是病态的。妒忌令人困扰、不适，而且常常使人陷入窘迫尴尬的境地（羞耻和妒忌往往相伴而生，因为两者都有助于监督你的行为和关系），但几乎没有任何妒忌是来源不明、无故产生的。然而，激流级的妒忌往往令人极其苦恼（而且很难开口向别人倾诉，因为它会给人们留下较差的印象），很容易导致你认为自己精神紊乱。虽然之前妒忌练习中的所有技能都有助于你化解任意强度的受困妒忌，但你仍有可能不敢或难以靠近如此强大的情绪（并被如此强烈地羞辱）。倘若如此，你应当向外界寻求帮助。传统疗法和认知行为疗法都很有效。不过在借助疗法时，请谨记这最为关键的一点：切勿允许任何人为你消除妒忌，由某些"更加愉悦的"情绪取而代之。在妒忌领域，你的神圣使命是重建边界、恢复直觉，并重获甄选及维持忠诚关系的能力，而非割离拥有巨大修复力的妒忌情绪。

尊重他人的妒忌

如果你能简单帮助人们尊重并聆听妒忌，你便能为他们提供极佳的治疗服务；如果你因别人的妒忌情绪对他们横加指责、羞辱，你就会挫伤他们的本能、损害他们的边界；如果你能把妒忌视作合理有效的情绪，并接纳别人的妒忌，你就能帮助妒忌之人立即冷静下来、集中精力。也就是说，你将能帮助他们修复边界、恢复本能。你不必成为圣人或咨询师，妒忌本身承载着重要的信息和本能，所以你只需询问妒忌者的感受即可。这将帮助他们尊重妒忌内部的直觉，还将证实预示问题的信号存在得十分合理。

如果你的朋友正在持续循环的妒忌中苦苦挣扎，你可以帮助他们认识到妒忌的产生往往是因为幸福或亲密关系的安全面临着真正的威胁，从而帮助他们创建神圣空间。如果他们仍在与不忠伴侣相互纠缠，你可以倾听他们的想法，帮助他们分析处境。如果问题不在伴侣身上，而在于妒忌者本人缺乏安全感（或不当地选择伴侣），你也可以通过倾听他们的想法，帮他们认清现状。但如果这时他们的妒忌心仍像最初一样强烈，你便可以帮他们找一位经验丰富的治疗师，帮助他们发现阻碍他们享受治愈性亲密关系的隐藏问题。妒忌这种情绪很强烈，一旦被误用就会衍生出反馈环路，使人们陷入激流。也就是说，人们的情绪状况会恶化到你无计可施。

嫉妒蕴含的信息

与妒忌相似，嫉妒也融合了具有边界修复功能的愤怒和直觉性恐惧。而两者的差异在于，嫉妒运用其内部愤怒和恐惧帮助你识别自身地位和安全感在社会集团中面临的风险，而不是在最亲密的关系中存在的风险。嫉妒提醒你注意背叛行为和损害你幸福的行为。但它这么做是出于对资源及认可分配公平公正的维护，而非出于对你伴侣身份下繁衍后代、生存或价值危机感的考虑。嫉妒之所以强大，是因为它能应对社会地位和资源获取（金钱、食物、特权、保护、归属感和地位）方面的巨大威胁。在你遭到不公或他人被偏袒时，抑或是资源红利已经（或看似已经）向别人倾斜时，嫉妒就会挺身而出。

和妒忌一样，嫉妒也被贴上了原始情绪、破坏性情绪的标签。但同样，人类自有史以来对嫉妒的需求从未减少。我们是天生的社群物种，这也就反映了妒忌和嫉妒的产生都是为了监控我们的社会纽带、社会压力和社会定位。两者都有助于我们更好地适应当前社会结构。追溯到更久远的时代，个体在社群中的地位受到某些因素的威胁便会产生嫉妒情绪，这些因素包括闯入者、冷遇和性情不定的权威人物（"背叛了什么"）。在这种情况下，嫉妒会赋予你重建边界、恢复直觉的力量，继而让你明白（在数百种应对方法之中）应该采取哪种行动去恢复社会地位（"必须治愈及修复什么"）。如果个体的地位动摇，甚至因受驱逐而失去在群体中的地位，那么嫉妒内部的力量和信息就会赋予他或她在如此窘境下艰难求生或物色新群体的能力和直觉。

在现代社会，人类面临的社会地位威胁一直都不曾消失，而人们获取资源的能力有增无减。我们仍需要比早先时代更多的金钱、更丰富的资源、更舒适的物质享受和更完善的基础设施来满足自身的生存需求。换言之，嫉妒内部的力量和直觉（它们帮助我们获取并监督我们的物质资源和社会安全感）对我们的生存来说仍占据着不可估量的重要地位。我们的关键任务不是将嫉妒消除并由更为愉悦的情绪取而代之，而是在高度依赖资源的现代生活中掌握（并充分利用）它承载的重要直觉力和边界修复力。嫉妒的保护性功能对我们来说至关重要，保证我们与社会结构建立安全的联系、支持我们生存与发展的需要便是它存在的意义。

想象以下场景：你从事目前的这份工作已经六年了，你晋升得非常缓慢。你现在对公司情况已经非常熟悉了。无论是其运行结构、内部隐患、合作伙伴，还是同事中谁会惹麻烦、谁爱造谣，你都了如指掌。你能读懂上司的心思，也摸清了该在什么时候以何种方式提出最切实可行的修改方案。你热爱工作，期待满满，但你觉得幻想达成的可能性十分渺茫。你想辞职，但另谋一个初级职位给不了你现在的工资和累计假期，而且你才刚刚达到了拥有牙科保险的职级，终于可以用30%的花费镶上你长期需要的齿桥。总而言之，目前这份工作还算差强人意。

突然，一位机灵的年轻人被雇用了，他对付上司甚至是制造麻烦的招数你连想都没想过，看到这一切你很惊讶，但更多的是嫉妒。如果你对处理嫉妒的方法一知半解，很可能会在以下两种无效方法中任选其一：如果你抑制甚至践踏嫉妒，这种做法可能会使你看起来更加成熟稳重，但既然嫉妒的产生就是为了帮你应对非常现实的威胁，它将不得不卷土重来（很可能是以一种神不知鬼不觉的方式，会令你难堪）。当被你压抑已久的嫉妒又袭上心头时，你可能会发现自己在不经意间中伤新人（或你的顶头上司），"忘记"重要的工作任务，或无端犯下完全可以避免的错误。压抑嫉妒会损害边界、削弱直觉、降低效率，乃至你可能亲手对自己工作地位造成威胁。这个新人甚至可能会被调去协助（或监督）你！当你需要聚精神、思维高度敏捷时，压抑嫉妒却使你背道而驰。

第二个无效方法是通过诡计或诋毁去宣泄心境状态下的嫉妒。你可能会公然中伤新人，暗中联合众人刁难他，或者故意对他颐指气使进而孤立他。以下就是问题所在：这两种火药味十足的策略都会伤害你自己和新人并对你们产生不良影响，还会破坏工作氛围，甚至可能导致整个部门陷入瘫痪。以上种种后果给你的职位带来的危机远比新人构成的威胁要严重。如果上级认为你欺压新人，你立刻就会丧失颜面，成为人们眼中搬弄是非、自私自利的"输不起的人"。如果这个新人比你更善于社交，他就能找到对付你的方法（他可能不得不为求自保而动摇你在公司里的地位）。如果这场争斗耗费了你大量的时间和精力，你的工作业绩也会受到影响。现在容易理解嫉妒的名声如此糟糕的原因了吧。无论是对于他人、自身地位，还是对于你在社会框架中练达处世的能力，压抑和充满敌意的宣泄这两种应对强烈嫉妒的方法都有百害而无一利。

幸运的是，我们还有第三种治愈性选择，即利用嫉妒内部的愤怒和恐惧。当你尊重并欢迎嫉妒时，你就能获得内在力量和直觉，以有价值的方式重新审视自身地位和新人构成的威胁。不要压抑自我，也不要企图通过诋毁等手段来排挤你的新同事，你可以利用嫉妒的活力使自己强大起来，做好准备应对新人加入给工作环境带来的变化。当你能够恢复边界并在神圣空间内静观其变时，你就能够承受新人在既定团体中突然出现的冲击。借助新人入职使你发现的令你震惊的全新信息，你就能够心平气和地重新审视自身的行为方式。如果你喜欢他，你可以对他的加入表示荣幸，并直接向他学习那些宝贵的社交技能，也许你还能通过采用（或至少是评估）他的技能来增长经验。

如果你无法容忍他，你可以进行必要的"阴影练习"（参见第249至273页上有关"仇恨"的那一章），这样你就能够发现为什么自己的工作策略效果平平而他的却明显奏效。有了这些新信息，你可以重新评估自己的工作和职业发展道路，又或许这是你第一次认识到自己在公司结构中的工作表现没有想象中的那么出色。这种经历并不有趣，有时甚至颇具破坏性，嫉妒出现的原因也在于此。当你的社会地位及认同或资源受到威胁时（在上述事例体现得较为明显），你需要立即重建边界、恢复直觉。你需要具备敏捷的思维、高效的行动力以及自我意识恢复能力；如果你表现不够出色，就需要引导真正的羞耻；此外，你还需要重建边界，并立即构想和达成无数种双赢的局面。凡此种种都是嫉妒赋予你的，只要你愿意利用它。

无论是在社会地位方面，还是财务能力方面，正是嫉妒使你获得了有效应对任何威胁或变化的各种技巧和能力。当嫉妒受到恰当尊重和疏导时，它不会使你对人剑拔弩张或卑躬屈膝，它会使你理解社会结构并适应所处结构（如若不能，它会带你寻找适合你的新结构），让你在不贬损他人的情况下汇集并赢得资源和认可（贬损他人这种社交策略简直糟糕透顶），并使你学到新的社会生存技能。一旦你不尊重嫉妒，你就会情绪不稳、自我孤立并陷入危险境地。然而，当它在你体内自由流动时，你就能获得内在的安全感和直觉。在你为获取资源和在现代丛林里体面地自保而奋斗时，你就能用它们来面临和应对可能会经历的诸多威胁和突发变化。

嫉妒练习

嫉妒内部的愤怒十分强大，所以你应该在感受到它时立即将它注入边界之内。你甚至可以在想象中点亮边界以强化自我（并保护你的嫉妒对象免受伤害）。当你能够尊重嫉妒内部的强烈愤怒并将其释放时，你就能冷静下来，从而保持专注并获得嫉妒承载的直觉。就像妒忌一样，如果你在修复边界之前就贸然行动，你会矫枉过正并爆发情绪或欠缺补偿并陷入崩溃。相反，如果你先强化边界并使其稳定下来，你就能在神圣空间内立足现实、保持专注，并获得多元智能、情绪、身体本能、幻想及完整性。

在类似的情况下，身处资源故园具有重要的意义。否则，你就会始终保持旧有的行为和态度，就好像它们是你需要珍藏的传家宝或需要呵护的重要器官，不再是你过去基于合理原因采取的决定和策略。但如果你能把那些行为当作策略来看待，你就能根据新的策略分析并（通过烧毁契约）修正它们，那些新策略可能更有利于你融入当下的社会状况。这并不是说你在面对任何嫉妒引发的状况时都要改变自身行为举止。不过，使嫉妒产生的都是一些真正的威胁，要么是闯入者出现、权威人物不在意你的切身利益，要么是内部安全感丧失进而削弱你有效融入社会环境的能力。嫉妒内部的愤怒给你力量，而它内部的恐惧则赋予你纠正行为和治疗自我的本能和直觉。嫉妒同时包含了这两种情绪，因为这两者在这种情境下都是必不可少的。在这段时间里，你不仅仅要采取行动（尤其是在边界受损的时候），还要修复边界、恢复原有地位（你原先的地位可能已经岌岌可危了）。变化已成现实，嫉妒要做的就是在这种变化中保护你，使你有效而敏捷地行事。

如果你能呈现出你与从嫉妒中自然涌现的一切事物订立的契约，包括嫉妒对象、上级或权威工作结构、职位或头衔（为了发现你对这一身份寄予的那些期待）等，你就能挖掘出自己的许多信仰和立场。你会发掘出自己在社会结构中持有的核心价值观及财富理念；发掘出童年时期对自己之于父母和家庭的重要性的预设；发掘出与兄弟姐妹及同伴之间的矛盾。它们虽然被压抑已久但仍然引导着你现在的行为，甚至还有可能发现你设法拒绝恰当地融入任何社会结构以保持独立的方法。

当嫉妒受到欢迎和适当疏导时，它会帮助你揭示出未曾治愈的问题和创伤，它们仍然左右着你现在的行为。当你已经修复边界、恢复直觉、重获社交技巧时，你就不必再受嫉妒的影响而崩溃或爆发，因为你已能够以各种各样（且更加可行）的方法评估并面对引发你嫉妒的威胁。

请注意，对嫉妒管控不当可能会（或者说的确会）扰乱你的整个情绪领域，特别是对于其中的愤怒和恐惧。如果这些情绪（羞耻、愤怒、狂怒、仇恨、冷漠、恐惧、焦虑、惊慌及困惑）在你疏导嫉妒时释放出来，请不要惊讶。任何受困情绪都会在你的情绪领域中建造堤坝，当释放它出来时其他情绪也会随之汹涌而出，除非情绪流动恢复正常。这种经历非常激烈，不过你已掌握渡过所有情绪浪潮必需的技能了。如果你能关注并欢迎这些情绪（如有需要，回看应对各种情绪的那些章节），它们就能提供信息和专注力，帮助你走向治愈，随后继续正常流动。

请记住，你的任务不是管控情绪，而是提供一条通畅灵活的水上通道，让情绪能量得以自由流动。至于你的情绪是愉悦或不适、温和或激烈并不重要，重要的是你运用技能欢迎、疏导它们，尊重它们内部的重要信息。记住这两条适用于所有激烈情绪的咒语："渡过激流是唯一出路"和"这一切终将过去"。

当你审视并摧毁嫉妒识别出的契约时，请尽快再次集中精神、重获现实感、点亮边界并恢复活力。疏导嫉妒会使你的心灵发生深刻的改变，因此，你应该利用活力恢复练习来充实个人领域的各个部分。这样一来，你就能有自知之明地应对停滞，正如应对变化一样。当你完成所有步骤时，赞赏你的嫉妒并在情绪领域中给它一个尊贵的位置。它将赋予你内在的力量和意识，你因此能够不断获取资源、赢得社会的支持和认可，同时观察甚至祝贺他人得到的收获与认可。

嫉妒受阻（或加剧为贪婪）时如何应对

如果嫉妒对你来说是个巨大的障碍，而且你多次尝试疏导它都无济于事，那么你可能需要寻求治疗师的帮助。被困的嫉妒十分强大，它能够使你陷入激流。我已经注意到，严重而持续的嫉妒往往根源于你与父母的分歧或你与兄弟姐妹的矛盾未能被妥善处理。当儿童不断遭到不公待遇或面临权利意识方面的威胁时，他们的边界就会严重受损。例如，关注或资源持续向别人倾斜，自己却迟迟得不到。与之相反的情况依然会导致这样的结果，当一名儿童养尊处优因而贪得无厌时，其边界也会遭到严重损害。边界损害必然伴随着不稳定行为，这些行为会扰乱儿童的其他情绪，弱化其社交技能。

如果孩子带着极不健康的嫉妒情绪长大成人，他或她很可能胡乱猜忌、自私自利、极度贪婪，并会不择手段地打击别人。2008年的全球金融危机就是个典型事例：贪婪肆意妄为地席卷各类金融机构，最终形成吞噬一切的旋涡。正是因为部分人（有些已经富得流油）控制不了自己的贪欲，使许多人倾家荡产。当个体和机构不再懂得何为"满足"时，他们的嫉妒就会转化为无尽的贪婪，他们就会莽撞卑劣、坠入欲望的无底深渊。政客和官员同样如此：当政客和官员（这些人常常来自过度放纵的上层阶级）对权力的过度渴望在政府中蔓延时，他们往往渴望着世界上每一片土地都归其所有、受其管辖。美国政府应对9·11恐怖袭击事件的方式就很好地印证了这一点，那些方式中体现了好战、沙文主义、仇外和孤立主义的色彩。由此可见，即便人们对权力不加遏制的贪求是心血来潮的，最终也会断送一切。

虽然本书的技能可以帮助你治愈童年时嫉妒恶化而成的贪婪，但你仍需要经验丰富的治疗师帮助你解决核心问题，包括背叛、情绪上和经济上的自暴自弃或过度放纵、漠不关心以及对不公真正的促成要素的困惑等。请向外界寻求帮助（如果你感到崩溃的话），恢复本能和直觉，重建边界，并重获健康的羞耻感及荣誉感。

尊重他人的嫉妒

无论是由社会结构组成的外部世界，还是由精神结构组成的内部世界，对社会地位、资源和认可获取的真正威胁都会引起嫉妒。不幸的是，心境或激流状态下的嫉妒很难应对。具体原因如下：大多数人一旦感受到嫉妒就会产生羞耻感，因为几乎没有人知道如何把这种奇怪的情绪疏导出去。如果人们在生活中选用压抑的方法应对嫉妒，那么他们就会自暴自弃，不适的羞耻也会因此而被激活（虽然压制嫉妒有时会起到保护嫉妒对象的作用，但这种做法往往会使嫉妒者自己陷入危险境地，同时令羞耻被激活）。如果人们咄咄逼人地或自私自利地宣泄嫉妒，不适的羞耻还是会处于激活状态（羞耻之所以会在你侮辱他人时产生，不仅是因为你行为粗鲁，还是因为侮辱他人这种社交策略真的很糟糕）。结果，许多人都会因他们嫉妒的存在而感到丢脸。

阻碍人们与嫉妒合作的原因还有一个，那就是嫉妒留给人们的印象太糟糕了，而且其糟糕程度比妒忌更甚。与嫉妒相比，我们更能容忍自身感到妒忌。如果你能抵制这种趋势、理解自己和他人的嫉妒，你就能缩小它并化解它羞辱性的一面。也就是说，它加剧为贪婪的可能性有所降低。如果你能建立神圣空间并询问嫉妒之人的感受以示尊重，你就能帮助他们重获自身直觉和信息。换言之，他们就能够识别出目前的危险、思考出多种备选的解决办法，并重获他们自身的本能。你不必为他们出谋划策或成为无所不知的圣人，因为嫉妒本身就承载着处理该情境的强大治愈性智慧。

如果你能够邀请嫉妒之人表达出来并使其分析他们自身的见解，从而支持、倾听并尊重他们，你就能帮助他们发现这些威胁的根源以及应对的方法。然而，如果他们的嫉妒丝毫未变、仍旧反复循环，你就应该为他们寻找一位经验丰富的治疗师帮他们找出根源问题。当嫉妒陷于反馈环路时，它会把人们卷入强烈的痛苦和（或）极度的贪婪之中。也就是说，他们需要的帮助是身边的朋友所无法提供的。

记得欢迎妒忌和嫉妒的所有呈现形式：自由流动的社会学技能；心境状态下，识别背叛和不公的能力，进而修复任何受损边界的能力；还有，预示着社会地位和安全方面严重威胁的强烈激流。欢迎你的妒忌和嫉妒，并向它们致谢。

第十九章

惊慌和惊恐：冰封之火

包括创伤治愈。

馈赠

突如其来的能量、集中的注意力、绝对静止、创伤治愈。

本质问题

及时僵化了什么？必须采取何种治愈行动？

阻塞迹象

惊慌和惊恐的反复发作使你动弹不得、深受折磨。

练习

注意你的那些本质问题。请记住，你已经幸存下来了。惊慌和惊恐之所以存在就是为了帮助你重新跨越创伤并由幸存向完整性迈进。

　　我之所以不把惊慌和惊恐放在恐惧那一章里讲，是因为这两种情绪能给我们带来的生存技能，会帮助我们做三件非常具体的事情。[11]我们都很清楚在应对危险时有"战斗或逃跑"两种反应，这两种基于惊慌和惊恐的应对方法能够保护我们免受伤害，但还有另外一种反应并非人人皆知，那就是"僵化"。在许多危险的或易使人受创的情境下，战斗或逃跑都不是最佳的生存选择，因为我们可能并不具备足够的力量和敏捷度去战胜或躲过危险。如果健康的惊慌和惊恐能帮助我们用僵化和解离（或者进入休克或麻木状态）来应对极端危险，那么我们常常能够幸免于难。在很多情况下，僵化是睿智的选择，因为它可以麻痹我们对极度痛苦的感觉，保护我们免受强烈刺激，并在攻击者面前佯装死亡。当攻击者看到我们不动声色、若无其事时，他们发动攻击的欲望就会减弱（这就是负鼠的求生策略，这种方法很有效）。然而，人们在经历过惊慌和惊恐之后，体内产生了太多的活跃物质，以至于很难做到其他恐惧情绪也曾要求我们做的重新审视当时的场景、重新评判它并整合其中的信息。如果使你僵化的是惊恐，那就难上加难了，因为人们经常把僵化视作懦弱的表现。

　　如果你直接翻到了这一章，还未阅读过恐惧那章，你最好先翻回去读完那一章。我们与恐惧那扭曲的关系的确使我们生活得十分艰难，但它使惊恐症患者的生活几乎难以为继。如果你无法理解恐惧的内涵，你就无法获取本能、专注或直觉。换句话说，你就不能高效地履行惊慌和惊恐强迫你做的紧急行动。如果你无法理解恐惧的用途，你可能会斥责自己及他人的僵化行为，这就意味着你只会以充满个人偏见的眼光去看待惊慌和惊恐。我们的当务之急就是理解恐惧中蕴含的信息（及其与愤怒之间的关联）。请花点时间去理解恐惧。

通过共情地看待惊慌和惊恐，我感知到了那无与伦比的灿烂光辉，它穿越时间长河、跨越文化瀚海，将我们与最本真的生存技能联系起来。不过，我还知道惊慌症患者正在应对令人手足无措且体弱气虚的状况，抗焦虑药物和β受体阻滞剂可以帮到他们。持续的惊慌和惊恐会扰乱你的内分泌系统和睡眠周期，降低你的食欲，并打破你的内在平衡。倘若你是一位惊慌症患者，一定要去看医生，让自己身心平静。当你回到稳定状态时，你可以去尝试本章的惊慌练习，看看它是否能够帮助你应对这种激流级情绪。

在此，我要再次提醒你一下：由惊慌引起的创伤不局限于严重的侵犯、冲突伤害或犯罪行为。一般来说，形成创伤的因素多种多样，例如，目睹车祸或暴力事件；常规药物或牙科治疗；甚至是平日里的辱骂、偏见、过度刺激或孤立等带来的情感伤害。如果你经历过惊慌发作，却追踪不到任何创伤性源头，请再回想一下。在社会中，我们学会了如何去侮辱和漠视我们的思维、情绪、梦想，甚至是身体知觉以及从中解离。如果你心思敏感，并在这些残酷攻击的影响下常常处于解离状态，那么你的心灵就需要重新审视所有解离情况以帮助你重新自我整合，习得新的技能，并全然回归现实生活。不要误将创伤或惊慌反应归入暴力犯罪行为或血腥车祸场面的范畴。你是一个敏感而独特的生命个体，因此你必然会用与众不同的方法去应对骇人听闻的、令人错愕的信息。

当惊慌帮助你僵化或"麻醉"，使你能够安全度过恐怖场景时，你的心灵就会重演创伤的前两个阶段以审视这段经历并整合其中信息。但不幸的是，如果你无法理解惊慌、僵化及解离的绝妙生存技能，你就很容易堕入与僵化行为无益的纠缠之中，惊慌发作也会向你袭来，使你无法动弹。然而，如果你能够明白突然停止行动、丧失意识实际上能保证你幸存下来（你仍安然无恙，不是吗），你就能在应对惊慌循环时保持高度清醒。如果你能把僵化行动视作高明的应对方法，你就能积极而勇敢地回到僵化状态，恢复自身流动性，并坚定地迈进那奇幻的领地，即创伤的第三阶段（最后阶段）。

当你在应对创伤导致的惊慌循环时，如需额外帮助，请参阅彼得·莱文的作品。他既是心理学家又是医学生物物理学家，三十多年来，他苦心孤诣地研究创伤和压力。他的著作会引领你循序渐进地参悟创伤缓解过程，这个过程有力、完整且毫不枯燥。

惊慌和惊恐蕴含的信息

就创伤那章我所写的内容，我想再阐明一点：生活中存在危险，这是不争的事实。大树倾倒、牙齿需要动手术、压力出现、汽车偏向、人们嘶吼捶打、猥亵者悄然潜行。总之，危险无处不在。问题不在于危险本身以及我们应对危险的解离反应，而在于我们无法在危险过后重新整合自我或恢复平衡状态。而拥有这样的修复力是在创伤事件过后恢复心灵完整的不二法门。不过，当涉及属于激流级情绪的惊慌和惊恐时，这个任务就显得越发艰巨。虽然惊慌和惊恐有时会令人虚弱，但它们也具有情绪的共性：情绪由情境触发，它们恰好蕴含了处理该情境必需的能量——一分也不多，一分也不少。你的情绪不会毫无根由地让你能量满满！

当惊慌和惊恐因创伤经历而处于活跃状态时，它们的出现有多重目的：升高你肾上腺素的含量以防你在忍受煎熬的过程中选择战斗或逃跑；帮助你进行僵化；释放更多的止痛内啡肽从而使你更有可能在创伤中幸存下来；帮助你在必要时刻进行解离。每一项准备工作都要耗费很多能量，而惊慌和惊恐当然是有能力提供这些能量的。创伤过后，惊慌和惊恐会消退，但不会完全消失。和恐惧一样，惊慌和惊恐会保持活跃状态，给你能量自我整合、全身颤抖以及重温创伤。如果你没有好好利用这段冷静期，你仍将处于极端活跃状态，而你的惊慌和惊恐也会因创伤没有完全修复而无法隐退。高度活跃状态常常会引起惊慌发作。它包含着巨大的能量，并不是为了折磨你，而是为了帮助你度过闪回时刻、恢复完整自我。惊慌不可能无端发作，它是为了帮助你应对创伤（"及时僵化了什么"）、度过每次记忆回放、每次获得不同的新本能和应对方法（"必须采取何种治愈措施"）。此外，这还能促进创伤治疗，因为它会为你激活身体、思想、情绪和幻想。以上工作要耗费巨大能量，惊慌和惊恐恰好蕴含着这些能量。

当惊慌发作和记忆闪回出现时，心灵发出明确信号，说明此刻应当迈向第三阶段：重温使你脱离现实世界的情境，分析促使惊慌和惊恐产生的刺激源，并以本能的、有力的方式回忆创伤过程。但当惊慌和惊恐迫使你僵化和解离时，你就如同经历冰火淬炼，连采取行动都很难，更别说进入第三阶段了。这种惊慌和惊恐使你充满热量和能量，却又迫使你完全僵化，从理智上来说这很不合理。但是，当你在这种情境中保持完全清醒时，你就能运用技能尊重惊慌和惊恐的两个侧面。你能专注地静坐，尊重这种强加的静止状态；你也能尊重高度活跃的状态，因为你可以热烈地点亮边界、坚定地立足现实、疏导惊慌和惊恐离开身体并且将其释放进充满活力的保护性私人空间。

惊慌和惊恐带来足够的能量，帮助你在受创后再次自我整合。如果你能在它们的帮助下着眼现实、渡过激流，它们就会帮助你重新评判创伤、恢复各项本能并回归现实生活。但是不要犯错，这个过程很紧张。在惊慌和惊恐的影响下，你会感到灼热与冰冷交替、痛苦断断续续、恐怖弥漫，你可能需要乱踢、喊叫、在房间里乱跑。当你再次回归死亡般的体验、重新自我整合时，你会颤抖、摇晃、抽搐、咒骂、乱踢、反抗。童年时期，我治疗的小动物被车撞击或被狗撕咬后回归现实时也是这种反应。但当你安然无恙地回归现实时，惊慌和惊恐就会自然而然地消退（这是它们原本的意图），而你的生活也将恢复正常。当你再次处于完整状态时，你就能重新移动、思考、梦想、睡觉、感受、欢笑及热爱。这不是因为你已完美无瑕，也不是因为创伤从你的灵魂中完全消失了，而是因为你已完全恢复充盈和完整。

这一点很重要：该练习帮助你恢复完整状态、恰当地疏导惊慌和惊恐，但不会将惊慌和惊恐从你的灵魂中抹除。它不能这样做！惊慌和惊恐对你有用：生活中危险遍布，未来你肯定会在有些时候需要惊慌出动，帮助你战斗、逃跑、僵化、解离、变得虚弱或处于麻木状态。惊慌和惊恐的产生不是问题。而当这种强烈的情绪被困在反馈环路中时，问题就出现了。这种现象适用于一切情绪——甚至是欢乐！你应该娴熟地与情绪相互配合，而非消除不愉快的强烈情绪。在惊慌和惊恐的领域中，你的神圣使命是通过恢复流动让惊慌和惊恐能够在必要时刻（出现紧急情况或经历创伤时）贯穿你的身体，并且让你在幸存后重获修复力。惊慌和惊恐是你的盟友。

如果难以缓解的惊慌发作循环已经给你的生活造成了麻烦（而且你正在接受医生有效的治疗），你应该专心地运用立足现实的技能，从而释放那些困在你身体里的活跃能量。从太阳神经丛区域增加现实感尤其具有治愈作用，那里是肾上腺的所在地。在受创期间，那里也是遭受打击最严重的区域。换句话说，那里最需要与现实世界紧紧相连。为了抚慰并治愈过载的肾上腺，限制甚至停止刺激物的使用也很有必要。那些明显具有刺激效果的肯定不能使用，包括咖啡、茶、苏打水、减肥药、草药混合物、巧克力等。还有一些刺激效果不太明显的也要避免，如糖、赌博、过度消费及性瘾等。由于刺激物会增加你肾上腺素的含量，将你的注意力从身体中分散出来，它们往往会使你陷入分神的担忧和焦虑循环之中，而这两种情绪对你健康及幸福的影响与惊慌和惊恐极其相近。对我们大家来说，慢性担忧和焦虑有些令人困扰，但对正在惊慌发作循环中苦苦挣扎的人来说，它们极其令人不安。

如果你企图利用刺激物消除惊慌，那么你在就寝之前很可能需要借助某种药物进入睡眠。请你再次检查自己摄入酒精或麻醉剂（止痛药、香烟、抗抑郁药、过度阅读、看过多电视电影以及暴饮暴食）的情况，并重新阅读关于上瘾的那一章（见第84至99页），更清晰地认识心灵在上瘾和分心时需要的帮助。请善待自己，并明白这一点：当心灵受伤或解离时，你必定需要借助分心的、缓解情绪或增强能量的物质或行为来支撑自己继续前进。寻求慰藉没有什么值得感到羞耻的，只不过，你可以利用更好的方式来达到这一目的。

惊慌和惊恐练习

如果你常常会陷入惊慌发作，请不要贸然地进入该练习。在开始之前，你需要先将身心平静下来。在正式进入该领域之前，你必须掌握所有技能，并对自己是否处于解离状态十分清楚。你必须能够识别并引导其他情绪，因为当惊慌和惊恐陷入反馈环路时，它们会在你的情绪领域内筑起堤坝，这意味着其他所有情绪都可能受到阻碍，所以你需要格外机敏。此外，由于难以缓解的惊慌发作会扰乱你的肾上腺素和其他化学物质的分泌，你要能够在尝试疏导惊慌和惊恐之前以多种方式强健身体。我强烈建议你求助于药物治疗和心理治疗，难以缓解的惊慌和惊恐会令人虚弱！

你在进行惊慌和惊恐练习之前，要先完成你在恐惧练习中学到的基本步骤（详见第285至286页）。你要保持专注，有力地确立边界，然后安抚所有紧张不适的身体部位。身体在应对惊慌时需要很多慰藉，接地能给你带来一种如释重负的解脱感。保持接地有助于你解除僵化，同时其他所有技能都会帮助你准备好重新审视及评判先前的创伤性场景，从而预想各种不同的结果。

当你置身于惊慌和惊恐领域时，你会发现身体中储存着巨大的能量。这值得庆祝！在你进入闪回记忆之前，将能量释放到私人空间之内很有益处。该技能有助于你镇静下来、修复边界，它还可以帮助你保持与惊慌和惊恐的内部力量之间的联系。这时，你就能在记忆回放时利用这些能量迅疾地奔跑、躲闪并伴攻、疯狂踢踹、如目睹血腥谋杀案般凄厉地尖叫或者如末日将至般大声哭喊。在记忆回放期间，你要把身体视作生存专家，并听从它的高见。如果你想缩成一团，就去做吧。如果你想打拳击或跆拳道，就也去做吧。抑或是，你想发抖、号叫或躲在壁橱里，都请去做吧。你采取的每种行动都可以使你获取新的生存技能和资源。

然而，你可能会遇到这些困难：当你在想象中重新审视先前的创伤经历时，你可能会进行解离！由于惊慌和惊恐会引发解离（这是它们的重要功能之一），回放脱离现实的第一阶段和令人煎熬的第二阶段可能会使你再次进行解离并陷入麻木。这令人十分困扰，但当你掌握技能后，这并不妨碍你走向治愈。如果你无法在完整状态下重温记忆（如果你像葡萄柚籽一样从身体中迅速剥落下来或者你对此前事故没有任何自知的记忆），你可以先以想象的方式、解离的状态回忆创伤经历。

基本上来说，你在当前时刻立足现实（这时你是安全的）、保持专注并想象或幻想类似创伤，你就能以自救者的身份重新进入受创情境。我必须借助这种技能回忆那段遭受性侵的经历，因为我第一次遭到侵犯时年龄很小，我无法以任何有益的方式重拾那段可怕的经历。但每当我以这种想象的方式想起并重温那段经历时，我就能够一再以成年人的身份拯救儿时的自己（我可以很肯定地告诉你，我无数次在家里大喊大叫、对着空气拳打脚踢）。这样做的效果很好。几天之内，我身体中郁积的疼痛开始发作（我能够应对并消除这种痛苦），我的脑海里逐渐浮现出支离破碎的记忆（这使我能够烧毁与行为和信念订立的部分契约，我现在发觉它们都是基于创伤的），我的情绪变得更加鲜明和流动自如（这给了我深入记忆回放所需的信息、勇气和资源）。

以解离的方式进行数周练习后，我已经能够在身体内保持专注，并以我所记得的几种童年身份置身创伤情境并去战斗、尖叫、歇斯底里，我总是能以胜利结束闪回。太奇妙了！

我的身体再次苏醒，我的头脑变得足智多谋，我的情绪与我并肩作战（不再折磨我），而我的注意力也能牢牢集中于身体（因为它不想到别的地方去）。现在，我能在创伤性记忆浮现时保持专注，因为我知道自己很安全、很敏捷，我的机智足以应对那些记忆。数十年来，我因追求"快乐"而逃离那些可怕的记忆。谁又曾知道陷入其中会得到力量、治愈、笑容和欢乐呢？

无论何时进入惊慌和惊恐循环（无论你处于何种状态，解离还是完整），恢复自身活力都很重要（见第174至176页）。疏导惊慌和惊恐会使你拥有巨大的能量，并给你心灵各个部分带来极大的变化。这些变化会激起你的停滞倾向，这种倾向希望竭尽所能地帮你恢复活力。活力的恢复具有重要意义，你将因此能够自如地应对停滞，正如应对变化一样。在完成惊慌和惊恐疏导后适度饮食也是个好主意，因为身体需要寻求慰藉、立足当下。潜入水中（游泳池、湖泊、海洋、浴缸甚至是淋浴的水幕），也能帮助身体恢复镇定。拥抱和按摩都是绝佳的接地活动，但最好在数小时或者一天后再进行性行为，因为性交时你会和伴侣水乳交融，而身体需要独处的时间来做些调整。虽说你没必要发誓长时间停止性行为，但有必要给身体一段适应的时间，尊重其变化和敏感。你还需要一些时间从肾上腺疲劳中恢复过来，所以你有必要长时间地休息、放松、滋补以及亲近自然（特别是让身体接近水域）。去看心理医生也很有帮助，你可以从他们那里获得一些方法，以防再次陷入之前的惊慌和惊恐行为。

当你经历惊慌和惊恐循环时，活动身体能帮助你走向治愈，整合自我。瑜伽、气功和太极拳可以帮助你恢复柔韧性，而跳舞和游泳可以恢复你的流动性、力量和兴趣。武术和自卫课程也多有益处，因为它们能教给你体育竞技中的合理规则。参加模拟抢劫演练（全身上下穿着护具的教练会教你在他或她试图抢劫你时如何保护自己）也是个不错的主意，但是一定要告诉教练你正在努力克服惊慌和创伤。你要告诉抢劫犯扮演者，当你反击时，惊慌和惊恐可能会赋予你非凡的力量！虽然抢劫犯扮演者都戴着严实的护具、受过专业的训练，但向人交代清楚总归有备无患。

记住，这种练习无法为你的心灵消除惊慌和惊恐，它只能帮助你恢复流动性，以防惊慌和惊恐阻塞你的情绪王国。当流动性恢复时，你就能够恰当地与所有惊慌和惊恐建立联系。此外，你要能够在未来必要时刻选择最好的求生方法，例如，逃跑、战斗、僵化或解离。在经历创伤或紧急情况后，你就可以利用惊慌和惊恐内部的强度进行记忆回放，而且在这过程中，丰盈的心灵故园会为你提供帮助。

惊慌受阻时如何应对

如果在你读完本章并尝试疏导惊慌和惊恐后，循环仍在加剧，你就应该向治疗师或医生寻求专业的帮助（可能包括药物治疗）。这没有什么值得羞耻的。惊慌和惊恐循环的发作周期极其不稳定，你需要大量支持、治疗、干预及时间去恢复平衡。向前一步，援助触手可及。

尊重他人的惊慌和惊恐

这项工作不是朋友或熟人能够胜任的！如果你的朋友正在应对惊慌发作循环，请帮他找个专业人士进行干预或治疗，也可以向他推荐彼得·莱文的著作。莱文博士在书中讲述了接地和即刻治疗技能，这些技能使惊慌症患者不再痛苦地忍受病态污名的折磨。

双猫记（论创伤治疗中身体活动的重要性）

我从我喜爱的两只流浪猫鲁弗斯和杰克斯身上了解到了身体活动具有治愈功能。这两只猫都是通过某种特殊感应来到我们身边的，因为我们没有养动物的打算。鲁弗斯是一只健壮的灰色虎斑猫，我们一走到院子里，它就会蜷缩在车道外的灌木丛里，可怜兮兮地哭泣。我的丈夫蒂诺开始用"喵喵"的叫声回应鲁弗斯，这样一连几个星期引得它来到我们身旁，定时吃饭。鲁弗斯显然遭受过创伤，听到一点噪声或注意到任何动静就会上蹿下跳，但它总是在吃饭时出现，和蒂诺一起喵喵叫。最后，它愿意让我和蒂诺抚摩它，很快每顿饭前它都想让我们摸摸它。它仍然一惊一乍，不喜欢和陌生人接触，但它有安全感了，吃得饱饱的，接受我们对它的爱。

杰克斯是一只皮毛油光发亮的小黑猫，它的母亲（也是只流浪猫）离开时把它丢在了我们家附近。虽然杰克斯流浪着长大，但它得到了妈妈无微不至的照顾，所以它没过多久就和我们熟络起来了。我们一家人很爱观察鲁弗斯和杰克斯面对世界的不同方式。杰克斯总是充满好奇心，而鲁弗斯总是满心疑虑、一天到晚地担惊受怕。杰克斯喜欢简陋的住处，做游戏时经常扑向我们（那架势好似在教我们如何公平竞争）。再说鲁弗斯，它则需要我们以特定的方式抚摩它，或者干脆不许我们抚摩。一旦我们触摸了不许摸的地方或以它无法接受的方式和它互动，鲁弗斯就会狠狠地抓挠我们，然后消失得无影无踪，通常要等几小时后才会再次出现。

　　杰克斯和鲁弗斯应对新刺激的方法几乎可以说是恰恰相反。如果杰克斯嗅到、看到或感知到新鲜事物，它就会做出本能反应，后退、抖水般地颤抖，然后重新接触新鲜事物直至它有所了解。鲁弗斯则相反，它几乎不愿意让新的刺激靠近自己。如果它被迫接触某些新事物，它不会像杰克斯那样颤抖。相反，它会先僵化，然后像子弹出膛般疯狂逃窜。两只小猫之间的差异深深地吸引着我。它们的反应可以直接类推到人类的行为上。创伤未愈的幸存者常常保持身体僵硬，与环境互动时深受束缚、极为紧张，而心理较健康的人会更频繁、更轻松地接触环境，方式也更丰富多样、灵活多变。

　　我在自己曾经受创的身体上做实验，改变我的活动方式，不再做平日那些严格的训练，因为那只会加剧我的僵化。我开始以违背习惯的、以前躲避的方式运动，跳舞，伸展。许多往事浮现在我眼前，一些埋藏在心底的痛苦涌上心头，很多不寻常的念头开始在我脑海里徘徊。我运用共情能力进一步剖析我的创伤性姿态，很快我的脊椎和心灵都能更加自由地活动了，仅仅因为我选择像杰克斯而不是鲁弗斯那样行动。我发现，保持僵硬状态、保护身体的受伤部位会密封伤口和创伤记忆。在我年龄尚小时，这不失为一种较好的应对技能，但随着年龄的增长，这种技能酿造出了新的痛苦。恢复自由活动可以帮助我释放身体里残留的创伤，恢复情绪的流动性。

我们可以将这种治疗方法的简化形式应用到鲁弗斯身上。我们显然无法教它跳舞或打太极拳，但我们发现了帮助它卸下盔甲的其他方法：以不同的节奏用"它不喜欢"的方式抚摸它，然后再以"它喜爱的"方式反反复复地安慰它。果然，它的动作变得更加灵活，对刺激的反应也更加机敏。它逐渐能够接受突如其来的响声，而且它一看到我们就想让我们抚摸它，而不是局限于吃饭时间。我不知道鲁弗斯是否会像杰克斯那样爱玩游戏，但它确实进步了不少。

如果你已经从创伤中挺过来了，请反思一下你的应对模式以及你身体中的僵硬、麻木部位。不要将其病态化（僵化和麻痹都是绝佳的生存技巧）或因保有这些成分而自责。封锁痛苦和受损的区域是不错的处理策略，因为当你未掌握一定技能时，你体内的痛苦似乎很难承受。恢复受创身体的涌流是个非常紧张的过程，因为记忆开始重现，痛苦渐渐产生，思想和情绪也会慢慢活跃起来。当你边界不明、情绪不稳且处于解离状态时，很难达成这种转变。心灵对此很清楚，这也就是防备仍然存在的原因。在恢复真正流动、揭露创伤之前，为了走向治愈，你需要掌握所有技能。而当你习得这些技能时，你就能像个立足现实且足智多谋的生存专家那样进入治愈过程。

请记住这一点，你可能会通过自我防御或进行解离去应对痛苦事件，因为你几乎无法控制这种痛苦事件出现的时间和方式。当你处于惊吓状态时，你极有可能无法（像杰克斯等心理健康的动物那样）后退或颤抖；当难以抵抗的刺激突然出现时，你也无法集中资源，正如危险过后你无法颤抖、大哭以及冷静下来。大多数人都曾被告诫要保持镇定，不要大哭、抱怨、后退、战斗或逃脱。结果呢，我们与生俱来的本能、行动和情绪被压抑和阻碍。当你能有意识地重新进入创伤情境、重获本能并恢复自由流动时，你就能摆脱创伤的残余影响，像杰克斯一样强大且敏捷。当你能完全恢复心灵流动时，所有内部成分都会苏醒、变得机智，并能应对你所能想象的一切挑战和机遇。恢复流动是关键。

请记得欢迎惊慌和惊恐的所有形式：无论它们让你逃跑、战斗，还是僵化。它们很清楚自己在做什么！鉴于它们帮助你幸存下来，请对它们予以尊重并运用其强度重新审视及评判引发它们的危险及创伤。欢迎你的惊慌和惊恐，并对它们表示感谢。

第二十章

悲伤：释放和修复

包括绝望和消沉。

馈赠

释放、流动、现实感、放松、复原。

本质问题

必须释放什么？必须修复什么？

阻塞迹象

始终处于绝望状态，毫无解决办法，难以放松。

练习

释放不再适用于你的情绪，这将使你的身体和心灵重获流动、泪水以及治愈性水元素。当你能真正放下时,修复和放松就在不远处。

我们一直依靠自由流动状态下的悲伤支配身体、回归现实以及释放多余的心灵成分。现在,我们要探索心境状态下的悲伤。

悲伤承载着心灵中的水元素,当你的心灵枯竭、干涸时,悲伤能恢复维持生命的涌流。悲伤有助于你放慢脚步、感受失去以及进行必要的释放工作,从而使你变得柔和、恢复生命流动,而非僵硬地压抑情感、不停地前进。悲伤让你信任时间的洪流、幻想和启迪的惊喜涌流以及人聚人散的潮流,因此,你便能解除不具有治愈效果的契约以解放自我和他人,并适应更深刻、更圆满的关系涌流。悲伤还能帮助你从背离本真自我的行为和想法中解脱。如果你能真正地放手,悲伤温和的本质就会引领你寻得心灵的宁静。这种宁静并非来自将自己桎梏在一套形式化的信念或意识形态中,而是来自倾听你那与生俱来的智慧。

悲伤也有着生物学方面的重要治愈功能:眼泪能洗净你的双眼和鼻窦,并释放出你体内的毒素(以及过度紧张)。哭泣的过程能有效排出毒素,有助于你以具体可感的方式为身体带来流动。当你欢迎治愈性悲伤和眼泪并进行必要的释放时,你会感觉身体的各部分更加自由、更加轻盈也更加专注。以下是关于悲伤你要理解的最重要的一点:如果你真的放下了过往的联结.你就能借助悲伤的治愈性流动恢复活力、重焕生机。如果你抗拒悲伤对你进行治疗,你的流动感就会丧失,专注和敏捷就会被削弱,而过度紧张就会产生。此外，你在寻找并联结最深刻的道路、最真挚的爱时也会倍感艰辛。如果你迟迟不放手，你与不合适的人或过时观点的旧有联结就会使你内心的真实认知变得模糊不清。当你抵制悲伤时，你将无法恢复活力，随后，你那些未满足的欲望、未说出口的话、未流下的泪水和疲惫不堪的心灵就会阻止你恢复流动和活力。

欢迎悲伤不只是让真实的伤心及泪水回归你的生活，如果这个过程这么轻而易举，我们大家早就去做了。相反，每个人都有充分的理由压抑和忽略自然的悲伤。令人意外的是，比起悲伤，这些理由与愤怒的联系更加紧密。确切来说，那背后的理由源于悲伤与愤怒合作的方式。

悲伤蕴含的信息（及其与愤怒的关系）

很多人认为，愤怒和悲伤是两种对立的情绪，愤怒内部强大的力量与悲伤内部可怜的软弱毫无关系。事实上，愤怒和悲伤以奇妙而流畅的舞动方式紧密相连，只可惜，我们对其中的舞步无从窥见。

当你开始温和地释放悲伤时，你就能挣脱各种思想和情境的束缚，离开共同语言不多的人、因不良意图而依恋的人（出于寂寞、遗憾、责任、对安全感和特定身份的需要以及将就）。悲伤汹涌而出，平和而长久地质疑你那些过时或空虚的依恋，要求你解除这些关系（并解放自己），重获生活的流动。如果你适当地感受悲伤，你就会感受到真实的痛苦、哀伤和虚无，最终还会真正地重获诚挚的自我并为其恢复活力。体验悲伤的可贵旅程会修复你的心灵，但你在生活中没有不当依恋做掩护会感到十分迷茫。这时，愤怒会挺身而出，帮助你修复边界，保护你全新的身份。这样一来，你就能认可并保持这些重要变化，而不会一感到孤独、软弱就重拾旧有依恋。健康的愤怒会坚定你的决心，这就意味着你可能会不去理睬那些认为你意志薄弱的人。这种转变很奇妙，也很有必要。但是，如果你已经习惯将悲伤和愤怒看作对立的情绪，这种自然的情绪合作过程可能会使你瞠目结舌。

　　健康的愤怒为了在你进行必要释放时保护你，可能会恰巧在悲伤产生前出现。当你感受悲伤这种柔和、从容、悠然的状态时，边界很可能会强化，愤怒会为你覆上层层保护。你是否曾完全进入悲伤并感到不同寻常的热量从脸颊或胸口散发出来？你是否曾放声大哭，并在那时感觉到时间的停滞？那是愤怒在为你建立保护性边界，边界围绕着悲伤、守护着你的心灵。愤怒常常会在悲伤来袭、心灵中发生重大变化时保持你的力量，维持你的安全感。如果你能欢迎愤怒的热量和保护，并把它们看作悲伤的盟友，你就能利用愤怒去灼照心灵。你也能因此进入内心深处，做出悲伤希望你实现的重大改变。边界由愤怒建立，戒备森严。当你身处其中并得到保护时，你就能摒弃长期持有的不适观念或目标，因为愤怒会提醒你，力量并非来源于任何外在条件或成就。而当愤怒这位哨兵在你心灵周围冷静地巡逻时，你就能够改变或终结一段对双方都不利的关系，因为健康的愤怒有助于你体面且有尊严地做出可敬的彻底了断。

　　一旦愤怒这名忠诚的哨兵与悲伤这位高贵的水元素承载者联

起手来，你就能在找回初心时摒弃过时观点、了断不利关系。当你在愤怒和悲伤的共同帮助下卸下沉重的负担、重新保持专注、挺立起来时，你就能恢复活力，更加睿智和清醒（而非空虚或迷茫）。一想到你曾经与无法满足你真正需求的人或想法建立联系，你就会十分痛苦。但回归自己真正向往的生活方式也会使你倍感欣慰。此外，如果你想与愤怒或悲伤协调配合，那么使两者的关系保持融洽至关重要，因为两者明确而坚定地相辅相成。

如果你心灵中的愤怒和悲伤不能和谐共处，它们会使你陷入不稳定的行为。如果你抵制悲伤，只运用愤怒，你只会反复地去保护和修复，却没有思索一下你保护的对象是否值得留下。如果你无法体会悲伤，你就无法识别和放弃不再适用于你的事物，因此沦落到对不值得保护的事物加以保护的境地。当你与某人进行激烈争吵并突然间丧失整个思路时，你就会感受到这种失衡。争吵慢慢变得十分荒谬，你也会因开始了这场争吵而感到有些窘迫。如果你能中止争吵并向对方道歉，悲伤就会挺身而出，帮助你放下本质上无意义的争吵主题，但你基本上不会这样做。在没有与悲伤建立恰当连接的情况下，愤怒只会为使你免于丢脸而把争吵继续下去，即便继续争执是毫无意义的。

类似地，如果你让悲伤孤军作战，得不到愤怒的保护性帮助，你可能会因过度释放悲伤而流失大量自我成分。当缺少来自愤怒的坚定和决心时，悲伤可能会解除过多依恋。如果你曾经感觉接纳悲伤情绪或开始哭泣十分危险（简单来说，一旦你开始哭泣就哭个不停），这就是心灵中缺失健康愤怒的感觉。在缺失愤怒的情况下，悲伤会使心灵系统中的水元素大量增加，你便会悲恸欲绝。当愤怒（最终波及边界）受损时，你就会宣泄心灵深处的悲伤，并发现自己不仅终结了某些关系，而且因沉浸于悲佐而放弃了艺术、梦想和自尊，这显然表明你没能得到愤怒的庇护，而悲伤正在侵袭着你。

如果健康的愤怒拥有保护你的自由，它会常常防止你在周围环境不安全或不宜表露情绪时陷入悲伤。悲伤要求你斩断所有依赖，卸下所有伪装，回归独特自我的中心地带去感受那种专属于你的感觉。这是在要求你进行真正的灵魂工作，而不是完成稀松平常的事。愤怒对这一点心知肚明，因此直至你感到足够安全时它才会让你听从悲伤的调遣。这种保护性举动会使你在有旁人在场时哭不出来。这并不意味着你已丧失表达情绪的能力。当今社会，在公共场合哭泣或表现出内心深处脆弱的一面真的很危险。许多人认为哭泣是情绪不稳定、软弱无能甚至精神失常的表现。在公共场合哭泣会损坏你精心打造的个人形象，使你在朋友、家人和同事面前丧失颜面。愤怒明白这一点，它尽力保护你并维护你在社会中的形象地位。如果你懂得愤怒的良苦用心，你就会感激它并将它引导进边界以增强你的决心。最好的结果是你能立即拥有任你哭泣、哀伤的私人领域。不过，如果你不理解愤怒为什么阻止你进入悲伤，你很可能会强忍泪水、压抑悲伤并在草草地对付悲伤后跌撞前行。也许在将来的某一天，你会在电信公司打电话来推销时哭泣，抑或是在你不小心受伤时借着这个正当的理由去哭泣。泪水最终会流出来，但当你不了解愤怒或悲伤时，你很可能无法察觉（甚至想起）此刻的哭泣与先前的悲伤事件有着某种联系。

在很多情况下，未被合理管控的愤怒和悲伤会相互争斗。例如，当你靠近愤怒时，无益的悲伤就会加强（当你变得愤怒时，你会哭泣或变得沮丧，这种愤怒根本不会帮你修复边界）；而当你靠近悲伤或进行释放时，愤怒就会从中作梗（当你感到非常悲伤时，你会发现自己莫名其妙地发火）。可以想见，这种内心混乱会令人状态极其不稳。当你在边界毁坏，盛怒、疲惫和绝望之间来回游移时，想要保持平衡如同痴人说梦。在极短的时间内，你的专注力会丧失，你的人际关系会支离破碎，而你自己也会在无尽羞耻中苦苦挣扎。这是因为未被妥善管理的愤怒和悲伤伤害了你自己和其他人，也是因为愤怒和悲伤轮番上演令人十分困窘。如果你对两者的争斗听之任之，你将无所庇护、身心僵化，你只会被这两种看似对立的情绪搞得伤痕累累。

但如果你掌握一定技巧，你就不必忍受这样的混乱。当你保持专注、立足当下时，你就能恰当地处理悲伤和愤怒。这时，两者就能携手共作：悲伤接受变化和脆弱，愤怒提供稳定和保护。当愤怒和悲伤相互合作时，它们就能统一目标，帮助你迈着坚定的步伐优雅前行，保持清醒、进行释放、恢复活力、有所庇护并回归本真的完整自我。当你能与这两种情绪共舞时，你就不会猜忌或抵抗先于悲伤产生的愤怒。相反，你会意识到愤怒本就应该率先产生，因为愤怒的存在是为了强化你薄弱的边界、恢复你受损的形象（就像通常悲伤出现时那样）。你也不必因悲伤出现得不合时宜而指责它或简单地压抑它。你能够将愤怒引导到边界之内，从而为清醒地化解悲伤创造时间与空间，能够解除与当初引发悲伤的某些观点、行为、态度或关系等的旧有联结。

悲伤主导（并迷失方向）

在管控良好的心灵中，身为边界建立者兼灵魂卫士的愤怒承担着主要的角色，悲伤则处在较为内在的位置上，负责恢复流动性、现实感和完整性。但很多人都把主次颠倒了，他们把悲伤当作统领性情绪，把愤怒当作辅助性情绪（如果他们对愤怒稍微在意的话）。这种颠倒在内心过分柔软的人或者被动的人身上有所体现，他们异常敏感、极其顺从，而且待人彬彬有礼，但缺乏良好的保护和明确的边界。这类人无法清楚地划分自己与周围环境的界限，也无法清醒地与愤怒合作。在心理学上，这类人叫作被动攻击者，但这种标签会使人意志消颓，将人类的正常行为说成一种疾病。让悲伤占据主导地位不是一种病，而是一种个人选择。

被悲伤主导的人往往出生在狂怒者或瘾君子的家庭（或是童年时代长期经受暴力的受创幸存者）。这些人都曾亲身经历过以愤怒的形式呈现出来的恐怖场面，他们在应对凶残场面时往往彻底地回避愤怒。做出这种举动通常不是出于软弱，这是一种冒险的、不怕死的决定。这些孩子都很清楚愤怒可以保护他们（这一点很明显），但他们选择了一种不同于家人、施虐者的生活方式，以不同的方式去感受、去行动。他们选择完全陷入愤怒，这个选择无畏、冒险且积极主动。可惜的是，这个选择带来的后果十分悲惨，因为生活在狂怒充斥的家庭里，不设边界需要很大的勇气。有时，这是走向生存的唯一道路，因为在大多数暴怒者组建的家庭里或残忍的权威结构下，只能容纳下一个愤怒者。如果你在这种环境中发泄你的愤怒，你可能会被虐待，所以还不如卸下愤怒、保全自己。

勇敢的生存技能（如盛怒、解离、僵化、战斗、逃跑或者放弃所有的愤怒）效果极佳，但只应用于受到创伤或面临危险的时刻。生存技能在必要时刻几近完美，但也仅限于那些时刻。生存技能中包含着巨大的能量，可惜的是，如果你不分场合、理所当然地使用，你就会持续处于过度亢奋的生存模式，始终在提防和预测危险的出现，无法完全回归正常生活。

再三遭受创伤的幸存者习惯于依赖其生存技能，因为他们几乎没有机会放松、回归本真个性。随着他们年龄的增长，这些幸存者倾向于把生存技能表现为自己的个性，也就是说他们往往偏爱生存技能可以发挥作用的情境和关系，因为这些人的生存选择是由悲伤而非愤怒决定的。对于他们来说，那些情境往往包含困于愤怒的伴侣、老板、同事或朋友。如此一来，悲伤主导下的人在这个情绪受损的社会里扮演着非凡的角色。因为他们并没有把愤怒放在首位，也没有强大的边界，他们往往能从令人不安的事件中找到令人震惊的真相，或以不同寻常的方式对待愤怒的人。这些内心柔软的人依附于盛怒者或充斥着狂怒的情境（或会被冒犯的工作），他们毫不设防、逆来顺受。他们往往共情地处理自己体内的攻击性混乱，并深入理解受困者及麻烦情境内在的混乱。如果悲伤与健康愤怒的保护和解决相平衡，这不失为可取的策略，但在悲伤主导下的人身上，这种配合很少见。

悲伤主导下的人常常对抗着身体上和情绪上的不稳定、无休止的沮丧和焦虑、不适的关系以及极痛苦的孤独（尽管他们通常被一群人簇拥着）。之后，他们意识到自己受困于可怕的循环中，无休止地平衡内部不稳定的人和系统，精疲力竭地重复童年创伤的前两个阶段。当他们意识到生存技能（而非本真情绪）的主导会使自己陷于僵化的生存模式时，他们便开始打破这种令人虚弱的恶性循环，迈向自由的第三阶段。被动且内心过分柔软的人需要完成以下任务：熟悉愤怒这个治愈核心、摧毁与道德败坏或卑劣可耻的愤怒订下的契约，这些卑劣可耻的愤怒是他们曾在父母、权威人物、同伴或兄弟姐妹身上亲眼看见的。

让悲伤占据主导地位是一种选择，因此，你可以做出这样的选择，将其视作契约式的决定，并以共情的方式去处理。如果你就是那种内心过分柔软的人，当你不断治愈愤怒者、修复虐待性场景时，你可以把自己从这徒劳无功的任务中解放出来，也可以让愤怒这位可敬的哨兵在你心灵中充当合适的先锋角色。当你能够利用健康的愤怒来进行自我保护和自我恢复时，高超的悲伤处理能力将帮助你中断那些充满痛苦煎熬的不适依恋，不论是对于关系或行为，还是对于记忆或想法。

悲伤练习

悲伤练习非常简单：你只需停下来自我专注（这几乎会

使你自然而然地着眼现实），并向自己提出这两个本质的问题："必须释放什么？""必须修复什么？"问这两个问题具有重要意义，因为大多数人只会把悲伤与失去联系在一起，这也导致了保护性愤怒经常被置于与悲伤对立的不利地位。不过，真正可贵的悲伤中确实存在失去，但它总会带来一种奇妙的宁静感和彻底放松感。如果你不愿放下旧有的或不适的依恋，抑或是纵容愤怒去践踏悲伤，悲伤就会被阻止，那么你将无法获得恢复活力的流动，因为它与健康的悲伤相伴相生，因此，你将无法放手，你的愤怒可能会加剧，你体内的流动也可能会停止。因此，悲伤会别无选择地加剧为彻底的绝望或抑郁，你也将无缘无故地陷入激流。

度过真正悲伤的过程既简单又具有治愈作用。你只需建立坚固边界，从而为悲伤创造神圣空间（不论你愤怒与否）。如果你感到悲伤，同时感受到了极大的愤怒，你就可以引导愤怒、照亮边界。如果你并没有非常愤怒，你可以想象边界呈现出炽热的颜色并利用想象将其维持下去。通常情况下，你只需要平静下来，欢迎愤怒的保护性热量，让泪水在必要时刻流下来，进行必要的释放工作，然后再次放松，恢复生命之流。简单来说，就是这样！你可能想要摧毁几份契约，但仅凭悲伤通常就能将旧有依恋和困扰你的契约冲刷殆尽，你无须掌握其他任何特殊技能。

如果你陷入了令人困扰的绝望状态或消沉状态（见第357至362页），你就需要烧毁部分契约。但是，当你身处悲伤的领域时，你就会很容易恢复流动状态进而挣脱不当的依恋。而当你成功挣脱时，你甚至都不需要恢复自身活力（除非你想要这样做），因为悲伤本身承载着不可思议的治愈性力量。悲伤配备着一箱工具来使你接地、使你宽慰，冲刷掉旧有关系和契约，并治愈你的灵魂。

当你欢迎悲伤并允许它在你体内自由流动时，你刚开始可能会有点想哭。如果你不知道泪水具有治愈力量，你可能会以为出了什么问题。不要抵制这种流动，也不要低估健康哭泣的治愈力量。若想让水元素在心灵中发挥调节作用，哭泣就是一种极其简单的方法。如果你过度紧张，哭泣会帮助你冷静下来、自我宽慰。如果你僵硬拘谨，哭泣会帮你消除心中的负担。如果你一时之间应对过多智力刺激，哭泣会使你的系统恢复治愈性湿度。哭泣可以帮助你在经历努力、失去、忙乱或自我牺牲后舒展身体、放松心情。所以，只要有必要都请放声大哭。它是治愈灵魂的万能良药。

当你与治愈性悲伤建立密切关系时，请注意你对忙乱场景的习惯性反应。当你的泪水和悲伤试图涌现时，请注意你的分心频率，注意观察自己对"乐趣"这一美艳女子投怀送抱的一切表现。请注意，当你缺乏灵活性和激情，需要恢复流动、放松下来时，你要尽可能地远离治愈性悲伤。如果你像大多数人一样，在面对紧张和停滞时试图为生活增添乐趣，你想要的效果永远都不可能达到，因为流动和放松存在于悲伤的领域里，它们不存在于欢乐的领域里！快乐及其伙伴（幸福和满足）都是可喜的状态，但它们不具备悲伤的效果。制造快乐、追逐幸福、追求愉悦——这些都是分心和逃避的行为，不能也不会治愈你。当你需要深度放松和释放时，你必须得当且有意地靠近悲伤。一旦你这样去做，快乐就会自然而然地在悲伤过后产生，快乐也会自然而然地回到你的生活中。这似乎违背直觉，但却是情绪上的真理。

尊重他人的悲伤

当你身边的人伤心时你会怎么做？大多数人在看到别人伤心时首先会微笑并表现出愉悦的态度。掌握略多技能的人或许能够耐心地聆听悲伤者的诉说。但是，不论遭遇何种悲伤，人们最终都会努力绽放笑颜。几乎没有人有时间或机会在必要情况下长时间地感受真正的悲伤。我们擦干他们的眼泪、拥抱他们、跟他们开玩笑或分散他们的注意力，可惜的是，这反而增加了他们在失落中停留的时间，妨碍他们获得悲伤带来的活力。

由于悲伤受到了很深的误解和轻视，它经常如孤儿般在文化中游荡，因此，悲伤常常无孔不入。如果你不知道如何与悲伤进行合作，他人的悲伤极有可能会传递到你身上，渗入你边界受损的紧张心灵，使你像悲伤一样面临孤立无援的境地。具体来说，如果你体内郁积了很多未曾流出的泪水，你可能会在他人伤心时痛哭流涕。你会出现心理健康问题，你的边界也会被削弱，仅仅因为你有必要进行哭泣。不过，如果你能加强边界并为软弱留出一片空间，将悲伤释放到防御良好的心灵之内，你就能欢迎他人的悲伤，同时不受其影响。一旦你的边界建立起来，为软弱留出一定空间，你就能轻而易举地接纳他人的哭泣和悲伤，因为你有耐心坐下来听他们倾诉，而不去主动为其出谋划策或幸灾乐祸。你不必成为圣人或咨询师，因为如果你能让悲伤者在神圣空间内吐露心声，他们的悲伤就会替他们完成一切必要任务。信任他人的这种积极情绪，对你自己亦是如此。它有可能且的确能够恢复心灵的完整性。

当悲伤受阻：绝望与消沉产生

悲伤是对特定问题的反应，它在遇到某些情况后会使有意识的释放得以进行；它在继续前进之前会帮助你恢复活力、重焕生机并放松心情。当悲伤不能自然流露时，它就会演变为一种苦恼的绝望状态（也叫消沉）。绝望象征着悲伤的情绪状态已经被囚禁在反馈环路之中。在这种情况下，恢复活力是不可能的事情。

真正的悲伤如波浪般在你体内流动，时而温柔，时而强劲。这种流动洗涤你的心灵，帮助你恢复活力。然而，绝望一成不变，即使你泪水流干，它依然停滞不动。当你不能完全地感受悲伤时，绝望就会产生。那时，你只注意到悲伤内部固有的缺失，却看不到它的释放作用和修复力。绝望是停滞的迹象，也是受虐者的生存工具。那些受虐者为了唤起施虐者的仁慈，学着站在绝望而心碎的立场上（而非利用愤怒和报复心）去面对悲伤。这种绝望不像是一种情绪选择，更像是生存必需的特定立场。然而，绝望并不是一种可供你长久使用的良好生存工具，因为它不仅阻塞了你的情感世界，而且终将破坏你的心理平衡。

当你的身体沉浸在绝望中时，你很快就能认识到它与悲伤之间的区别。在绝望中，悲伤自然的柔和和内倾立场几乎变成了一种近乎羞愧的姿态。不幸的是，当你陷入绝望时，愤怒会随之加剧，最终失衡。起初，愤怒可能会合理地应对绝望，产生热量或定力以使你能够隐秘地感受绝望。然而，由于难以缓解的绝望无休止地循环，愤怒也渐渐受其影响并陷入循环。你可能开始公然地或暗自地（或者说被动地）依靠愤怒或仇恨来为自己创造应急边界。通常情况下，绝望会使你陷入混乱，会让你在无意中伤害到别人，因为你那不光彩的愤怒会在不经意间蔓延至你的人际关系。你的行为会使人不快，你最终会发现自己是孤独的、可有可无的，这会使你的绝望与日俱增。当你无意识地决定要不惜一切代价沉溺于绝望和悲伤时，你要为此付出的代价将超乎所有人的想象。

当悲伤陷入困境时，你的思想和身体就会被阻塞，你可能会为了摆脱整个混乱局面而诉诸解离。绝望会禁锢你的身心，但如果你能明白绝望的目的，你就能逐渐摆脱它的束缚。明白这一点很重要，如果你一直处于绝望之中，拒绝释放悲伤，这会使你处于一种不正当的权力地位，因为你是受委屈或受伤的人（我的母亲将其称为"弱者的暴政"）。被冤枉，被伤害——这些事情的确发生了，重要的是要认清并尊重那些受伤的日子。然而，生活不是由那些降临在你身上的事决定的，而是由你应对它们的方式决定的。当你牢牢地黏附在绝望的土地上时，你就会沦为物体——一块写着满世界委屈的石板或者一张记录着痛苦和烦恼的记事表，而不是一个完整的人。当你能冲破绝望并恢复流动时，你就能走向觉醒并宛若新生。你可以从被欺压的受害者转变为傲然挺立的幸存者。然后，当你能够立足当下并用伤痕和绝望烧毁契约时，你就能从勉强生存过渡到优雅生活。

绝望练习

当你疏导绝望时，你就会释放心灵中巨大的阻塞物。如果你无法接地、注意力不集中，你就会承受不了突然间恢复的流动，所以请确保自己在进行疏导之前已经接地并集中精神。你可能想要在有治疗师在场的情况下展开练习，这样有助于确保你安全专注。此外，你要准备好多份想象契约，因为你要感受、审视并释放许多难以治愈的郁积物质。你也要做好准备去体验各种伴随着原始创伤的情绪和态度。这一点在疏导绝望的过程中十分重要。也许你的情绪组合独具特色，但生活中破坏性严重的事件都无一例外地包含着恐惧、愤怒、抑郁和丧恸的某种形式。当你陷入绝望时，这些情绪都无法在自然的状态下适当地流动。因此，当你疏导绝望时，你就会发现旧有的愤怒可能已经升级为狂怒，以往的抑郁可能已经加剧为自杀性冲动，先前的恐惧可能也已经恶化为焦虑或极度困惑。受阻的情绪被逼上了绝路，它们只能愈演愈烈。这也是治疗师有必要在场的原因。

恰当的绝望疏导能调用你自身的所有技能。在由愤怒支撑的明亮边界内，保持专注和接地会使你重新整合自我，在紧急情况下免受绝望造成的极度折磨。接地有助于你释放体内受困的创伤或缺失的记忆、一切受阻的情绪以及那些使你专注于生活如此残酷不公的自言自语。它还能让你与自由流动的健康悲伤建立联系，这将促使你以赞成的眼光去看待遗失已久的流动。烧毁契约的技能在帮助你放下绝望带来的所有立场和行为上起到了关键性作用。你也应该抓紧时机进行刻意抱怨（见第167至170页），这一技巧有助于你恢复活力、燃起热情。如果你能大声抱怨自己的处境，那么你仍陷于绝望的概率微乎其微！

疏导绝望后，你会略感疲惫。倘若如此，恭喜你！你完成了几项重大工作，而且你已经释放了大量受困能量，因此，你需要恢复活力。在应对绝望时，最后一步很关键，因为绝望会耗尽你的能量、削弱你的边界。活力的恢复有助于你重获力量感和平衡感。此外，你正在从绝望循环中恢复，请保证你欢迎自由流动状态和心境状态下的愤怒与悲伤。尊重并疏导这些具有保护性的柔和情绪具有重要意义，它们会帮助你修复边界、恢复流动并防止你再次陷入绝望。欢迎这两种情绪吧。

如果在你多次疏导绝望之后，它仍不移动也不变化，请向你的治疗师或医生寻求更有力的帮助。因为绝望会使你陷入重度抑郁，你有必要寻求外界的帮助。

尊重他人的绝望

如果绝望者不曾掌握技能，为其建立神圣空间几乎是不可能的。由于绝望将健康的悲伤（这种恢复心灵流动的特殊情绪）

禁锢住了，在它周围会形成某种危及生命的旋涡。你会发现自己在了解这一点之前被迫陷入绝望者曾经历的戏剧性场面。无论你做什么，都无法缓解随之而来的苦恼。这种苦恼常常是一波未平一波又起，因为绝望者并没有全力以赴地解决麻烦。他们实际上心有余而力不足，因为他们既没有丰盈的心灵，也没有立足当下的能力。

在人际关系方面，绝望者也有点危险，因为他们是受悲伤（或者说悲伤的受困形式）主导的，也就是说他们的愤怒会在不知不觉间莫名其妙地被释放出来或汹涌而出。如果他们伤害到了你，那往往不是他们的本意，甚至他们都不会意识到自己做过这样的事。如果你尝试帮助处于长期绝望状态且毫无技能的人，你将发现自己会和他们一同被卷入无尽头的戏剧性场面。你需要明白一点：通常来讲，当他们身陷激流、需要专业帮助时，让他们自己认识到这种情况就算是身为朋友也无能为力了。绝望造成的局面难以应对、混乱不堪，让专业的治疗师去解决更加可行。

绝望与抑郁的差异

我之所以能够区分绝望和抑郁，是因为在我眼中它们是两种截然不同的情绪状态。绝望几乎是一种人格类型。人们似乎把全副心灵都锁进了绝望的牢笼，他们绝望、扭曲、颓丧的姿态延伸到了生活中的每一件事情上。而抑郁呢，则更像是各种各样的心境相互间产生了一种周期性的关系。绝望也在其中，但抑郁不止有绝望这一个侧面，而且在许多情况下，它与兴奋之间有着不同寻常的联系，这是绝望所没有的。我认为，抑郁是由许多情绪和因素共同构成的集合，最明显的特点是各元素及智能间水火不容。抑郁反复无常、飘忽不定的本质足以表明心灵中存在着长期性严重冲突。当某种情绪状态无休止地重复却无法冲破循环时，这种情绪之下隐藏的事物往往还未被得当地感受或释放。而如果这种情绪是抑郁的话，发生的事情远不止这些。抑郁是多种反复状态的循环，它常常包含绝望，但不是由绝望单独组成的。抑郁极其复杂深刻，我会在抑郁那章（第382至403页）对其进行探讨。

记得欢迎悲伤的所有形式：自由流动状态下，在放手时立足现实、放松心情的能力；心境状态下，流下泪水、恢复活力的能力；激流级强度下，在经历过丧恸的失去后帮助你修复自我、重焕心灵生机的绝望。欢迎你的悲伤并感谢它。

第二十一章

丧恸：灵魂的深邃河流

馈赠

完全沉浸在灵魂聚集的河流里。

本质问题

必须悼念什么？必须完全释放什么？

阻塞迹象

不愿接受或尊重失去、死亡以及重大变故。

练习

停下来，抛开一切，问问自己这两个本质问题。当灵魂之河为你卸下重担，你就能把逝者护送到下一世，同时让他在此生此世活得更加充实圆满。

丧恸是一种美妙、沉静且有力的情绪，在死亡出现时产生：现实世界中的亲人亡故，或是一种深厚依恋的终结、一种信念的摒绝以及一段关系的破裂。丧恸不仅会像悲伤那样为你带来水元素，还会使你直接坠入灵魂的河流。当你别无选择只能放下，重大关系或重要依恋的断裂似乎（或者说，的确）让你体会到了真正的死亡时，丧恸就会让你抵达心灵最深处。丧恸会在以下情况中产生：死亡出现；恋爱关系结束；健康或幸福方面的损失无法挽回；可贵目标或珍贵物品丢失；信任出乎意料地遭到辜负。另外，人们在未能得到理应据有之物（健康、力量、安全和快乐的童年时光）时也会感到丧恸。丧恸让你沉浸在万物的深邃河流里，从而使你在缺失中幸存下来。如果你无法体验丧恸，你的状态就会不稳定，并不断进行解离以应对失去、不公、不平等以及死亡带来的冲击，却不能在灵魂栖居的河流里涤荡心灵、重焕生机。

丧恸蕴含的信息

当我将丧恸称作灵魂的深邃河流时，我指的就是灵魂本身，就是那丰饶的心灵故园，它囊括并整合了我们的身体机能还有各种各样的情绪、多元智能以及梦想和幻想。我认为丧恸极其强大，因为它的任务是保护我们的身体和情绪不受文化倾向（它使智能和幻想精神飞扬跋扈）的侵害。我们的幻想自我无法与丧恸融会贯通，因为幻想中没有死亡和失去。实际上，幻想超脱此世、遨游于未来，因此，那些幻想并不会真的为死亡感到哀伤或丧恸。如果我们过分强调火性幻想，我们就很难与丧恸建立联系，这无异于隐匿在气性智能里。我们的逻辑智能和语言智能通常会试着去四下探索、化解丧恸；它们更倾向于探讨死亡和失去，发掘其背后的原因并使一切看起来合乎逻辑、井井有条，这些行动都背离了丧恸的初衷。丧恸希望我们安静下来、停止前进，随后进入深层自我。但是，逻辑智能不同于情绪，它并不知道如何潜入心灵深处。相反，它通常会在我们真正沉浸于丧恸之前带我们远离心灵的水域，使我们内心枯竭。

另外，了解死亡和失去是身体和情绪的一种本能。虽然它们再也无法触摸或凝望逝者，但它们的记忆中仍留着逝去爱人的拥抱，回响着殒命婴儿的笑声。我们的身体想念骨肉至亲，挥不去遗留下的痛苦。身体和情绪每天都要经历伤害、失去、分离、不公和死亡的现实。这两者了解丧恸，它们能够充当我们的向导和导师。如果我们始终立足当下并且在丧恸出现时不去陷入纯粹的精神或智力上的分心，我们就能获得来自治愈性丧恸的惊喜大礼。虽然当今社会人们逐渐摒弃了这种充满神圣感的、潜入水中的应对措施，但它的存在对灵魂来说绝对是有必要的，无论是我们自己的灵魂，还是我们的挚爱、祖先或世人的灵魂。

若干年前，我看到一则电视新闻报道，一名幼童失足掉进邻居家的泳池并不幸溺死。新闻记者们迅速赶到现场，他们捕捉到了这个非裔美国人大家庭在痛失至亲后的反应。全家人（包括十多岁的男孩子在内）在邻居家门前的草坪上号啕大哭，柜互拥抱，然后瘫倒在地。我被这种丧恸震慑住了，一方面是因为它是发自内心的，另一方面是因为久处社会的我已经被白人文化同化，从不表现出真正的丧恸。在我参加过的葬礼上，全场肃静，人们身着体面但也极不舒适的素服，面色紧张，说着贫乏无味的陈词滥调。偶尔会有悼念者情不自禁地哭泣，但他们必定会为自己的失态表示歉意。当前的文化中不存在真正的丧恸，只有出于礼貌的悲伤和令人不适的沉默。这个家庭的悲伤是真实且真诚的，显而易见，他们已经被丧恸压垮了。

像大多数人一样，我在生命中的大部分时间里都在逃避这种体验丧恸的下潜运动。童年时期，我着迷于死亡和恐怖，如飞蛾扑火般被它们深深吸引。像很多幸存者一样，我通过参与令人痛苦的活动、看恐怖片来提高自身解离技能。整个童年时光里，我都在和情绪不稳定的人交往（或者看恐怖片），无意识地尝试重新进入创伤的前两个阶段。由于我还不知道创伤有第三阶段，我无休止地循环进入可怜而危险的受创后情景。当情绪不稳定的人不可避免地陷入崩溃，或恐怖片里出现恐怖场景时，我只会进行解离，远远地看着这些势必会出现的残暴场面。通过接触受创者、观看带有创伤情境的影片这些仅有的防御措施，我充分练习并运用解离技能。每当痛苦情境产生时，我就从身体中抽离出来，以防坠入丧恸的治愈性水域。我无法沉下心来感受任何真正的情绪，因此，我没有学会恰当地应对痛苦、恐惧、悲伤或丧恸。我十一岁之前，祖父母和外祖父母都去世了，但我没有为此感到丧恸或哀伤。因为我的灵魂无法靠近身体去感受失去。我从不恸哭，从不感怀当下，甚至从不掉一滴眼泪。

在我十几岁时，随着我开始进行仅有火元素的精神研究，我与丧恸相隔更远了。我发现死亡并不存在，生命会以全新的形式延续，无论以何种形式。这种备受推崇的信仰体系使我能够想象出精神在现实世界和虚拟世界的运行方式，却无法以任何方式帮助我与身体和情绪建立联系。我看待事情的观点不断深化。十五岁以后，我不断钻研心理学，这帮助我意识到了丧恸的存在，但并没有真正感受到。我已意识到丧恸比悲伤更为深刻，但我离生活还有一段很远的距离，以致不一定能够进入丧恸。我花了很长一段时间来学习进入丧恸。成功进入丧恸需要进行无数次非洲丧恸仪式（请参阅马列多马·萨默和索邦夫·萨默的作品）以及多次放松，但我学会了让身体和情绪与我分享数千年来人类的智慧结晶。在我三十多岁时，我终于学会了停下来，潜入深邃河流，全心感受丧恸。

正如前言中所写，母亲去世的那个周末，我根本就没有抵抗丧恸。我的思想、未来幻想等重要的自我成分都没有挣扎，因为我的身体知道她已与世长辞。即使精神能想象她穿越到另一个世界，也依然无法促成任何改变，因为我的心再也感受不到她的气息了。一想到她的种种精神状况，我的内心就一片混乱，无论是关于她吃的药，还是她可能会做出的反应。我的身体和心灵都有一些成分流失了。面对着她昏睡过去的身体，我需要无比沉痛地哀悼母亲。所以我这样做了。丧恸紧紧握住我的手，引领我踏入灵魂的河流——所有灵魂聚集的河流。在那里，作为生者的我使命重大。我需要流下滚烫的泪水，填满河流，为其注入活水。如果没有这些眼泪、水面过浅，就无法把母亲送到下一个世界。

回首过去，我发现自己曾数十年间不愿哭泣、丧恸，仅仅是为了制造逝者仍活在人世间的假象。那是我阻止死亡的方式。我原本以为这会使我比其他人内心更加强大、精神世界更加宽广、思想更加成熟，但是我错了。这只会把我困在与真正的失去和死亡的关系里，而这种关系是不成熟的、失衡的。我能够描述死亡、议论死亡、超越死亡，但唯独不能在内心里感受死亡。弯弯曲曲的灵魂之河因干旱而龟裂，直至我三十多岁时学会感受丧恸，河水才重新流动起来。我感觉到我的祖父母、外祖父母连同其他所有不曾令我丧恸的人和动物都长舒了一口气，因为他们终于能够开启进入下一世的旅程了。我深爱着的逝者们无法去向河流彼岸并拥有合适的位置（作为我的祖先、智者、后盾），因为我选择抽离、忽略丧恸，使他们困身于阴暗世界。

如果你不为失去而感到丧恸，逝者要么从你的意识中消失（仿佛他们无足轻重），要么在你的心灵中徘徊（就如同你被鬼魂缠身了）。这两种结果都既不体面，又不合理。尊重逝者的生命、真正放下往事具有重要意义，只有这样你才能活得更加充实，才能整合丧失的自我成分并成长为真正的个体。这同样适用于那些给你带来无法挽回的失去的经历和情境。考虑到这一点，释怀便是走向成功的第一步，接下来就要作为真正的、充实的个体适当地丧恸。逻辑智能和幻想精神不能像身体和情绪那样潜入生命长河。它们之所以不能，是因为它们本身不含有丧恸。

逻辑智能和幻想精神都更倾向于在生活之上和周围翱翔，它们不理解深入生活的必要性。然而，感受丧恸的重要性远胜于超越、俯瞰或描述死亡过程。丧恸让我们走进生活，潜入河流。如果我们不能陷入丧恸，我们就无法适当地与死亡建立联系，也无法参与神圣而必要的丧恸仪式。公众的极度丧恸可以帮助逝者穿越到下一个世界，这在许多土著传统中有所体现。据说，哀号的声音既可以提醒祖先进入死亡，又可以在逝者的灵魂陷入困惑或迷失方向时为其创造路径。

如果丧恸是必需且神圣的，那么身处丧恸缺失文化的我们连同逝者将吞下怎样的恶果？在当前文化中，我们把逝者的尸体烧成灰装进骨灰盒或骨灰瓮里，身着肃穆的丧服在摆满食物的桌子旁举行阴郁的葬礼。我们告诉彼此，这是最可取的做法。我们的头脑不断构想出完美的解释，我们的精神想象逝者已升入天堂或身处极乐世界，我们的感觉被麻痹，我们的身体如一具空壳，我们"掩饰"得很到位（简直把丧恸缺失描述得恰如其分），当看见有人主动陷入丧恸或哀悼时，我们不忍直视。因为那太让人尴尬、害怕了，也太令人反感了，这种事不应该发生！每当碰到丧恸，我们就躲得远远的，因为我们不想拥有那样深切的体验。那太危险了，所以我们整整衣襟，转身离去。而这恰恰代表着同情心与归属感、感觉与认识的彻底消亡。

当我们不许自己丧恸时，我们就会不断因目睹死亡而备受创伤。当我们不愿感受失去的痛苦时，就等于不愿尊重我们的亲属。我们自欺欺人地相信，只要我们抗拒丧恸（抑或是，抗拒考虑死亡或为死亡做好心理准备），我们就能保护自己免受死亡带来的所有痛苦。然而在这种抗拒中，我们犯了一个致命的错误：我们与自我渐行渐远，无法与身边的人建立深层次的联结，而且我们的生活不再处于真正的流动状态。此外，由于在灵魂的河流里，我们都不珍视逝去的至亲和夭折的梦想，我们的内心也干涸了。由于我们不去恰当地感受每次死亡和失去，它们只会不断堆积，直至我们的内心遍布未被感受、未被表达、未被缓解的死亡，就如同杂乱无章的桌子上散乱的废纸。

从不丧恸的严重后果

我看到有些人应对死亡的做法和当初的我如出一辙，他们也认为死亡并不真实、丧恸并无必要。这些人要么过度依赖精神信仰，把死亡抛诸脑后；要么躲藏在智能中，编造关于死亡和失去的长篇故事。不多久，他们就变得麻木，而且与现实世界失去了联系。在仅有火元素的形而上的循环中，我看到了这种麻痹行为带来的影响，它使人们把疾病和贫穷看作考虑不周、祈祷无效的后果，并因此摒弃共情能力。这种僵化的思维模式使人们对受苦受难的人妄加评论或指指点点，而不愿充满爱心地对他们施以援手、抱以同情。这些铁石心肠、自我麻痹的人看不清问题的本质，他们尚未意识到，痛苦、疾病、创伤和丧恸都是自然产生的，而且具有重大的意义。缺少了它们就无法促成真正的精神提升或道德进步。

我在仅有气元素的智能循环中也看到了类似的麻木，特别是在政治领域。依靠政府福利过活的单亲妈妈和墨西哥移民因其贫困而备受指责；血汗工厂①和出口加工厂被视为市场竞争的悲剧性必然产物；战争和暴力被鼓吹为维护民主的必要手段；大量有色人种被监禁并被处决；政客诡计多端，打着进步的旗号误导群众。每时每刻都有惨不忍睹的场面悄无声息地出现。

我还发现，这种麻木在当前的暴力文化和荒诞的暴力娱乐中明显有所体现。人们吹捧暴力娱乐为我们的暴力冲动提供了安全的发泄口，这个观点错得离谱！暴力电影、书籍和游戏只会使我们对暴力司空见惯。当我们一再观看胁迫、枪击、持刀、强暴和色情画面时，实则是在进行自我麻痹。暴力娱乐（尤其是性暴力）成瘾遍布文化的每个角落，但这并没有为我们的暴力冲动提供任何发泄口；假如它当真有此效果，我们的文化就不会如此暴虐，我们对暴力影像的需求也不会有增无减。电影、书籍、流行音乐及电视节目的暴力程度不断升级，而我们的丧恸能力不断衰弱。看到了吧，我们进行暴力娱乐不是为了认识暴力或了解自身的暴力冲动（请相信我，娱乐项目中的暴力与现实世界中的暴力千差万别）；我们的所作所为只会怂恿娱乐制造业使我们一再受创，以至于在面对痛苦、恐怖和死亡时完全麻木。但这起不到任何实质性的作用，因为无论我们观看了多少残暴场面或性虐画面，丧恸仍然切实存在、有待化解。

如果我们能从麻木的恍惚状态中清醒，我们就能重新整合心灵成分，最终感受真正的丧恸。如果我们能摆脱火性或气性错

---

① 血汗工厂：指工作条件恶劣而工资低微的小型企业。——编者注

觉、卸下不堪一击的铠甲，并涉入丧恸的水域，我们最终就能成为真正的鲜活生命体。而当我们潜入丧恸的水域时，我们必定能感受到失去的悲伤，同时在摇曳万千的灵魂之舞中卓然屹立。

从充满智慧的原始传统中可以得知，如果某文化群体无法适度哀悼溘然长逝的至亲，他们便无法恰当地庆祝孩子的降生。这条真理颇具诗意。当我们无法对沉痛的失去表达丧恸、对逝去的亲人表示敬意时，我们就不会把足够的心灵空间留给孩子、留给我们周围的年青一代，或者留给行将就木的老人。很显然，美国当前的政治和社会状况便是如此：我们没有培育好新一代的年轻人（我们没有恰当地欢迎他们），也没能履行好孝敬长辈、呵护老人的义务（我们没有尽心地赡养他们）。如果我们能学会深切地悼念逝者，并护送他们安全抵达下一世的安居之所，我们就能学会为新的联系、新的依恋、新的爱情和新的人生旅程腾出空间。我们可以留出足够的空间去安放阴阳两界的爱与生活。

在墨西哥文化中，人们举办一年一度的亡灵节（Día de los Muertos）纪念逝者，这里面包含许多关于死亡的智慧。我在芝加哥奥黑尔机场的石凳上发现了这句箴言：La muerte nunca muere；la muerte es la ventana al otro mundo。它的意思是"死亡不朽；它是通往彼世的一扇窗"。

丧恸和仪式的重要性

人类之所以拥有很多关于丧恸的原始智慧，是因为人类脑海中储存下来这种智慧远远多过智能信息。许多原始智慧通过仪式被传承下来。

每种文化都有其神圣的丧恸、哀悼及葬礼仪式。有许多仪式延续至今，但其中情绪化和神圣的部分已消失不见。仅仅两三代人的时间里，许多人已经忘却了多种重要的精神和文化传统习俗，而这些习俗有助于我们建立神圣空间、缓和亲人亡故或沉痛失去的巨大打击。我们已经把逝者的安息地从自家客厅（在传统家庭中，客厅实际上是为守灵而建的）改为殡仪馆。随着时间的推移，我们也不再保留以社区为基础的丧恸仪式。然而，我们仍然可以看到人们在路边等事故发生的现场搭建圣祠，或者在社区为猝死者临时掌灯守夜。由此见得，我们仍然具备巨大的、潜在的体验丧恸仪式的能力。值得庆幸的是，仪式和神圣空间回应了个体的意图，这意味着即使我们已经割离传统仪式，我们仍可以为自己和至亲创造有意义的全新丧恸仪式。

大多数传统丧葬仪式往往包含着某些特定的组成部分。比方说，"逝者的圣祠"总归会出现，不论以何种形式：真实的灵柩或逝者的躯体、圣祠或祭坛、照片或画像，或是一系列与逝者相关的物品。悼念者们往往成群结队地聚集在距圣祠较远的地方，那些与逝者关系最为亲密的人则离得较近。音乐通常用于渲染哀悼气氛，人们动情地讲述逝者的生平经历，通常是背对着圣祠（但这时距离稍远），面对着哀悼人群。当哀悼者聚集在一起，用他们的故事、悲伤、歌声、笑声、悔恨以及眼泪来集体纪念逝者时，他们会独自走上前，通过直接向圣祠表达敬意来缅怀逝者或与其交流。当哀悼者与逝者最后道别时，他们要回到哀悼区域，以歌声或演讲结束仪式，或者直接离开哀悼空间，聚在一起享用食物、彼此陪伴。这种仪式的每个步骤都通过为逝者创造神圣空间、为哀悼者创建立足现世的神圣区域来划分逝者和生者的界限。如果某些步骤遭到忽视，界线就会变得模糊，追悼者就会被困在阴阳两界的交界处，无法真正地释怀，也无法全身心地重新融入生活。他们自己以及亡故的亲人都会坠入灵魂深河之下的世界。

举行仪式的意义在于帮助我们度过生活中的必要（而且通常是痛苦的）阶段。可惜的是，我们并没有将这种重要的仪式承袭下去。这不仅使仪式丧失其团体性和神圣性，而且使我们无法充实地生活、爱、感受以及丧恸。大多数人都曾参加过葬礼仪式（这些仪式通常一成不变得令人痛苦），但我想极少有人能真正体验到将逝者护送到下一世的全过程，因为时空的限制使我们无法进行深刻的必要丧恸活动。在当前文化中，葬礼通常只持续几小时。哀悼者在这么短的时间内根本无法创造真正的群体性丧恸空间，更别说对逝者表达充分的敬意了。

我有幸多次与我的丈夫蒂诺一同参加西非原住民的丧恸仪式。仪式守护人索邦夫·萨默来自古老的达格拉部落。这种哀悼仪式一般持续举行两天，但在索邦富村，仪式持续了整整三天。我原本觉得没有任何方法能让直接的丧恸和哀悼维持一整个周末，但现在我认为没有谁能在少于两天的时间内真正地感受到丧恸。正因为丧恸的过程漫长而深刻，人们常常借助仪式来感受丧恸。不过，倘若你能把注意力集中在当前时刻，你就能优雅地走进丧恸。你的身体是个出色的哀悼者，如果你信任它，它会引领你踏入泪水的河流，并带领你安全归来。你的身体了解丧恸，如果你信任它，它就能载着你度过丧恸的整个过程。

丧恸练习

你的首要任务是进行自我整合。因此，你需要着眼现实、集中精力，而不要仓促地诉诸分心或完全解离这些措施（如果你从身体中抽离，你就将无法巧妙地感受丧恸）。接下来，你要为死亡（或失去）创造圣祠，从而为哀悼提供场所、为两个世界标明界限。如果你因亲人亡故而丧恸，你可以在圣祠内放置逝者的照片、私人物品或代表逝者的标志性物品；如果你因失去某种关系、目标、观念、健康以及信任而丧恸，你可以放置某些象征这种失去的物品。在圣祠中放上一些一次性的物品（最终能在葬礼上埋葬或烧毁的物品）具有重要意义。因为这样你就能充分地将悼念的最后阶段仪式化，就像你将其起始阶段和开展阶段仪式化一样。

你既可以独自体验丧恸的过程，也可以与社区成员或家庭成员共同体验。如果你邀请别人参与，也要允许他们在圣祠中摆上一些物品，并确保他们能够顺利进入圣祠。如果你能把体验丧恸的圣祠安置在家中某个可进入的隐秘角落（而不是中央地带），也允许他人进入，你就能划定一块用于直接感受丧恸的区域。当你亲历丧恸时，就能在这片区域内走动（他人也是如此）。这样一来，你就能在每个必要时刻进入圣祠体验丧恸。在这个过程中，花费的时间无论多长都没有关系，两天、两周或者两个月皆可（悼念时间的长短因人而异、因文化而不同）。重要的是，你已拥有这样真实存在的隐秘空间。

当你融入丧恸时，你能感觉到自己肩上沉重的负担。如果你不明所以，那么这份失去可能会让你感到压抑、窒息，并因此而诉诸解离。如果你还记得体验丧恸的先决条件是潜入灵魂的河流，你便能够对这份重担存在的必要性了然于胸。它能支撑并促使你集中精力去感受当下情境的沉重感和深刻感。进行自我整合并挺立于心灵故园的中心地带具有重要的意义，这使你能够在融入丧恸时密切关注一切心理阐释或精神启示，因为在丧恸中你的身体和情绪需要不受外界干扰、紧密配合。你不应该压抑幻想精神和多元智能。相反，你应该在体验丧恸时使其平衡、镇定。只有在进行自我整合后，你才能做到这一点。你身处丧恸时需要叩问心灵两个本质问题："必须悼念什么？""必须完全释放什么？"当你的智能过度活跃时，它可能是在大声嚷嚷："需要解释并合理化什么？"然而，如果你能够使智能冷静下来，并欢迎它参与该过程，它将帮助你洞察与失去相关的记忆及思想，并为你转达其中的含义。如果你的火元素过度活跃，它可能是在补充"需要超越什么"的问题。如果你使幻想精神镇定下来并处于平衡状态，它就能赋予你必要的敏锐洞察力。这样一来，你就能意识到丧恸期间你身边的人在陪伴你、支持你。你进行调节不是为了扼杀智能或幻想精神，而是为了帮助它们在神圣的丧恸仪式中恰当地发挥积极作用。

当你毫发未损地度过丧恸时，你会感到疼痛，但这疼痛不至于超出你的承受范围。在真正的丧恸中，你的心灵会出现裂痕，但不会分崩离析。如果你能将丧恸（泪水、狂怒、欢笑或彻底的沉默）释放进圣祠，你的身体和心灵就会成为生命之水流动的渠道。如果你愿意让河水在体内流淌，灵魂之河的转弯处会加深，河水会恢复自己的治愈性流动。你的心灵将不再空虚，你的心田会更加宽广，你也会更有能力去爱，你呼吸的那方天地会更加高远。丧恸结束后，你不必也不愿抹除失去的记忆。相反，那份失去会与你融为一体，与你血脉相通、力量相容，使你认识到生命之脆弱。你不会变得刀枪不入，也不会变得铁石心肠。相反，当你以神圣的方式与丧恸和失去建立联系时，你的内心会变得柔软而有力量。

当你终止丧恸过程（眼泪已在圣祠中流净，并且你已将逝者护送离开）时，你（以及丧恸仪式的其他参与者）应该把圣祠内的部分物件包裹好，以一种象征着终结的方式封存起来。将这个包裹仪式性地埋葬或烧毁，同时将圣祠彻底拆除（你可以继续摆放圣祠内部的照片等物品，但你要远离它们并将它们以全新的布局摆放）。为整个悼念仪式画上句点具有重要的意义。因为灵魂不仅热爱仪式而且着迷于想象，而这会使其正式终止体验丧恸的过程。用音乐或基于食物的仪式来终结丧恸具有治愈作用。音乐和食物能够治愈、稳定及吸引身体和灵魂。葬礼仪式圆满结束后，记得让祖先们融入你的生活，与他们交谈、为他们歌唱、向他们提问、为他们祈祷、寻求他们的帮助以及汲取他们的智慧。请记住，死亡不朽，它是通往彼世的一扇窗。

还请记住，丧恸是发生在身体上的自然过程。如果你集中注意力并尊重丧恸仪式，你就能根据本能清醒地行事，不必动用任何精神审视或心理阐释。当你踏入丧恸的河流并从中走出来时，你的智能和精神会默祈片刻，因为它们需要整合在这次剧变中亲眼看见的一切。请引导丧恸并尊重身体和情绪的真实反应，这有助于智能和精神进行整合并走向成熟。你的精神和智能将会在丧恸深邃的治愈性河流中走向成熟并获得圆满，不再像往常一样孤高傲慢地凌驾于现实世界之上。

丧恸受阻时如何应对

人们陷入丧恸可能是因为坠入阴暗世界，也可能是因为丧恸过程尚未结束，将两种丧恸区分开来意义重大。大多数人在群体性丧恸仪式上草草了事，然后去独自面对自身的真正丧恸——没有仪式、习俗或社区。在许多情况下，丧恸之所以陷入困境仅仅是因为丧恸过程尚未完成。倘若如此，进行丧恸仪式练习将有助于你完成体验丧恸的过程。感受丧恸需要一定时间，丧恸在你完成这一神圣使命后才会离去。如果你的丧恸仪式还没有完全结束，根据你与失去仍然保有的联系，你就能意识到这一点。你仍然会感觉到一种痛苦的实际联系，并认识到你需要更多时间去尊重并继续未完成的丧恸过程。

还有一种形式的丧恸被称为"复杂性丧恸"，它似乎涉及大脑中与成瘾相关联的区域。从本质上来说，你的身体可能会汇溺于丧恸！如果你极度丧恸、经常哭泣、格外思念逝去的亲人，并在亲人亡故六个多月后仍深陷焦虑和抑郁，那么请务必去看医生或治疗师，并告诉他你可能正处于复杂性丧恸之中。目前的数据表明，这种形式的丧恸甚至会影响你的内分泌系统、睡眠质量和荷尔蒙平衡，不容忽视！

当你像曾经的我一样被困于充满分心或解离的阴暗世界时，你会体验到受阻的丧恸。在这种情况下，你可能无法看清自己的情绪状况。你无法感受到真正的丧恸，因为你实际上无法处在丧恸的领域中。你会逃避丧恸，将其合理化、使其处于麻痹状态或变得虚幻。你也会因此而感到消沉、抑郁、焦虑、盛怒或惊慌。更有甚者，你会萌生自杀性冲动。你会认为自己蒙受了逝者的欺骗和生者的背叛，所以你会觉得与自己的灵魂相隔甚远。此外，你很难向外界寻求帮助、陪伴或建议。但无论如何，请务必寻求他人的帮助。毕竟你正身处激流之中，迫切需要人际交往、心理咨询和社交群体帮助你最终潜入河流、感受丧恸。

尊重他人的丧恸

为别人的丧恸创建神圣空间时，首要原则是不要急于把他们从激流中拯救出来，也就是说不要对死亡、过去或未来这些话题高谈阔论或娓娓而谈。我们需要把丧恸之人看成一座圣所，其宏伟与壮丽皆经生命之水洗礼；我们需要把他们看作同时踏进此世与彼世的独特灵魂。哀悼者正处于广阔的仪式空间，你的行为应当透着对此刻灵魂任务的虔敬。虽然想要做到不用陈词滥调、说教及鼓舞人心的话干扰他们并不容易，但你要极力克制自己这么做的欲望。你这时必须阻挡一切外界干扰，让悼念者任意选择语言、呜咽、狂怒、彻底的沉默、绝望、阵阵欢笑、反抗等方式去充分体验丧恸。如果你能够将自己视作丧恸者的助手，而非咨询师，你就能在这种仪式中找到合适的位置了。

为丧恸状态下的人建立神圣空间时，你要适当地远离死亡和失去（或充分地感受丧恸），从而表现得像个仪式传承者，而非悼念参与者。如果你还没有体验过死亡或失去带来的丧恸，你极有可能与悼念者一同坠入灵魂的河流，导致岸上的圣所无人把守。我们之前在愤怒一章中打的比方同样适用于这一章，即在帮助他人之前要先把自己的氧气罩戴好。虽然坠入了丧恸的河流没有什么值得羞耻的，但是深入丧恸会耗费你的能量。如果你自己不慎坠入丧恸，你将没有额外的精力帮助他人创建神圣空间。这时，你需要请求外援去帮助你和你想要拯救的哀悼者。

若想成为一名出色的助手，你无须变得麻木和冷漠，进行这项任务不必如此。你只需要在哀悼者体验丧恸时与其划定清晰的界限（点亮你的边界是个不错的办法）。在此过程中，着眼现实、集中精力的能力非常重要，因为你必须能够自如地应对自身情绪。丧恸是会传递的（它既是一种私人情绪，又是一种群体情绪），所以即使你精神集中，仍有可能与哀悼者一同陷入丧恸。倘若果真如此，深呼吸并有意识地放松身体，这能够让你在丧恸流经你的身体后回到岸上（丧恸本身具有极强的治愈力）。通过这种方式，你就能够在担当助手时欢迎并尊重丧恸。

如果你能建立一座丧恸圣祠或哀悼场所（在里面放点音乐、摆上照片等神圣物件、点上蜡烛、放上隐私物品并布置好你或哀悼者能想到的一切物品），你就能为哀悼者和你自己创建神圣空间。借助这样一座圣祠，哀悼者就能将其话语和情绪释放进圣祠，而不会波及你。作为助手，你的任务不是将哀悼者的丧恸聚敛起来并亲自替他们处理，而是创造圣祠供他们释放情绪、安全护送逝者离去。

丧恸结束之后，你和哀悼者都要远离圣祠（或哀悼场所），并适当饮食以回归当下。至于是否拆除圣祠，请依循你的本能。哀悼者可能想要保留圣祠，继续丧恸，毕竟那是一座供人体验丧恸的神圣场所。他们可能也想阅读本章、学习丧恸的展开过程。尊重哀悼者的意愿并以感谢圣祠来结束你的任务。检查一下你自己是否已回归现实，保持边界明确、精神专注，并确定你已在几分钟的独处时间里烧毁契约、恢复活力（见第162至167页及第174至178页）。感受丧恸（即使是作为助手）会给你带来一些变化，而这些变化会唤起你的停滞倾向。如果你能恢复活力，你就能整合变化中的信息并自如地应对停滞，正如应对变化一样。

记得欢迎丧恸的到来并让身体掌控全程。相信自己，也请对该过程的效果有点信心。如果你在心灵故园的帮助下潜入灵魂的河流，归来的那刻你会遇见崭新的自己。欢迎丧恸并向其表示感谢。

第二十二章

抑郁：巧妙的停滞

重点讨论情境性抑郁。

馈赠

心灵停滞的特别信号。

本质问题

能量去向何处？为什么要把它护送到别的地方？

阻塞迹象

循环性绝望、愤怒、羞耻、焦虑和狂躁的兴奋妨碍或阻止你继续前进。

练习

仔细聆听。能量和流动总有充分理由从心灵中流失，包括健康状况、脑部化学物质、不公、关系、事业、旧有创伤等带来的影响。在理解抑郁中固有的智慧前你不应贸然前进。

抑郁不是一种单独的情绪，而是情绪、立场、决定、健康问题的集合体，这个集合体就是我所谓的"心灵停滞的特别信号"。抑郁是巧妙的（尽管让人难以承受）心灵内部运动，而它出于一些重要原因，会扰乱你的正常生活。绝望在自然悲伤受阻或被困时产生，而抑郁则是种难以缓解的循环，它覆盖了多种被阻塞或过分宣扬的情绪（情绪集合不同于单独的情绪），理解两者的区别具有重要意义。抑郁是由扰乱心灵的外部冲突和内部冲突共同造成的，虽然抑郁可能极具破坏力，但其修复功能至关重要。

当人们在抑郁中苦苦挣扎时，通常有四五种强烈的痛苦情境或健康隐患同时潜藏着。虽然抑郁有可能且的确能够演变到失控的地步并破坏身体系统、情绪、心理功能和幻想意识的稳定，但它开始总会以可控的方式出现以应对存在已久的困难或不公。不去应对抑郁指向的情境反倒将抑郁视作一种特定的疾病，这种管控抑郁的方式是欠妥的，因为在应对扰乱心灵、破坏稳定的刺激时，抑郁本是一种自然的保护性反应。抑郁练习是为了追求幸福而鼓励你迈向快乐（且是根本无趣的快乐），也是为了去了解内在及外界的扰乱因素。你的第一要务不是消除抑郁，而是在心灵故园的中心地带保持专注，从而将抑郁看作关于特定（甚至是模

383

糊）问题的重要信息，而非对你本质价值的消极评价。

如果你目前正在服用抗抑郁药（包括草药），欢迎你阅读这部分内容。在服药期间，你仍有很多情绪上的工作要做。事实上，如果你所服用的药物适用于你，你可能更善于与情绪相互配合，你不会像个行尸走肉，你也将不至于坠入无底的深渊。我之所以强调药物治疗的必要性，是因为我与那可怕的自杀性抑郁对抗了三十多年，任何能起到缓解作用的药物都是上天的恩赐。在此之前，我都在偏执地抵制传统疗法而不去咨询专业的医生，所以我只能势单力薄地独自应对使人虚弱的严重抑郁。这使我吸取了很多经验教训，使我能够更好地帮助不愿或不能忍受药物治疗的患者，但这也使我付出了极大的代价。

目前的研究显示，抑郁（尤其是重度抑郁）如不加以治疗，会使大脑在今后更易于陷入抑郁。正如其他反复不断或管控不善的情绪一样，未经治疗的抑郁也会在脑海中形成一道沟壑，尤其是重度抑郁。不幸的是，这种沟壑还会影响内分泌系统、睡眠模式、记忆机能，甚至是脑细胞内的脱氧核糖核酸（DNA）。未经治疗的抑郁甚至会给脑部带来一定损伤，可见抑郁当真不可小觑。去寻求帮助吧！最终，我选择了接受专业治疗。现在，重度抑郁症不再复发，我的睡眠模式也变得合理，内分泌系统逐渐平衡。此外，有初步数据表明，SSRIs（选择性5-羟色胺再摄取抑制剂）等抗抑郁药可以修复重度抑郁症给脑细胞内的脱氧核糖核酸带来的损伤。真是令人欣慰！

现在，除了我上文提倡的对抑郁症病例进行医学干预，弄清楚你患的是哪种抑郁症也很有必要。我患有早发性重度抑郁症（早在十一岁那年，我就第一次产生了自杀性冲动），但我没有躁狂症状，也没有循环性焦虑。具有躁狂症状的抑郁症称为躁郁症，它所需要的治疗方法与重度抑郁症不同。躁郁症十分复杂，恰当的诊断和治疗非常重要（用治疗重度抑郁症的方法来治疗它反而会加重病情）。伴有焦虑、恐惧症或强迫症症状的抑郁症需要另一种治疗形式，其中较为有效的通常包括服用抗焦虑药物和接受短期认知行为疗法。持续两年或两年以上的轻度慢性抑郁症被称为精神抑郁症。在一些人身上，昏暗的光线会引发季节性情感抑郁症。此外，女性还可能患上与激素相关的抑郁症，包括在经期前出现的抑郁症（经前焦虑症）和生育完孩子后出现的抑郁症（产后抑郁症）。对于以上这些与激素相关的抑郁症，人们也应当接受一定治疗，因为它们会导致整个身体失去平衡，让大脑习惯性地陷入抑郁。精神病性抑郁症伴有幻觉或幻听，看起来可能更像精神分裂症，而非典型的抑郁症［目前一般是指精神抑郁症或轻度躁郁症（循环性情感症）］。抑郁症的一般症状为神经高度敏感、情绪低落、食欲提振或体重增加以及睡眠时间过长。还请记得我在"愤怒"那章中所说的，循环愤怒经常会掩盖潜在的抑郁状态（尤其是男性）。如果你经常暴跳如雷、义愤填膺，请向医生咨询或者在网上找一份抑郁症问卷，如实地进行自我评估。再次强调，抑郁不容忽视。

与上述情况相比，情境性抑郁对大多数人来说更为常见。这种抑郁表现为对所有事情都提不起精神、心情低落，而不仅限于

特定的原因。这种经历对大多数人来说都不陌生：我们持续感到
低落、动力不足、与世隔绝、哭泣、恐慌、失眠、厌食、功能紊
乱。许多情境性抑郁症患者都会对某种草药、冥想练习、锻炼、
饮食限制等产生依赖。事实证明，他们的做法不无道理。情境性
抑郁症患者行事极其灵活机敏，能自如地应对生活中的一切变
化。有很多心理健康研究都表明，心理疗法和冥想等非药物治疗
手段与抗抑郁药具有同样的缓解效果，但是这些研究基本上只针
对情境性抑郁症。因此，其他抑郁症的患者仍有必要进一步借助
药物的干预，包括重度抑郁症、躁郁症、激素相关抑郁症以及与
愤怒或焦虑相关的抑郁症。无论一直以来你采取的是哪种方式，
都请祝贺自己从抑郁中挺过来，并且要知道正确的诊断对你的身
体和心灵都有保护作用。

本章的抑郁练习对于缓解情境性抑郁十分有效。但是，如
果你所经历的抑郁较严重，请不要只依靠这个练习。严重的抑郁
称得上真正的疾病，所以在缓解这种抑郁时，你应该把它当作疾
病来治疗，而不是当作性格缺陷来对待。请爱自己并好好照顾自
己，不要硬撑。外界的帮助很容易获取。

情境性抑郁蕴含的信息

当前文化下，情境性抑郁已经成为一种激流级情绪。在这种
文化中，价值高过想法，理智胜于情感，身体与精神相互对立。
实际上，情境性抑郁并非真正的激流级情绪。引发情境性抑郁的
根本动因是对心灵的保护、对自我的尊重，它顺应了心灵故园的

诉求。在良好稳健的心智中，当某些（或全部）自我成分失去平衡或将要出现问题时，抑郁就会充当健康心灵的能量压脉器。它的出现是由于你的本质自知地做出了这样的选择。真正的问题在于，大多数人未能与心灵故园中的各个地方都建立联系。我们偏颇地看待自我成分：身体重于精神（反之亦然），逻辑重于共情，精神重于情绪……因此，大多数人的元素和智能都已四散飘零、分崩离析，而心灵的许多成分也都已坠入黑暗、隐匿起来。我们则对当初抑郁为何产生茫然不知。

当我们陷入情境性抑郁时，大多数人或多或少地清楚自己也参与了对自我的破坏。不幸的是，没有人教过我们如何必要地乃至神圣地尊重或庆幸这种自我约束。相反，一旦我们面临这种抑郁，我们就会认为（也许是被迫的）自己正处于紊乱状态。尽管抑郁存在的真正意义是防止我们采取危险行动或处于危险立场，但在整个文化环境中，我们无法按照觉醒心灵中心的指引去生活，而是将抑郁症视为一大威胁。我们接连数十年想方设法，企图将抑郁从心灵中消除。我们对其进行研究、追踪、分析、治疗，穷追不舍。如有哪项干预措施效果显著，必定会被大肆推广。但这就是赤裸裸的事实：只要心灵再次召唤，情境性抑郁必会复发。其原因在于，这是面对纷繁复杂日常生活（精神、家庭、社会、经济、政治中的腐败和不公，等等）的合理反应。我甚至可以说，如果你仔细审视过我们所处的环境（人们对待年轻人、老人、穷人、心理疾病患者、犯人和难民的方式）后没有产生丝毫的抑郁，那你一定是病入膏肓了。抑郁不是问题，情境性抑郁是应对问题的手段，为我们孕育着良机。

如果并未掌握一定的共情能力，你可能会在面对抑郁时陷入崩溃并迷失方向。然而，如果你保持专注、立足现实并确立边界，你就能建立神圣空间，并像位心灵导师而非受害者一般应对抑郁。情绪是你内心深处的语言；如果你尝试消除抑郁（或者其他情绪状态），本质上无异于杀害灵魂的信使，使心灵有话要说却只能缄口无言。相反，如果你能恰当地应对抑郁，你会发现你自己、你的生活方式、你的关系、你所处的文化乃至整个世界的非同寻常之处。

我花了二十多年的时间才学会体面地应对抑郁。后来我终于有勇气去咨询抑郁到底想对我做什么，我做足了迎接心态崩溃的准备，料定自己会像只疯狗一样歇斯底里。当我在明亮的边界之内颤抖地坐着，着眼现实、精神集中时，我怀着一种凄惨的绝望心情等待着我内心设想的一阵奚落。但事情并没有按照我的想象展开。相反，我顿时大为震惊，就像看到了"二战"期间把孩子送去乡下亲戚家的伦敦人。那是种介绍性图像，我从中得知，抑郁不是在攻击我，它是在护送我的心灵成分前往安全地带，在一片枪林弹雨之中誓死抵抗。这让我十分诧异，这与我先前听到的言论完全不同。我的心灵中的的确确正在发生一场保护运动，这不是一种病态或疯狂的行动，而是自我成分促使形成的一种自知的关键策略，在这之前，我对这些成分的存在浑然不知。多亏了这些先前未被感知的自我成分，我突然之间察觉到我内心的各种情绪喧嚣不已（挣扎、呼吸急促、奄奄一息），它们拼命想引起我的注意，这是因为抑郁在竭尽全力地拯救我。令我感受最深的是隐藏在抑郁之下的愤怒。在这种悲剧性场面之下，它已无法保护我、帮我恢复毁坏的边界，只能被迫处于苦恼、停滞的状态。

我已经找到心灵里这场残酷战争的根源，我也已明白需要把心灵护送到安全地带的原因，它就好比那个场景中的孩子一样。当时，创伤、解离、情绪压抑以及各元素和智能中的大量内部冲突仍未停止，我仍然在战火纷飞的心灵中四处逃窜。然而，由于我已经习惯了（像大多数人一样）掩饰并逃避内在问题，因此，我看待问题时无法保持清醒的意识。事实上，我表面上看起又并无大碍——相当健全，除了我那可憎的、残酷的抑郁之外。在我看来，抑郁是我唯一的缺陷。如果它不再纠缠我，我会非常幸福、健康。抑郁所展现的景象使我摆脱了自满、压抑的状态，因为它描绘了一个战火纷飞的世界。当我借助这幅图景以全新的目光看待自己时，我惊奇地发现，我可以感受到任何事物，唯独感受不到抑郁，因为我的心灵已经变成了大规模的战场，而问题的关键不在于我目前严重缺乏能量、注意力、和平和幸福。而且这一状况的出现不是阴差阳错，也并非无缘无故，我的能量之所以会消失是因为某些自我部分为了保证能量安然无恙地度过战争已经将能量护送到较为安全的地带。从那以后，我在每位抑郁症患者身上都能观察到同样的情景（尽管每场战争的成员和强度有所差异）。灵魂中一些有意识的东西通过把能量藏在偏远处以应对极端的内部或外部冲突，直至心灵中心恢复往日的平静并且能够有意识地行动。

如果你能牢记这个战争的类比，这将有助于你在应对抑郁时不受其病态污名的影响，你就不会再把自己看作不健全或有缺陷的个体，你将能对自身的遭遇产生共情，积极应对抑郁，而非束手待毙。你会发现抑郁存在的合理性，随后你便会明白想要做出健康积极的行动，我们不可能也不应该处在冲突且不稳定的立场上（如果你自身的元素互相残杀，你不可能做出合理的决定或采取有效的措施）。你应该听从抑郁的规劝，而非陷入徒劳无益的压抑战争，那只会加剧你内心的冲突。你不妨聆听抑郁的声音，听取它的妙计。虽说这个步骤具有治愈效果、很有必要完成，但当前的文化环境使其颇具挑战性。当前环境下，人们被敦促着不畏艰险地继续前进，而没有时间停下来反思生活的航向。

不幸的是，我们的文化不重视反思，使得人们对抑郁的本质知之甚少，不了解它的存在是为了保护灵魂。相反，抑郁被污名化、病态化。与此同时，我们丧失了应对内部和外部世界存在的不公的能力。如果你赞成妖魔化抑郁，那么无论你做什么都无法缓解抑郁。你将无计可施、反应迟钝，也无法了解心灵或世界内部的真实情况。但如果你能建立神圣空间以防自己不加分辨地奉行当前文化下盛行的观念、信仰，你就能完成抑郁要求的尊重灵魂、拯救生命的任务。

抑郁的光荣使命不是抵达幸福，也不仅仅是重获遗失的能量（或大大增加现有的能量），这些以压抑或消除为根本的方法终究无法打破原有的失衡状态，当初正是这种状态引发了抑郁。压抑的方法能够使抑郁暂时消失，但之后的很长一段时间内，你的状况又将如何呢？你会掌握更多技能、获取更多内在资源吗？你是否能笔直地挺立、自如地应对各种情绪？还是说你仅仅是抑郁得不像从前那么严重？抑郁之所以存在，是因为某种保护性的特定理由。它不是你的敌人，它不是你内心战云四起的始作俑者，甚至连其中的一名战士都不是。抑郁的使命十分艰巨而且吃力不讨好。它要在内心战争如火如荼时限制你的能量消耗，它还要格外留心你的行为，防止你在错误意图的指引下走错路、做错事。

你在心灵中的任务不是消除抑郁、继续前进，而是弄清楚应对停滞的必要措施，并在缓解抑郁时把它看作你的同伴，而非敌人。你的神圣使命是终止各元素间的冲突，清理战争留下的废墟，恢复心灵王国的流动并筑起家园，呼唤孩子般的灵魂重返故土。

抑郁练习

抑郁发作令人十分不适，这会使你难以立足现实、保持专注，因为光是抑郁就耗费了你全部精力，使得所有事情对你来说都索然无味。抑郁是种提示，它是心灵向你发出的信号，提醒你内心已出现严重干扰或失衡。在能量大量增加时，它所充当的角色和断路器很相似。为了防止所在电路受到干扰或冲击，断路器会在干扰出现时切断线路。一旦你掌握了其中的原理，抑郁在你眼中的危害顿时就会有所减少。抑郁将会用实际行动向你证明，你的心灵中也存在着类似的保护性断路器。

应对抑郁的首要行动不是掌握电气工程方面的技能，而是改变你应对它的姿态。低下头来仔细聆听抑郁的声音很有必要（而非在抑郁发作前陷入崩溃或在能量损耗后不依不饶）。抑郁状态下，隐藏的重要自我成分会保护你。正确的应对措施应该带有感激。请记得把抑郁视作重要的警示信号，它在提醒你能量正在大量激增并不断流失，与此同时，你的心灵故园冲突激烈。你要做的是，好好吸取教训并利用抑郁的清晰指引优雅地重新挺立。这些行动会让你自然而然地重焕生机。

抑郁练习需要终生进行（其中可能包括强效的疗法和抗抑郁药），当你所患的是重度抑郁症、躁郁症、激素相关抑郁症以及愤怒或焦虑相关抑郁症时更应当如此。这种练习不是灵丹妙药。当然，第142至183页上"建造你的救生艇"那章的五种技能都有必要长期练习，研究各种元素及智能之间的关系同样需要不断坚持，尤其要重点关注火性幻想和气性逻辑之间的关系。因为在大多数抑郁症患者身上，这两种元素会单独或共同主导你的心灵（你会极具智慧或与众不同，甚至兼而有之），这会导致你的土性身体、水性情绪以及整个心灵故园陷入混乱。在这种混乱状态下，你会走上危险的道路，诉诸分心、上瘾和解离。这些手段只会进一步恶化你的抑郁倾向，并使你陷入不适的反馈环路。随后，你的所有元素和智能都会陷入混乱并激烈交锋。由此可见，坚持第63至66页上的平衡练习具有重要的意义。当你召集所有自我成分共同面对该情景时，你就能在心灵中心发挥正确的职能并自如地应对抑郁。在那神圣空间里，你将能辨别出参与冲突的自我成分以及卷入纷争的那些情绪。

你可以检查你掌握（或缺少）的立足现实和保持专注的技能，弄清楚身体和注意力的配合（或抗衡）程度。到目前为止，你已经掌握了许多技能，你也可以去研究妨碍你良好使用它们的困难之处（你定能发现已有明显变化）。此外，你可以直接在立足当下、点亮边界后询问抑郁："能量去向何处？""为什么要把它护送到别的地方？"当你能将所有心灵成分集结起来，共同去面对抑郁尝试提醒你注意的严重问题时，你就能彻底明白把能量这个心灵战场上的孩子送进村庄的高妙之处了。他们待在那里会更好。我觉得我们都应该躲到那里。

当你能着眼现实、自我整合时，你就能在你自己的私密避难所中站立并区分因于抑郁内部的那些情绪状态。比如说，你将能体会出悲伤与绝望、丧恸与厌世、焦虑与健康恐惧以及冷漠与自杀性冲动之间的差异（见第406页）。你能针对在不同情况下感觉到的特定情绪进行相应练习，并尊重这种情绪。此外，当你能够稳定地将抑郁性停滞从体内释放出去时，你将会发现并改善自己在抑郁状态下养成的身体、情绪及心理习惯，无论是不活跃或机能亢奋、嗜睡或失眠、过度运动或运动不足、压抑或宣泄特定情绪、过多心理活动或疑惑不解，还是上瘾、解离，等等。随后，你便可审视你与那些反射性抑郁应对方法订立的契约，并在立足现实的基础上，将你的系统内的阻碍与激增物清除，最后将其烧毁。

毋庸置疑的是，恢复活力的练习（见第174至176页）至关重要。该练习反复使你振奋精神，获得重焕活力所需的能量。以防抑郁复发，你真的不能过度服用具有治愈作用的药物。有些患者在成功摆脱抑郁后接连数周每天进行两次活力恢复练习。如果抑郁试图借助习惯的强大力量卷土重来，这绝对是修复自我、熟悉技能的绝佳方式。

刻意抱怨（见第167至170页）也是种绝佳的工具，你可以把它当作应对抑郁的急救箱。刻意抱怨能打破束缚你心灵的枷锁，它能有力地促进你体内的流动。这种练习对于治疗抑郁极其重要，我甚至都建议你专门建造一座供你抱怨的圣所（涂上黑色等晦气的颜色，放置一些顽童或猛兽的图片），从而圣化及尊重抑郁。刚一开始，你抱怨的话语十分沮丧、令人同情，但如果你继续抱怨，这些话语就会逐渐发挥作用（也就是说，愤怒正在带着其保护性专注力回归你的心灵）。请仔细聆听这些牢骚话，它直指那些使你陷入当下抑郁状态的问题。当你重获资源、修复心灵故园时，进行这些练习是为了让你以一种信心满满、火力全开的状态去解决那些问题，也是为了让你竭尽所能为生活找回平衡、为世界贯彻公义。不要低估健康抱怨的力量，它能为你扫除困难、恢复能量以及治愈灵魂。

缓解抑郁的身体活动

在抑郁状态下部分神经化学物质失去了平衡，通过让这些化学物质恢复流动，抗抑郁药起到了缓解抑郁的作用。但是，能帮助你恢复神经化学物质和身体流动状态的不止这一种方法。竭力锻炼并佐以充分的休息来达到平衡，有助于你更加高效地恢复神经化学物质和激素的流动。锻炼肌肉、加快心跳会使身体疲劳，但这种疲劳比起抑郁带来的疲惫更容易管控。锻炼对于饱受抑郁折磨的人来说具有重要的治愈和维持功能。如果身体经受的疲惫（如跑步20分钟、跳一套舞、举重一段时间）在可承受的限度内并且有机会休息、恢复过来，你就能本能地面对疲劳和紧张并管控它且从中恢复。你所选择的任何运动项目都能给身体带来极佳的治愈效果。重要的是，你使自己以一种安全且自知的方式精疲力竭并留给身体足够多的时间去恢复。恢复阶段非常关键，因为过量运动与长期不锻炼一样肯定会使你陷入抑郁。你在抑郁状态下很容易迫使自己垂头丧气地坚持锻炼或干脆停止一切运动项目，不幸的是，这两种极端做法都不健康。从抑郁中痊愈的关键在于平等地看待运动和休息。

如果你抑郁、倦怠，你就应该慢慢地开始锻炼，逐渐恢复健康；如果你本来就是一名运动员，那么你在应对抑郁时则应该进行多项运动，避免重复练习某种特定的运动项目（过度疲劳且没有充足的恢复时间或足量的睡眠，必定会使你陷入抑郁状态）。运动有利于身体健康，但平衡与流动更为重要。

使其他生命成分保持流动也很重要，尤其是在进行冥想练习时。请确保你的练习不像当初那样超越现实或具有解离性质，同时保证它不会加剧曾引发抑郁的内心挣扎。如果抑郁始终伴随着你，请考虑进行冥想练习（舞蹈、瑜伽、太极拳等都是不错的选择），这种练习尊重四元素中的多种元素。涌流和四元素平衡是打破抑郁循环的关键。

充足的睡眠是情绪及身体健康的保证。根据人体生理节奏的心理学和医学研究，睡眠崩解（如上夜班或轮班的工人）以及睡眠剥夺极有可能引发抑郁，并导致人体内的激素等化学物质失去平衡。作为人类，我们本应当日出而作、日落而息，但现代生活下的我们几乎不再遵循原始的昼夜转换和季节变更。毋庸置疑的是，形成这种状况是由于我们对工作过度重视，已无暇顾及其他任何事项。我们现如今才意识到随之而来的后果。在生产力极高的社会条件下，操劳过度的人群极有可能因被迫减少睡眠而抑郁（并出现健康问题）。

如果你深受抑郁困扰，请留心一下自己的睡眠模式。如果你习惯于在早上摄入兴奋剂（咖啡、茶、糖或草药能量加强剂）、在晚上服用抑制剂（酒精、大量食物、香烟），你很可能会出现某些问题。任何人造兴奋剂和镇静剂都会扰乱人体内的化学物质、昼夜节律、睡眠周期和能量。这些物质能帮助你顺利熬过白天，而等到夜晚你才会陷入崩溃。但是归根结底，它们只会加剧你的抑郁，毕竟健康合理的睡眠是无可代替的。

当你出现不良情绪或抑郁倾向时，审视你与食物的关系并观察你的饮食行为也很有必要。你是否会停下来感受你的真实情绪？抑或是，你是否会尽量保持饮食舒适（或诉诸极度节食和养生法）？事实上，把食物当作药品来食用会导致食物敏感症。如果你不近人情地对待自己的身体并通过饮食（或节食）来摆脱抑郁，你会打破自身内在平衡，也就是说你的抑郁倾向会进一步加剧并且你会形成更加不良的饮食习惯。当你陷入类似循环时，你不必就此戒掉某些食物，你只需挺直站立、改变这种习惯并如实地看待食物，同时在与情绪合作时客观地看待情绪。如果你很爱吃巧克力（或者其他任何食物），巧克力如此美味，你可以适度地吃巧克力，但绝不要因为你很伤心、焦虑、抑郁或愤怒而狂吃巧克力（也不要在任何情况下因想吃巧克力而自我惩罚）。再次强调，我们所做的一切都是为了保持平衡以及尊重并认可那四种元素。

最后这条饮食小贴士，你以前可能听说过，那就是永远不要在心情低落时吃东西。虽然这则劝告有一定的道理，但当你陷入抑郁时遵循它就意味着你要控制饮食数周！当强烈情绪出现时，饮食方面的平衡练习内容如下：自知地辨别出情绪，然后辨别出纯粹的饥饿。如果情绪与饥饿之间建立起了不良联系，你立马就能察觉到。因为这时候你往往会胡乱地自言自语"我现在并不是真的很饿，但我很抑郁，巧克力牛奶应该能帮我缓解"，或者"我爱现烤奶酪三明治"。如果想要在吃东西时保持清醒，你要学会说"我现在很抑郁，但我也很饿，我要吃午饭"，或者'我真的工作得很郁闷，但我想来点番茄汁"，这种简单的暗示练习能让你瞬间停止用饮食来分心或对饮食上瘾，因为它使水性情绪和土性饥饿都有了发言权，并帮助你认识到它们是（或者说应该是）两种截然不同的存在。当你的情绪陷入困境或麻烦时，你需要尊重它们并对其进行疏导，而非暴饮暴食！

幸福又有何作用

　　幸福有什么作用吗？抑郁症不是一种幸福缺陷症。在不公和内在失衡的影响下，你感知情绪的机敏度下降，正确感受情绪的能力也会降低，这便导致了抑郁。抑郁症患者也能体会到幸福，但他们的心灵混乱不堪，乃至幸福发挥不出真正的治愈作用。推而广之，无论是愤怒、悲伤，还是恐惧、羞耻，任何情绪都达不到治愈的效果。如果我能够挥一挥魔杖，使抑郁症患者更加幸福（不用面对现在真实存在的问题），他们就无法好好利用幸福了。这种新鲜注入的幸福感最终会和其他情绪一起烟消云散，而情绪的消失会使他们陷入更为严重的抑郁循环。所以答案是否定的，幸福起不到缓解抑郁的作用。

　　当我告诉人们抑郁是在召唤心灵采取重要行动以应对长久的冲突时，基本上每个人都能理解。但他们几乎总会再次陈述自己当初寻求帮助的理由，仿佛我没有理解透彻他们的处境。抑郁症患者通常会提醒我，他们想回到当初那段幸福的时光。那时他们精力充沛、不用面临生活中的诸多麻烦，他们可以不计后果地随心所欲。听到这话，我通常都会置之一笑，因为他们这是在表明自己想回到当初使他们陷入抑郁的生活方式，而这次他们想摆脱抑郁！无论如何，他们不想陷于困境，他们希望自己能够不受心灵状态和文化环境的影响，在生活中奋力前行。我想这是我们每个人的愿望：生活中没有疾病、悲伤、死亡、痛苦、低落和混乱。我们都希望自己所向披靡、幸福无限、功成名就。我们都想要成为自己人生自传中的闪光主角，总能做出正确的决定。但我们不是英雄，我们也会犯错。幸运的是，心灵会在情况不妙时及时阻止我们。

抑郁是位出色的严师，每当这时它就会悄然而至：智能和情绪互相对立；情绪被忽视、被理智压制或者完全不受理性的控制，或者追随你那变动不居的欲念。抑郁总会在这些时候突然出现：智能无法清晰思考；身体忽视情感、精神或理性的诉求，陷入对食物、性以及更加丰富的物质享受的渴望；幻想精神脱离生活；情绪被侮辱、被夸大、被漠视。此外，抑郁还会在以下情况中出现并掌握全局：悲伤苦口婆心地劝你释放某些物质，你却置之不理；愤怒希望你将边界建立起来，你却将其拒之门外；羞耻建议你改正自己的行为，你却一意孤行；恐惧告诉你存在某种危险，你却忽视自身直觉，继续前进，接连陷入完全可以避免的麻烦之中。

如果你仅仅是感到不开心，抑郁不会产生；只有当你陷入令你精疲力竭的冲突、无法自如地采取行动时，它才会出现。虽然人们指责抑郁将人变得孤立，无法正常进行社交和政治活动，但实际上，当你陷入抑郁时，孤立和背离常轨早已在你身上存在，而抑郁是在阻止你继续下去。如果你仅仅是为自身系统增添幸福、以幸福振奋精神并重陷冲突（见第436至440页上有关兴奋的内容），你的行动只会对自己以及你周围的人造成伤害，因为这些行动源于自我冲突的心灵（无论你表面上看起来多么精力充沛）。幸福是种美好且珍贵的情绪，但它不是灵丹妙药。此外，当你内心硝烟四起时，需要产生的也不是这种情绪。每种基于幸福的情绪都会因为它们各自的内部原因（而不是你的需要）产生，它们不应该被抑制或美化，也不应该被装点得凌驾于其他真实却令人不适的情绪之上。否则，你就会陷入更加险恶的局势。抑郁不是一种幸福缺陷，它是当今文化环境下的激流级情绪。因此，应对激流级情绪的那句咒语又派上用场了：渡过激流是唯一出路。

个人抑郁与文化抑郁间的相互作用

抑郁练习是错综复杂的，因为引发抑郁的问题也是错综复杂的，这种问题与你个人有关，更与整个文化大背景息息相关。因此，当你处于抑郁状态时，你有必要从社会学角度来进行处理，并借助幻想和全部智能识别出哪部分问题是由你自己导致的，哪部分问题是由文化的熏陶作用造成的。比如说，饮食及情绪方面的困扰主要归咎于大脑将糖分和脂肪与满足和舒适相联系，还有传统观念教育我们，相比于自身感受，更加重视饮食。正因为如此，几乎可以说当代所有人都患有轻微的饮食失调。类似地，你内心的冲突（各元素与智能间相互斗争）也不属于个人的病理现象。我们都曾习惯性地使各元素和智能相互分离，并且对其进行压抑，这意味着我们每个人都在由此带来的分心、上瘾、解离及抑郁倾向中饱受煎熬。当你能汇集所有自我成分共同面对这种对我们有害的文化熏陶并烧毁相关契约时，你肯定能缓解抑郁。不仅如此，你这也是在为解决文化内部问题贡献一分力量，因为未来世界里又少了一个患上文化弊病的人，多了一个清醒的人。

在抑郁和元素斗争的两面夹击之下，你很难相信这种扭转局势的事物切实存在，而这恰恰是心灵阻止你保持专注或有效应对的原因！当各元素及智能激烈斗争时，心灵便意识到你处在麻烦之中，并试图阻止你在喧嚣嘈杂的现代世界中发出更多失衡、抑郁且无力的呐喊。你无须通过改善整个世界来摆脱抑郁，也不必振奋精神以解除抑郁，你的任务是将抑郁看作极其私人的问题，继而着手清理心灵中的残骸废墟。当你身心平衡、精神专注且能够在心灵中笔直站立时，你自然就能在现实世界铿锵挺立。从你立定的地方起，个人及社会的平衡状态会自然而然地恢复，政治公正也会彰显出来。

抑郁受阻时如何应对

你有必要将陷入困境的抑郁与未解决失衡造成的过渡阶段抑郁区分开来。请翻看第63至66页的平衡练习部分、第84至99页的"上瘾"那章以及第142至183页的"建造救生艇"那章确定一下。请记住，缓解抑郁只是开端，而旅程是终生的。你要始终保持清醒，防止重拾文化鼓励的行为，却毁坏了自身的完整性，最终不可避免地走向抑郁。

如果你使尽浑身解数来应对抑郁（并且你的睡眠越来越充足），依然起不到任何作用，请去看医生或治疗师，并考虑填写睡眠问卷以确定你是否有任何睡眠障碍的迹象（打鼾、高血压、抑郁和日间嗜睡意味着你可能存在睡眠障碍）。当你在面对复发性抑郁症时，你需要进行咨询并进行一定治疗，然后才能恢复平衡。抑郁症预示着不堪的心灵状况。这个过程不是简单地陷入悲伤、愤怒或恐惧，它涉及了多种情绪。因此，当你再次从失衡状态恢复到稳定状态时，你需要帮助、支持、干预和陪伴，这没有什么值得羞耻的。去寻求帮助吧！

尊重他人的抑郁

对于未能掌握情绪技能的人来说，尊重抑郁确实是一项艰巨的任务，因为他们通常无法识别或处理那些隐藏在抑郁下的情绪和问题。不幸的是，由于抑郁极易复发，试图为未掌握技能的人创造抑郁的神圣空间可能会对你自己的情绪健康造成一定的危害。如果你试图帮助抑郁症患者攻克难关、建立边界和感受抑郁，你会发现，一旦他们心灵中某一部分恢复正常，另一部分就会毫无悬念地陷入混乱——几乎像事先计划好的。过不了多久，你就会发现自己随他们一同陷入了令人束手无策的戏剧性场面。这归结于一个很重要的原因：在人们重新站立起来之前，抑郁都在灵魂中起着至关重要的保护作用，他们的抑郁根本不愿离他们而去。

抑郁总是指向一系列复杂的内部问题。抑郁的人的灵魂被召唤去参加仪式，而该仪式将涉及难以置信的变化。重要的是，当你与抑郁症患者在一起时，要牢牢地确定自己的边界，这样一来，你就不必被迫成为他们康复过程中负责监督的大祭司。抑郁症患者通常需要接受心理治疗、进行成瘾咨询，并辅以具有缓解功能的行为疗法或药物，但抑郁症的彻底治愈往往建立在心灵创伤真正痊愈的基础之上。为抑郁症患者寻求帮助值得表扬，但也要量力而行，帮助抑郁的人找到支持和治疗方法。抑郁症可能演变为不容乐观、危及生命的疾病。因此，抑郁症患者需要的帮助可能远远超过朋友所能提供的。

请记得欢迎抑郁这一信号，它标志着各种不同元素和智能的失衡，或者意味着心灵故园内发生了强烈的冲突。抑郁是一种巧妙的停滞，它前来阻止你是有一定原因的。欢迎你的抑郁并向其致谢。

第二十三章

自杀性冲动：黎明前的黑暗

馈赠

确信、解决、自由、转变、重生。

本质问题

现在必须摒弃何种观念，戒除何种行为？

心灵无法继续容忍什么？

阻塞迹象

令人苦恼的凄凉感破坏你的现实生活，而不会促成你的转变
和觉醒。

练习

运用自身技能烧毁契约并神圣地、仪式性地毁灭那些折磨。如果

你在着眼现实、运用共情能力的同时，尊重且留意自杀性冲动，它会支持你找回丢失的梦想，并为你扫清内心里的一切障碍，防止其产生威胁。事实上，疏导自杀性冲动会使你重生，使你重新过上本真的生活。不过，如果你遇到任何危机，请立刻寻求帮助。

如果你在拿到此书时首先翻看了这一章，但你并未有所改变，请不要再继续阅读了，快去寻求帮助吧。打电话给你的治疗师，拨打当地的自杀或心理危机热线。你现在感受到的痛苦和孤独都是真实合理的，你当下的处境很危险，但无论如何，你不是在孤军奋战。帮助触手可及，请不要选择独自面对。你是一个性格敏感的人，这个世界需要你留在灵魂之河的此岸。请务必寻求帮助、回归现实。等你安然无恙时，再翻看这一章。

如果你已学习并掌握所有情绪技能，而且读到了这一章，欢迎继续阅读。欢迎来到激流级情绪强烈无比、汹涌澎湃的世界。自杀性冲动的领域中存在着许多显而易见的危险，但就像其他任何激流级情绪一样，它也蕴含着无限的治愈力和高超智慧。你心灵中的每种成分都融合了治愈力与破坏力。完整的心灵包括各种悲伤、欢乐、欢欣、不幸、恐惧或羞耻。它们都是你前进路上的启迪之光，但它们也都能把你拖进混乱不堪的万丈深渊。你的所有心灵成分都是一把双刃剑，它们既能保护你、治愈你，又能置你于死地，自杀性冲动也不例外。

当你产生自杀性冲动时，你就将面对重大的生死问题。倘若没有朋友或治疗师给你支持，也没有技能供你调用（具体来说，你无法着眼现实、集中精力，也无法建立强大的边界、疏导自身情绪，尤其是愤怒、狂怒、仇恨和羞耻），这种冲动来临时你必然手足无措。只有当你身处充满活力的明亮边界（由愤怒支持的神圣空间，你的自杀渴望能够在此得到缓解，并借助神圣的仪式得到疏导）之内并感到心情愉悦时，才能着手处理自杀性冲动。如果你没有掌握任何创造圣所的技能（也没有进行任何心理治疗），你目前还无法进行该练习。在开始进行这项练习之前，请仔细阅读边界确立的相关内容（见第152至162页）以及关于愤怒、仇恨、羞耻和抑郁的章节。请密切关注自身心理状况，学习应当掌握的技能并集结你的盟友，自杀性冲动极其强烈。

自杀性冲动蕴含的信息

共情能力和丰饶心灵故园中的各种元素及智能对于缓解自杀性冲动都是必不可少的。这其中的原因就是，自杀性冲动的产生表明你心灵深处的自我与现实世界的自我（分心且受创）之间已出现不可调和的极端矛盾。自杀性冲动是一种紧急信号，告诉你遗失的心灵成分正在遭受灵魂死亡的威胁。自杀性冲动英勇向前、手执利剑，它摇旗呐喊：不自由，吾宁死！它十分重视你正在面临的那些问题，亲自出马谋求解决办法。然而，你的自杀性冲动并不是真的想杀死你！它渴望自由，渴望远离眼下的这种生活。但更重要的是，它不忍心看到你的现实生活走向毁灭。从事件发展的进程来看，那也许是徒劳的。全部能量以及一切情绪存在的根本任务便是保障你良好、安全、与世联结的生活状态，或者退一步说，是保证你好好活着。如果你能明白，心灵内部的原始智慧始终致力于保障你生存顺利、自我完整，那么你将能够从神话的角度神圣地看待自杀性冲动，而不是肤浅地将其视作肉体对死亡的渴望。我亲临的自然死亡现场不计其数，我可以很明确地告诉你，自然发生的死亡其气氛与情绪完全不同于自杀性冲动造成的死亡。

自杀性冲动并不是字面上的死亡愿望，而是灵魂遍体鳞伤后的无奈选择。脑部化学物质失衡或未治愈的睡眠紊乱彻底地破坏了你的稳定状态。于是，自杀性冲动便产生了。以下这些情况也会引起自杀性冲动：恐惧超出你的承受范围且使你陷入危险境地；愤怒被压制，边界被践踏；无法从悲伤和丧恸中脱身，并坠入无休止的绝望之中；耻辱对你围追堵截，使你无法调节自己的行为；创伤太严重以至于你在创伤性仪式前两个阶段不停地徘徊，因而筋疲力尽；解离、分心、逃避和成瘾接连数年，冲击极其巨大，使你几乎忘却了正常生活的模样。当你的处境难以忍受，迫切需要一股强烈的能量注入时，最为强烈、最为残酷的自杀性冲动就会随之而来，但这种冲动出现的目的不是唆使你了断性命，而是为你提供充足的能量，在身体上、情绪上、心理上和精神上进行自我屈服，进而挺过让你苦不堪言的现状。

自杀性冲动是你最后的防御手段，所以它极其强烈，除了惊慌和惊恐之外没有任何情绪能在强度上与之抗衡。惊慌和惊恐这两种情绪出现时，总是赋予你必需的能量冲向胜利仪式的第三阶段。如果我们只依靠一到两种自我成分进行思考（并且不与各情绪相互配合），惊慌发作和自杀性冲动就会使我们的心灵混乱不堪。在这种情况下，我们极有可能走向崩溃。然而，如果我们已掌握共情技能并正确理解各情绪在治疗过程中扮演的角色，我们就能充分利用隐藏在这两种状况之中的超凡智慧。

惊慌和惊恐看似是两种无力且紊乱（似乎与胆怯有关）的情绪，但事实并非如此。当你能够借助已有的全部技能深入这两种情绪时，你会发现它们蕴含着巨大的能量和无限的勇气，自杀性冲动亦是如此。如果你不曾掌握任何技能，并且你的心灵中只有一到两种元素处于清醒状态，你就只能看到自杀性冲动中的疯狂和死亡。但是如果你带着明确的意图和共情的机敏性进入该情绪的神圣领域，你就能在自杀性冲动的帮助下重新发现你的健全心智、心之所向以及对生活虔诚且无畏的热爱。

通过讲述生命内涵的美丽传说来劝阻自杀性冲动，终究解决不了任何实际问题。自杀性冲动不希望伴着悦耳的歌曲酣然入睡。自杀性冲动充斥着狂怒、丧恸等各种成分。只有当你所面临的问题极其严重并危及生命，乃至只能以战士般的英勇姿态解决时，这种冲动才会显现出来。现在不是放松警惕的时候，自杀性冲动是在要求你仪式性地终结那些折磨你、威胁你的情况。当你可以接地且在边界明确的圣所中应对自杀性冲动时，你就能创造神圣仪式，铲除一切对灵魂有害的观念、依恋、态度和行为。以上事物都使你痛苦地背离了心中的本真渴望。

当你虔诚地发问"现在必须结束什么"以及"我的灵魂再也不能容忍什么"时，自杀性冲动内部的力量将帮助你完成最深刻的灵魂工作。它给你的答案始终指向一种或多种（通常是多种）情况，这些情况会破坏你内在的和谐、损害你的功能、削弱你自由生活和呼吸的能力。当你利用祈祷和仪式应对自杀性冲动时，你会从它那里得到明确的答案，它会告诉你必须妥善处理哪些事物："这种行为、那种嗜好、这种想法、这个未愈的创伤、这种关系、这种无尽的抑郁、这份工作、这些借口、这种艺术和音乐的完全缺乏、这种贫穷、这些毫无价值的感觉、这些记忆闪回，等等。"如果你用着眼现实和举行仪式的方式来欢迎它，自杀性冲动将能够准确无误地看出内心最深处的棘手问题，它还能赋予你充足的能量去保护自己、拯救自己。如果你能好好利用它蕴含的激烈强度，则可以点燃自己的边界，坚定地立足现实，并在烈火熊熊的无间地狱中将那些令你痛苦的契约付之一炬。最终，你就能重获自由。当你身处神圣空间以共情的方式对待自杀性冲动时，它就会自行了断、主动消失，事情本该如此。如果你在立足现实、进行仪式的同时与其合作，自杀性冲动就会重新为你创造出富有活力的新边界，使你坚定地伫立在心灵故园的中心地带，并赋予你可贵的专注力去重获完整性、机敏性和丰富性。

倘若你已掌握正确疏导自杀性冲动的方法，你便不会受到它的威胁。因为当自杀性冲动出现时，你会想要逃离残酷的世界，就此了结跌宕起伏的人生，永世长眠不醒。然而真正去实施自杀只会是种彻头彻尾的灾难。这一举动会给活在世上的人带来巨大的冲击，这种冲击是你无法想象的。这会让他们经年累月地陷入深深的丧恸，他们的生活也无以为继，他们的世界在悲伤中土崩瓦解。当被自杀渴望不时折磨的人向我寻求建议时，我尝试帮他们消除原有的看法，不再把自己视作有缺陷、无价值的个体。我引导他们把自己看成鲜活的圣所，通过这个圣所，世界上最深的烦恼都试图被意识到，从而得到治愈。自杀性冲动蕴含着深刻、巨大且强烈的信息，但我们本身也是，我们可以运用自身的力量和强度引导自杀性冲动进行转变并发挥治愈功能。

请注意，自杀性冲动包含了大量的愤怒。如果你不知道如何处理愤怒（参见第206至208页），你可能会压抑它，并陷入分裂性混乱（以及上瘾性"软自杀"）。然而，如果你能学会疏导愤怒和暴怒，你就能借助它们的强度烧毁一切难以忍受的不当契约，摒弃那些折磨你的行为、观念、信仰或态度。猛烈的愤怒能使你手持利斧重锤或喷射火焰，以消灭那些愤怒之源，即具有破坏性且危害灵魂的情境。当你可以疏导愤怒时，你便可以利用它的强度保护自己，拯救堕入地狱的灵魂。请记住，当你的生活状况非常危险、失去控制以至于需要进行死亡仪式时，自杀性冲动就会产生。如果你能够以神圣的、仪式性的共情方式处理自杀性冲动及其内部的愤怒，它们就能为你提供想象性死亡体验，同时不对你造成任何伤害。

自杀性冲动练习

由于自杀性冲动是种情绪激流，你不应该在毫无准备的情况下深入其中。如果你想在自杀性冲动下保持清醒，你必须善于在灵魂之河上划行。通常情况下，第一次进行疏导可以用跌宕起伏、流血牺牲和下车伊始三个词共同来概括。但在那之后，疏导过程就会变得越来越容易（如果你有自杀性冲动的倾向，你可能会继续感受不同程度的自杀渴望；但如果你知道如何引导它们，这就构不成任何问题了）。请提醒自己，这种做法不能消除你的自杀性冲动，因为没有任何事物可以或应当消除你的情绪。自杀性冲动是种极为重要的情绪状态，只有当你遇到重大麻烦时才会产生。如果你学会引导和尊重它，那么无论你的生活因何种原因再次陷入失控局面，自杀性冲动都会前来支援，所以请欢迎它！它是你的盟友，当你把它当作盟友对待时，它会变得极其轻松愉悦。让我来解释一下我想表达的意思。

我想跟你分享的是，当我正式成为讲师和治疗师时（在此期间，我了解到许多患者大量的无意识需求、愿望和要求。就连在讲演、教学和看时间时，我也在为他们寻求解决办法），我产生了自杀性冲动并对这种冲动进行了疏导。在我的这些经历中，你可以看到在激流中划行的情景。如果你在一条真实的河流上航行，你应该先观察别人划动木筏的方式，看看那些过来人是如何渡过那些波涛汹涌之处的。

首先，我坐下来集中精力，点亮边界（自杀性冲动蕴含着大量愤怒情绪，因此你有必要在对它们进行疏导之前建立强大的边界）并坚定地着眼现实。然后，我在自己面前（在边界之内）想象出一张较大的契约，并深入体会我一直以来躲避的那些情绪。我之所以说"情绪"是因为这个麻烦萌生之初肯定不是一种自杀性冲动，而是被忽视的恐惧，紧接着它转变为焦虑（我仍未重视），继而是羞耻、抑郁、身体疾病，最终才演变为真正的自杀性冲动（这种冲动产生一个月后我才有所察觉）。如果我当初能够在第一时间聆听愤怒的声音，我一定能轻而易举地察觉出整个循环过程。但事实上，我极其忙碌、惊慌失措，没有停下来思考事情的始末。我真是个糟糕的共情者！

我体验到我的自杀性冲动，但我并没有立即感受到它凶猛狂暴的强度。相反，我感受到了某种黑暗、抑郁和悲伤。我把一团黑影、一种幽蓝的水性悲伤以及一种灰暗的抑郁感投射进个人边界。我没有在自己的私人空间里摆满兔子先生，因为诉诸分心不利于缓和当前局面。于是，我选择用自身真实情绪填满私人空间。然后，我向自杀性冲动询问这两个问题："必须终结什么？必须毁坏什么？"突然间，那份虚构的契约上闪现出我站在舞台上的幻象，原原本本地保留着我当时的所有情绪碎片：盛装打扮；内心紧张却要向所有人投去温暖的目光、极力保持幽默的谈吐；私底下内向敏感，这一刻却不得不假装活泼外向。当我看到这样的自己时，童年的委屈如潮水般涌起，使我悲伤得不能自已。于是，我将这些悲伤释放到契约之上，呜咽了几声。才过了几秒钟，我就感到轻松，傻笑起来。这仅仅是因为我终于看到了那个自己，感受到了当时我内心的真实感受。然后，我开始刻意抱怨，大声地说在舞台上不能做真实的自己。我使用了很多"不能"构成的语句（我不能做我自己；我不能用哼歌来改变全场的气氛，我不得不像表演似的装模作样；我不能博得所有人的喜爱；我不能解决这个问题），那些无力的、抱怨的言论使自杀性冲动汹涌而来，手执魔杖！因此，我把所有的"不能"都投射到契约上，把它紧紧卷起后猛地扔出我的边界。在自杀性冲动的提示下，我用熊熊烈火引燃契约，把它烧得一干二净。

当我去察看自杀性冲动之下的被困成分时，我发现恐惧试图帮助我准备好去面对上文所述的艰巨的舞台工作，愤怒和羞耻试图帮助我确立边界、体面自尊地行事，接连数月在我行事得当时通知我（但我听不到它们的声音，因为我忙着忽略所有的情绪），嫉妒试图帮助我从那些恐吓我的表演者那里学习更好的社交技巧，哀恸努力帮我寻回丢失的个人生活片段，还有很多情绪也都在试图帮助我。当我完成该过程时（大约花了十分钟），我明白我绝对不能重蹈覆辙、以先前的方式站在舞台上。此外，我也意识到我必须做些深入的调查、进行自我研究、确立边界并恢复活力，然后再次出现在公众面前。不过，即使我将要面临巨大的挑战，我还是满怀希望、内心坚定、心情愉悦且精力集中，因为所有受困的情绪都为我灌注了活力。它们帮助我弄清楚我面临的具体（且令人完全无法承受）问题，为我提供走向治愈所需的准确信息和强度。在舞台上时，我的做法和形象不仅侮辱了我自己以及观众的灵魂（因为我所展现出来的自我是虚假的），也蔑视了我的写作生涯和本职工作。我有必要将这样的自我形象扼杀在摇篮里，防止其腐蚀我的生活。通过对自杀性冲动进行疏导，我不再受舞台形象的影响，并遵从内心的本真渴望涅槃重生。在此后的几个月里，我兢兢业业地研究舒服地站在舞台上所需要的身体、情绪、智能和精神方面的支持。终于，我现在可以在舞台上不加伪装，呈现真实的自我：共情、唐突、歌唱、敏感的自我。这才是我能接受的舞台形象。

引导自杀性冲动

（如果你已准备就绪）

在你准备好应对自杀性冲动后，你应当点亮个人边界并高度立足现实，因为自杀性冲动蕴含着强大的能量。此外，许多被困的情绪以及创伤性记忆都会和它一同出现。因此，你还应当熟悉整个情绪王国。自杀性冲动出现之前，你要经受很长时间的折磨。那段时间真可谓黎明前的黑暗，所以说你要熟练掌握每种共情技能，与各元素及智能融洽相处，准备好面对这种强烈的情绪。你要保持身体平衡且使其受到尊重，保持智能健康丰富，并良好地联结幻想精神，敏锐地感知各种强烈的情绪。这样一来，当你向自杀性冲动询问其产生的原因时，你的本真自我就能动作敏捷、足智多谋、游刃有余地应对身体内的各种流动。你也应该清楚刻意抱怨（见第167至170页）能带来怎样的功效。实际上，刻意抱怨形同安全阀门，供你释放紧张的、受困的感受（包括自杀性冲动）。如果你能大声地发牢骚，仿佛明天就是世界末日，并且在这个过程中烧毁相关契约，那么你将能够为心灵减轻负担、重新集中注意力，并打破一切可能令你困扰的反馈环路。随后，如果你的自杀性冲动仍然很活跃，你可以深入情绪内部并迅速找出处理问题的方法，而不必在郁积情绪的泥沼中举步维艰。刻意抱怨的效果非同凡响！

在你准备好应对自杀性冲动后，你可能希望有位治疗师陪伴在你的身旁。那就遵从你的直觉吧，仔细考虑你的担忧，并寻求一切必要的帮助。随后，当一切准备就绪时，请点燃你的边界，并坚定地保持专注、着眼当下。如果你感到恶心或焦灼，请深呼吸然后轻拍膝盖、轻揉腹部以放松身体。在自杀性冲动的影响下，你真的有可能极为恐惧，所以请保持身体舒适，让身体知道你不会伤害它。

如有任何恐惧向你袭来，请将其注入保护性私人空间，并保持对当前时刻的专注（这将有助于你保持冷静）。如果你想在整个边界内营造出一种恐怖的气氛，就去做吧。欢迎你的恐惧并告诉它你注意到了它，但不要因恐惧而丧失稳定状态。对待其他情绪亦是如此：将情绪输送到你的私人空间内，并说明你已辨认出它们并且欢迎它们。如果你觉得承受不住，请增强现实感、放松身体并烧毁所有与显现出来的情绪订立的契约。如果可以的话，请支持情绪流动。但如果此刻的你已经无法容忍这种流动，你可以终止这一疏导过程。

想要终止该过程，你需要弯下腰、双手接触地面，然后起身，从上到下摇晃身体并随意地走动。如果吃某些食物能使你感到舒适，那么细嚼慢咽地吃点东西也许对你很有帮助。无论处于何种情况下，都要吃点或喝点东西来回归当下的情境，然后出去找点乐子或者看些有趣的节目或视频。总之，做些不紧张、不恐怖、不那么惊心动魄的事。你需要放松下来。

如果你已准备好继续进行，请想象在你面前摆放一大张契约，并提出该问题："此刻应该终止什么？"或者说："我无法容忍什么在我心灵中存在？"如果下面的问法更对你胃口，你也可以这样问："必须毁灭什么？"如果这个问题太尖锐，你就选用前两个问题吧，随你选择。接下来，你就只要等着看契约会发生何种变化。请记住，你无须亲眼看见。你只需要去倾听、去体会、去感知，或发挥想象去领悟心灵让契约上浮现出的画面或图景。你可能会感知到画面、声音、一种或多种情绪、书面文字或口头话语、模糊的记忆或一整段视频。你的心灵有其独特的方式，你目前的体验方式就是最适合你的。去体察呈现在你面前的事物。

如果你看到或感知到自己的形象，你要知道自杀性冲动不是表面上结束生命的愿望。此刻，你正身处仪式空间内，死亡并不真实，只是你意识的形象化或想象的具体化。仔细观察眼前浮现的画面，注意你的穿着、年龄、动作或感觉，并留意你的身体形象或姿态传达出了何种有关自我的信息（就像我在应对舞台形象时所做的那样）。这种想象中所包含的某些特性正在对你产生威胁，你的神圣使命就是辨别出你感知到的问题，并防止自己受到它的不良影响。

当你能清晰地认识呈现出来的一切形象、观念或感觉时，将契约卷起后抛出边界并以任意强度烧毁。当自杀性冲动十分活跃时，心灵充斥着大量的攻击力。不要压抑心灵，用它的攻击力去摧毁契约——用铡刀把契约拦腰斩断，用大炮轰炸它，用喷火器点燃它，或者用谢尔曼坦克碾压它。在面对这种情绪状态时，坦率、真实的应对方法有助于你彻底消除困扰你并且危及灵魂的情境、行为、姿态、健康问题以及当初引发问题的思维模式。让自杀性冲动在神圣空间内自行消失，随后它会贯穿你的身体、在你体内流动，像其他所有情绪一样。要知道无论你毁坏契约时多么残忍，但你并没有伤害任何人，包括你自己。你只是在着眼现实、进行自我保护，你在运用圣所内的情绪能量，并借助强烈的情绪重获自由。事实上，破坏这些契约的强度直接与你所获得的释放水平相关。

毁掉第一份契约后，观察你内心出现了何种转变或变化。如有新情绪产生，请向它表示欢迎并为它想象出一份新的契约，继续之前的工作。如果身体产生不适，请轻拍身体并好好地安抚它，增强现实感或在沮丧区域前再创造出一份新的契约。然后，试探身体的意愿，看它是否想将这种沮丧感释放到契约上。如果答案是肯定的，将这份新契约紧紧卷起并扔出去，用任意强度的情绪烧毁它。如果产生的是想法或观念，欢迎它们并将其记录下来（倘若你愿意）。如果是那种令你沮丧的想法，依旧是将它投射到契约上，观察情绪是如何应对这些想法的。将这份契约卷起来，扔出边界，并以任意强度将其烧毁（或炸毁）！循环进行该过程，记得在摧毁契约时始终要借助你感觉到的任何情绪。欢迎并疏导呈现出来的这种情绪。凡是浮现在你眼前的想法、情绪、感觉、幻想，都请对其表示欢迎并把它们通通投射在契约上，把它们彻底消除，让自己重获自由！

不论是你已经成功处理这一问题，还是你很疲惫、承受不住了，只要你觉得时机合适，你就可以结束这一疏导过程。弯下腰、双手接触地面，然后，站起身来、随意活动身体，喝杯水或吃点零食以着眼现实，再进行活力恢复练习，这个过程就圆满结束了。整个过程中，有许多能量贯穿你的身体。从本质上来说，你已经变成了全新的存在。活力恢复练习十分重要，它让你能接纳自己，全然回归生活。

在疏导自杀性冲动后，你的处境会有所改变。此外，你也会接到新的心灵任务。这种疏导过程往往会激起你的梦想、唤回你的先天智能。你会很清楚自己需要恢复或重新整合哪种元素或智能，着重运用何种技能。你也会明白生活和事业应当何去何从，应当恢复或修正何种关系，以及丢弃何种心灵和灵魂成分。你之后很可能还有很多工作有待完成，但疏导过程是当前灵魂最真实的幻想，也是内心最真实的道路。顺利完成这个过程对你十分有益。

只有当灵魂置身险境时，自杀性冲动才会出现。如果你能在神圣空间内正确处理它，便能获取足够的能量，从而振奋你疲惫的精神、治愈你痛苦的身体、安慰你饱受折磨的智能、清除你郁积的情绪并拯救你那不可或缺的生命。

如何帮助身边的人

仔细聆听自杀性冲动，并把它当作实际的紧急事件来应对。当人们产生自杀的念头时，他们是郑重其事的。即使他们没有实施计划，但他们表达这种想法已经能够证明他们正处于痛苦之中。这种处境进退维谷，求助于治疗师或自杀热线极有必要（见上述内容）。

仅仅通过交谈，你就能帮助受困于自杀性冲动的朋友创造神圣空间。当我产生自杀念头时，无人倾诉（因为这会吓到或冒犯别人，甚至会牵连别人）加剧了我的自杀性冲动。隐瞒和压抑在这种时候毫无益处，如果你能直率地挑起话题，并倾听他诉说、给予他支持，你的朋友很可能会长舒一口气、减轻不少负担。自杀性冲动会使人与世隔绝，对于自杀性冲动强烈的人来说，你的主动介入将带来不少帮助。你甚至会感到震惊，这么简单的举动居然能给你的朋友带来帮助。如果你的朋友需要进行药物治疗，这种倾听同样极具价值，因为这有助于他找到正确的治疗方法。你不希望人们觉得，他们只有恢复"正常"后才是有价值的个体。

如果你朋友表现得像成瘾者，抑或是受困于未愈创伤的危险回放，你要明白这是因为"软自杀"使他脱离现实世界、偏离正常步调。实际上，上瘾和创伤后应激障碍会使人们陷入激流，这不仅表现在情绪领域，还表现在身体、心理和精神等各个领域。

这些混乱状态是他们铸造健康灵魂的必经之路（如果他们能够幸存下来），但当这种混乱彻底恶化时，人们不仅会丧失社交能力，还无法与除上瘾和创伤以外的事物建立联结。作为朋友，你必须懂得从这种混乱中恢复的过程其实错综复杂，需要身体、理智、情绪、心理、药物等多种层面的干预。

然而，首要也最重要的治愈手段是你朋友本人真切地想要走向治愈。这时，你就能提供有力的帮助，在治疗过程中用爱与陪伴支持他。但如果你的朋友没有走向治愈的意愿，你就要保护好你自己。寻找外援帮助自己，并尽可能地提醒专业人员，你的朋友问题很严重，以你的能力无法帮助他走出困境。

第二十四章

幸福：娱乐与期望

馈赠

欢乐、高兴、希望、愉悦、好奇、乐趣、精力充沛。

根本立场

感谢你为我热烈庆祝！

阻塞迹象

不相信机遇、不相信未来；对玩乐提不起兴趣；丧失体验幸福和感受深层情绪的能力。

练习

庆祝幸福感的到来，随后放下它。只有让所有情绪自由流动，幸福感才会油然而生。

《道德经》中有一句"福兮，祸之所伏"，是把幸福称作最危险的情绪，不是因为它本身很危险，而是因为我们与它建立联系的方式十分危险。我们不停地追逐幸福、不惜为幸福出卖灵魂，并企图牢牢扎根于幸福的领地，不顾生活中任何其他状况。掠取幸福将我们置于危险境地，因为当我们侮辱其他情绪而只对幸福俯首帖耳时，我们的情绪王国将变得停滞而失衡，而这又促使我们更加疯狂地追逐幸福。结果是我们陷入情绪的煎熬之中，心理混乱、身体失衡且精神萎靡。对幸福的疯狂追逐将我们的生活变成了想象中最不幸福的样子。

最近也有研究表明，我们极不擅长预测会让我们开心或不开心的事物。心理学家丹尼尔·内特尔在他2006年出版的《幸福：藏在微笑背后的科学》一书中分析了大量的研究，结果表明，人类对幸福一无所知。比如说，大多数人都确信金钱会使我们幸福，而关于彩票中奖者的研究表明，虽然一夜暴富令人极为震惊，但往往不会提高中奖者的幸福基线水平。此外，虽然贫穷的确对健康和幸福有害，但并不是说幸福水平与富有程度成正比，只有那些收入适中的人比苦于贫困的人更加幸福。研究表明，当人们达到合适的经济舒适度后，拿2007年的美国来说，家庭年收入达到50000~60000美元，那么幸福感的提升与财富的增加并无关系。

有趣的是，很多人用"不幸"一词笼统地概括所有令人不安的情绪，就仿佛幸福是人们期待和需要的状态，而除此之外的任何事物都只是它的对立面而已。"不幸"一词随处可见、稀松平常，不过它究竟意味着悲伤、生气、焦虑、冷漠、恐惧、沮丧、失望、羞愧，还是其他情绪呢？弄清楚这个问题很重要，因为幸福不是任何情绪的对立面（尽管人们的观念并非如此）。幸福不是愤怒的对立面，因为幸福不会伤害你的尊严、削弱你的边界。幸福也不是悲伤的对立面，因为幸福不会让你无法接地、放手并恢复活力。幸福也不是恐惧的对立面，因为它不会剥夺你的本能、危害你的行动力。不，幸福不存在于差异化的情绪世界，它本身承载着独特的情绪能量，能与其他任何情绪能量完美地融合、协调地舞蹈。幸福在你的灵魂中起着特殊的作用，但前提是你尊重它，并允许它以独特的方式在自己选定的时间里出现。

对于许多人来说，幸福这种情绪似乎很难把控，因为它经常以各种各样的形式与"傻瓜"（幸福的傻瓜、不识愁滋味、无忧无虑，等等）联系在一起。但幸福不等同于无知或愚蠢，幸福承载着我们的好奇心与对美好事物的期盼，它对未来满心憧憬。在当前文化中，它在很多方面都是只属于孩子的一种情感，因为成长迫使我们割舍幸福、远离安逸。我们所有人都必须严肃认真，在选择职业时要把个人退休账户、养老基金和牙科保险考虑在内，我们被无数的忠告淹没："当然，音乐使你快乐，但光靠搞音乐，你付得起房租吗？艺术和舞蹈不是正经营生！谁都不可能一直快乐，必须有人养家糊口！"在这种对幸福的压制下，许多书和研修班应运而生，告诉我们如何玩乐，如何找到自己喜欢的工作，如何以有趣的方式养活自己，等等。尽管这些书通常十分畅销，但其中传达的理念似乎并未被践行，因为人们坚信只有孩子无忧无虑，成年人则严阵以待、勤勤恳恳。

在整个社会反对幸福的论调中存在这样一个漏洞：孩子们不仅幸福和顽皮，而且还非常认真勤奋！如果你曾经和一群八岁的孩子一起建过堡垒，或者帮助孩子完成一项特别艰巨的家庭作业，你就会在他们身上看到一种远超任何成年人的职业道德。孩子们拥有一种微妙的能力，能够在面对重大问题或艰巨任务时聚精会神，同时并不感到沮丧，我认为这归结于社会允许他们保持幸福并可以嬉戏玩耍。既然孩子们有权利去欢笑、逗乐、胡闹和玩耍，他们就能在工作和游戏之间自由地切换，从而不断地恢复活力和充实自己。玩耍、嬉戏和欢乐能够赋予灵魂流动性和敏捷性。所以说，这些事物不应该局限于孩童的世界。不论我们想要完成何种有价值的事情，我们都需要经常玩乐和犯傻，从而平衡紧张且严肃的工作。

如果你始终坚信，身处当下一触即发的气氛中不应当感到幸福，那么请带着这种看法静坐一会儿，并扪心自问：在当今世界某些弊病——包括家族衰败、社会动荡、情绪障碍和政治无能——的驱使下，成年人是否不得不任劳任怨，没有权利犯糊涂、心怀希望和感到幸福？如果你展望未来，你会看到可怕的死亡、灾难和全球变暖而自己却无力改变吗？没错，这正是成年的你。但是，你能进入一种戏谑的状态，想象我们把这个庞大的社会变成为我们服务的组织，而不是我们整日为它当牛做马。你能在你最不着边际的想象中看到这些吗？因为在过去的时光里，你每一天都在这么做，还记得吗？

你来到世间缓慢行走，正如罗伯特·勃莱在其杰作《论人类阴影的小书》中所写："自发性绝妙地守护了十五万年的生命之树，愤怒维持了五千年的部落生活。简言之，我们三百六十度光芒四射。"我记得，在孩童时代，我发现世界上正存在着饥饿问题，并为之创建了数百种解决方案。把我的莱豆（利马豆）送到贫困地区只是一系列方案之中的一种而已。你还记得自己的拯救世界计划吗？我们每个人都带着拯救世界的必要活力和智慧来到这个世界，我们只是忘记了如何调用它们。

我注意到，真正成功的人（他们真正实现了自己的梦想，而且曾经一心想拯救世界）允许自己幸福，甚至得意忘形。同样，他们也允许自己花时间去审视成人的观点，去沮丧，以及去观察周围切实发生的腐坏堕落。真正成功的人碰到棘手问题后会借助整座情绪宝库全力以赴地寻求解决办法，就像玩游戏《红色漫游者》一样。在失意的人身上，我看到的幸福追求近乎可悲，他们失去了认真反省与努力工作之间的平衡；或者说，我看到的是无休止的工作，他们从不借助玩乐、欢笑求得平衡。此外，在为不同凡响的将来奋斗时，他们也从未怀揣过看似可笑的希望。这类人难以摆脱自己固有的生活方式，这表现为他们充当工人、梦想家、变革者时工作效率都不是很高。与之相反，成功人士允许自己在工作与玩乐、严肃与愚笨、真诚的希望与真实的绝望之间游移，调整。换言之，凡是他们选择的任务，他们都能全身心地投入其中。他们的幸福并非源于压抑其他情绪，而是源于他们活出了完整而丰盈的全方位的自我。

以下是一则关于幸福的有趣实例：2008年，哈佛大学医学社会学家尼古拉斯·克里斯塔基斯和政治科学家詹姆斯·福勒研究发现，实际上，幸福能够通过社交网络进行传播，而且比不幸传播得更快（的确，"不幸"是情绪领域中比较模糊的术语，但我们清楚其内在含义）。[12]一般来说，如果你的朋友甚至是你朋友的朋友过得很幸福，你感到幸福的概率就会增大。因此，你有必要意识到自己分享给他人的是何种情绪。我们应当分享的是微笑、大笑、意趣盎然和友善等，因为这会增进他人的健康和幸福。但在你表现幽默感时，时刻谨记把握好讽刺的尺度。通过网络以及容易造成误解的电子邮件，我们不难发现，讽刺给人的印象和感觉都与愤怒极为相似（通常是这样）。

如果你想在生活中获得更多幸福，仔细审视那些你讲给自己听的故事。不管你是在美化幸福还是在把它当作轻浮的表现去回避，你都可以通过以下这种方法来治愈自己：显露你与幸福的关系，将其投射在契约上，并使你自己和幸福从你创造的不幸故事中解脱出来。让幸福像其他任何情绪一样流动，要相信它会自然而然地（并且轻松愉快地）出现，并帮你恢复流动性。

幸福练习

当幸福自然而然地出现时，你要做的就是大笑、闲逛、微笑和做梦（"感谢这次热烈的庆祝活动"），然后继续完成下一个任务或进入下一种情绪。如果你试图囚禁幸福，你会陷入一种强制的欢乐状态（那就是兴奋，参见第436至440页），它会使你的整个情绪王国变得麻木，并增强你抑郁的倾向。健康地对待幸福的关键在于将幸福看作倏忽的一程，而非旅行的目的地。有趣的是，如果你给予幸福彻底的自由，并欢迎在它前后出现的一切情绪，幸福会出现得越来越频繁，能够使你感到幸福的刺激也会更加多样。然后，当幸福更加自由地流动时，诀窍就是继续让它流动，而不是把它视作证明你情绪敏捷性的证据。流动才是关键！

请记住，要在幸福自然产生而非由你安排的时间里对它表示欢迎。要学会辨别各种形式的幸福，而非毫无风度地紧紧抓住它不放。欢迎、尊重并感激你的幸福，然后放手。

第二十五章

满足：欣赏与认可

馈赠

享受、满意、自尊、振作、成就感。

根本立场

感谢你帮我恢复自身信念！

阻塞迹象

无法获得自我满足感，逃避自我挑战，或不敢面对失败的风险。

练习

庆幸你极佳的运气和技能，然后，继续面对新的挑战。真正的成就感能够带来真正的满足感。

幸福通常是一种对光明未来的期盼，而满足则是一种发自内心的成就感。当你达成自己的期望，遵循内心的道德准则，实现重要目标或圆满完成某项工作时，满足感就会产生。当你采取切实的行动并顺利应对特定的挑战时，满足感就会出现。当你成功引导不适情绪——尤其是愤怒、仇恨和羞愧——时，满足感也会产生。当你重新设定边界，尊重他人边界，纠正自身行为或做出补救措施时，满足感就会进一步彰显你的卓越表现。当你尊重自己和他人，尊重情绪并受其指引时，真正的满足感必然会产生。

社会结构常常会干扰真正满足感的产生，它试图利用外在奖励和表扬来取代或篡夺自然的内在认可。虽然获得金牌、奖项、额外优待和特别关注看起来是件好事，但这些人造认可归根结底会使你彻底丧失感到发自内心的自豪或认可自我价值的能力，除非你每做成一件事就有人为你大摆筵席。外部赞扬还包括一个棘手的因素，那就是竞争，它丝毫不会增强你的内在满足感。所有外部赞扬和奖励都隐含着比较，它会把你束缚在与他人竞争的关系中。尽管这些奖励和表扬有一定的价值，但它们往往会疏离你与同龄人的关系，并把你的身份转变为竞争者或取悦者。这常常会自然而然地使你感到耻辱并质疑获胜的"乐趣"。而自然的满足却不会带来羞耻，因为成就感的获得不在于胜过他人，而在于尊重自身的好恶判断和价值观念。

如果你无法获得本真的满足，你身上可能会出现由权威结构、学术结构和家庭结构共同导致的短路现象。这种短路会驱使你忽视本真认可，而去盲目追逐褒奖。这常常意味着，你会倾向于取悦外界和依从完美主义，不再追求心灵完整和情绪机敏。你会习惯于循规蹈矩，追求所谓的奖项，并不断拿外界的期望来衡量自己，而非让真实的情绪反应来指导你。值得庆幸的是，你知道如何应对外界施加的期望和行为控制：烧毁契约，让你那真正的满足感浴火重生！然后，当你获得内在智慧时，你就能以自我尊重的方式引导、更正和认同自己，而不是依赖于外部认可机制。

满足练习

一切以幸福为根本的情绪练习都是极其简单又无比艰难的（起初）：你承认它们，感谢它们，然后彻底放手，给它们自由。如果你强迫满足（或其他任何形式的幸福）成为你的主要情绪状态，你会立即迷失方向。当你以治愈性的合理方式对待所有情绪时，真正的、真实的满足感就会自然而然地产生。当它出现时，张开双臂欢迎它，感激它，并祝贺你自己（"感谢你使我重建对自己的信心"），然后放手，并相信当你尊重自己、以令自己骄傲的方式行事时，它会再次光临。

记得欢迎并尊重你的满足感：当你出色地完成工作时，它就会出现。祝贺你！感谢你的满足感。

第二十六章

快乐：喜爱和交融

包括兴奋、尊重他人的快乐。

馈赠

扩张、交融、启迪、光彩、光辉、极乐。

根本立场

感谢你为我带来这样缤纷绚烂的时刻！

阻塞迹象

感到孤立于人类社会或世俗世界；不愿释放快乐，不愿感受其他情绪。

练习

庆幸自己感到快乐并任由快乐自然而然地流动。如果你允许快乐以其独特的方式出现在其选定的时间里，而非全部由你安排，快乐就会送上门来。

与幸福相比，快乐这种情绪更为深刻，所涉范围也更加广泛。从本质来说，快乐与满足更加相近。但是，满足源于成就，而快乐则不然。快乐产生于自然、爱和美丽三者交融的时刻，也就是你与天地万物浑然一体的时刻。在一天中最曼妙的时刻置身于钟爱的自然景致之中，或者是享受着极其喜爱且完全信任的人或小动物的陪伴。如果你能忆起以上两种场景中的广阔、温暖、平静之感，你就能识别出快乐。

在所有以幸福为基础的情绪中，快乐之所以算是最棘手和最危险的那个，不是因为它本身的性质，而是因为人们对待它的方式。人们认为快乐是情绪中的女王，我们在任何时候、任何情况下都应该保持快乐。在人们眼中，它几乎是一种飘飘欲仙的情绪状态，即一种顶级体验。换言之，人们花费大量时间朝快乐的目标迈进，却没有自知地生活、适当地与之建立联系。许多只注重火元素的灵性练习甚至把快乐当作核心目标，人们花费大量时间和精力执着地追求快乐内部浩大的、共通的感觉。如果你不以共情的视角看待快乐，它似乎能够使你挣脱身体、思想、"不适"情绪以及世界上诸多纽带的束缚。事实上，只有当你获得全方位的完整性时，真正的快乐才会自然地、自发地产生，也就是在你欣赏最爱的自然风光，想象流光溢彩的幻景，或者热爱你的身体、多元智能、情绪、幻想精神以及丰饶心灵故园的时候。美妙的快乐之所以产生不是因为你接连地压制了多种元素，而是因为你的所有自我成分都极其清醒，使你能够沐浴在光辉中、沉浸在喜悦里。

通常情况下，快乐在你长途跋涉、历经艰险后才会出现，比如说，你经常要走很长一段路才能到达最喜欢的地方。同样地，你经常要建立数次令你痛苦的关系才能最终找到真正符合你心意的伴侣。正是出于这个原因，与快乐更加相近的是满足，而不是幸福。因为快乐和满足感都源于内在的真实工作和成就，而幸福通常出现在你真正感到满足或快乐之前，比如，在开始所有工作之前，给你一个短暂的假期。快乐和努力工作之间的这种特殊关系并没有广为人知，因为大多数人对快乐感到惊奇，把它视作浩瀚星河中的神秘恩赐，而不是自然的人类情感。对于这种困惑，最合理的解释是，虽然我们都非常努力地工作，但在这个过程中我们倾向于否定自身完整性，这意味着我们丧失了全身心投入的能力，无法规律性地真正体验快乐。因此，大多数人让快乐与它的兄弟姐妹分离，把它当作某种神奇的探访。但快乐不是魔法，它是一种情绪。事实上，你在进行活力恢复练习时获得的情绪就是快乐。惊讶吧！不过，请注意，无论是在努力工作、经历剧变之后，还是在获得我们试图塑造和培养的完整性之时，运用流动的快乐不仅仅是在振奋精神。我们是在适当地运用快乐，就像我们在着眼现实、保持专注、确立边界的过程中适当地借助自由流动的悲伤、恐惧和愤怒一样。

快乐如潮水般涨落，这既是努力工作和满足带来的现象，也是丧恸引起的反应。在健康的心灵中，快乐经常伴随着丧恸，如果你不理解快乐与丧恸交织的体验，你可能会心生困惑。这两种情绪紧密相连，如果你身处深邃的丧恸河流，着手去做那些有待完成的任务，你将与精神的统一体相互交融，与所有灵魂的降生和陨落合而为一。这就是交融，它使你在河流中进行神圣的丧恸工作时和离开河流回归现实生活后立即进入快乐的王国。

当我们遵从文化将身体与幻想精神（还有情绪与理智）割裂开来并心惊胆战地逃离死亡时，我们无法感受真实的快乐。数千年来，我们一直在以各种各样极其糟糕的手段追逐、禁锢快乐。事实上，在我们的一生中，快乐时刻在寻找我们，如果我们能够停止追逐，并开始感受所有的真实情绪，快乐必定能够轻松地找到我们。心灵完整的人不诉诸人造兴奋剂、逃避行为、否认死亡、煎熬的冥想练习等强迫性技能，但他们依然能感受到真实、自然的快乐。心灵健全的人都明白，快乐本身并不是一个目标，快乐只出现在丰盈的生命中，这样的生命会遇见真实的困难、成功、磨难、失去、努力、热爱、欢笑、丧恸和完整性。

快乐练习

在第二十四章我们已经进行过有关自由流动快乐的练习，现在我又通过教你运用快乐恢复活力以敞开这片情感领域，这有点投机取巧。我想让你习惯快乐。当你完成了切实而艰难的工作，使全部的自我成分与世界相容时，快乐就会自然而然地产生。当快乐产生时，你需要立足现实、整合自我，从而提醒自己努力工作就像快乐一样美好而有意义。在争取快乐的路上，如果你能够将各方面的琐事与看似超凡脱俗的快乐联系起来，你就可以轻松地庆祝，然后自然地释放快乐（"感谢你为我带来这样绚烂缤纷的时刻"）。之后，你可以回到现实工作中，这必然会让你自然而然地不断重获真正的快乐。

尊重他人的幸福、满足和快乐

当你周围的人沉浸在幸福、满足或快乐之中时，你只需与他们一起享受这份乐趣。然而，如果你与这些情绪的关系十分扭曲，你将很难做到这一点。若想真正尊重他人的情绪，你必须先理解自己的情绪，这意味着你要学会如何在幸福的领域中庆祝以及释放这些基于幸福的情绪，而不是紧紧抓住它们不放，或对它们不屑一顾，将它们视为幼稚或愚蠢的象征。

由于你肯定会在情绪领域内犯错，让我们来提前为将来的失误做些准备工作吧。你可能会在不知不觉间贬低他人令人眩晕的幸福或者过度赞扬或贬抑别人，但你却不愿帮助他们创造自然满足的神圣空间。你也可能试着把自己与别人的快乐联系起来，并说服他或她将快乐囚禁起来，这样你就能够间接地坐享快乐。关于以幸福为基础的情绪，我们都持有过很多怪诞的社会化想法，做出过很多奇怪的行为。因此，对自己温柔一点，要知道如果你能再次跌倒又爬起，采取补救措施，并烧毁你与关于幸福的常见古怪想法之间的契约，那么你就将走向觉醒。

当满足、幸福、快乐受阻：兴奋产生

我们已经审视了三种健康的幸福形式：满足，它伴随着内在成就感而来，就像具有治愈作用的深呼吸；幸福，是一种眩晕状态，它涌现出来，拉起你的手奔向光明的未来；还有快乐，它来源于你勤奋工作后到达的美丽境界、全方位的交融。不过，当你试图牢牢扎根于幸福领域时，还会产生一种陷入困境的疯狂情绪，那就是兴奋。

当你处于兴奋状态时，你不会感到幸福或犯傻，而会紧张、精神失常、感到不踏实。自然产生的满足和快乐往往令人感到踏实，虽然幸福会给你的灵魂带来轻松和浮飘的感觉，但绝不会使你感到心无着落。幸福会让你感觉自己回到了充满希望的孩童时代，而兴奋则会让你极度活跃、慌慌不安，就好像一眨眼的工夫幸福就会消失不见。兴奋促使你在"幸福"的事情之间疲于奔命，从咬一口美味的食物到一口吃下一整块蛋糕，由一个有意思的点子穿梭到另一个，还有，从一次刺激的恋情或疯狂购物延伸到下一次，随后又因为自己的古怪行径陷入无休止的丧恸和悔恨。在兴奋的驱使下，你诉诸各种上瘾和分心，而这明显地象征着精神与肉体之间的割裂（所以你才会心无着落）以及情绪与逻辑智能之间的冲突（因此，你不愿体验其他情绪，也无法清晰地思考）。兴奋会让人目眩神迷、充满力量，但这其实是神经化学物质失衡的表现，所以你身处这一情绪领域时必须多加小心。

虽然整个世界都洋溢着无尽的幸福，但永无尽头的兴奋会带来无数麻烦，就像无休止的抑郁、愤怒、恐惧或绝望一样。无论何种情绪，一旦遭到囚禁就会产生危害；同样，一经恰当的疏导，它们就将具有治愈作用。但是，兴奋的害处极大，因为在它的煽动下，人们只想看到生活中光明、积极且幸福的一面，于是引诱并禁锢自身的幸福和快乐。兴奋成瘾者通常会忽视悲伤、搪塞恐惧、驱赶愤怒并完全抑制丧恸，以至于他们无法与任何一种有益能力建立联系。从本质上来讲，兴奋成瘾者把兴奋当成了致幻剂或兴奋剂，从而彻底脱离现实生活。

任何情绪失衡都会引起混乱，但兴奋成瘾者的夸张表现往往令人深感不安。如果兴奋属于躁狂或躁郁循环的一部分，它可以使人陷入极端的活跃状态，人们可能会变得内心嘈杂并倾向于自我毁灭，或者疯狂地、不停地勤奋工作（表面上，第一种情况更加危险，但实际上两者都必然通向绝望的深渊）。

在某些情况下，兴奋的人可能会拥有很多追随者（思想信徒），因为他们生活在极其诱人的谎言之中，那就是一个人可以永远快乐，仿佛生活中只存在这一种情绪。只可惜生活中必然会有艰难险阻和个性冲突。那时，这些兴奋成瘾者常常会自残，因为他们不知道如何处理兴奋以外的其他情绪。在这些控制欲极强的狂热群体中，愤怒往往会恶化为被动攻击型狂怒，正常的恐惧会割裂为焦虑和偏执，而真正的悲伤会变成难以遏止的抑郁、睡眠紊乱和自杀性冲动。

真正的幸福、满足和快乐会使你意识到愉悦的存在，但前提是你能够尊敬它们。如果你试图把微笑黏附在自己脸上，陷入永无休止的兴奋噩梦，你会破坏所有自我成分的稳定性。与愤怒、丧恸、恐惧或其他任何情绪状态一样，健康的快乐、幸福和满足注定会转瞬即逝，它们从来都不希望被人劫持，也从来没想过要在情绪畸形的世界里声名远播。

兴奋练习

现在就集中精神、着眼现实吧！你能做到吗？如果你已经有一整年的时间努力保持兴奋、快乐、极乐或其他任何状态，请不要为自己完全无法集中精神而感到惊讶。同样，如果你的生活一团乱麻，也不必惊讶。我注意到，一群兴奋成瘾者试图说服彼此，他们内心的喧嚣是衡量兴奋维持能力的标准（仿佛兴奋之神在考验他们的意志），千万别落入陷阱！兴奋引起的骚动是情绪失衡的正常表现，每当情绪被禁锢时，这种情况就会出现。如果你现在已经被兴奋冲昏了头脑，请拿出你出色的判断力，去仔细观察一下那些陷入绝望、仇恨、抑郁或其他任何单一情绪的人。他们的处境与你相似，失衡使他们的生活一片纷乱。由兴奋引起的骚动有百害而无一利。

缓解兴奋的练习也与治疗抑郁的措施相差无几，因为兴奋和抑郁都源于元素失衡、情绪抑制和逃避行为。你应该重读本书的开头部分，因为你有必要回顾一下有关各元素和智能的内容，找出你心灵故园中的失衡部分；读完之后，你应当再看一遍关于上瘾症和分心症的章节；你也需要理解创伤及其与情绪压抑之间的关联；此外，你还要从头到尾温习一遍共情练习那一章，以便顺利整合身体成分和幻想精神，成功创造保护自己的神圣空间和边界，合理利用自由流动状态下的情绪并回归现实。随后，当你摆脱恍惚状态，重获所有被困情绪时，你就能够与每种情绪进行合作。请记住，每种情绪都具有两面性，有利也有弊，这些反应和情感都是自然且必要的，都应该有权自由流动。好好享受你的幸福、满足、快乐和极乐，然后按部就班地继续前进。你还有新的使命要履行，新的情绪要体验，新的天地要去遍历。

尊重他人的兴奋

兴奋是一种上瘾的解离状态，因此，兴奋者无法以安全的方式尊重或支持兴奋，除非他们已准备好回归现实。如果在你面前的是个心理健康的普通人，你只需等候他度过兴奋期，然后帮助他重新联结长期逃离的真实情绪。如果你的朋友患有躁狂症或双相情感障碍，请为他或她找一位经验丰富的治疗师或医生，因为在这种情况下他或她需要的帮助已超出一个朋友的能力范围了。与你的朋友保持密切的联系，为他或她提供帮助、支持和爱。同时要清楚这一点：严重的周期性双相情感障碍需要进行身体、情感和心理上的专业治疗。

如果你遇到的这位兴奋者十分执着，坚持进行只涉及火元素的练习，那么考虑到自己的健康和幸福，你必须好好保护自己免受他的影响。虽然真相很残酷，但事实就摆在这里：兴奋的瘾君子通常要等到大火烧身的那一刻才肯走出恍惚状态。如果他们加入了信徒团体，他们可能要在一切尽失、自我崩解的那一刻才能看清真相，因为他们往往受到严格的控制和严重的束缚。你可以爱他们并表明你会在他们醒来时静静守候，但要把握好限度。兴奋成瘾的人和迷信成员极其危险，他们需要的帮助是身边的朋友无力提供的（请参阅社会学家兼邪教研究专家詹尼亚·拉里希的著作）。

每当你进行活力恢复练习时，请记得欢迎自由流动的快乐，并带着同情、幽默、强度和爱进行内部与外部工作，从而为心境状态下的快乐留出空间。感谢快乐，也请记得感谢你自己，是你实际完成的工作为你带来了真正的快乐。

第二十七章

压力和抵抗力：了解情绪的物理特性

想象以下场景：周六早晨醒来后，你睡眼惺忪、迷迷糊糊，你按下床头灯的开关，灯却不亮。原来是家里断电了，你不知道现在几点。你从床上跳下来找手机，发现已经9:15了，而今天中午的父母结婚周年派对正是由你主办的。你打起精神保持专注，首先将待办事项一一考虑好，然后迅速去准备。由于停电了，热水器无法运行，你只能冲个冷水澡。然后，你忽然意识到吹风机也是电动的，厨房里所有的电器都是，所以你就无法烹饪任何为派对准备的食材。没关系，你仍有办法补救。你可以去熟食店买一些奶酪和蔬菜沙拉——虽然不尽如人意，但也能凑合。你套上衣服，抓起一个苹果当早餐，在9:30之前跑到车库，你的头发还是湿漉漉的。然后，你发动汽车后才想起车库门也是电动的。你从车里出来，试图打开车库门的机械装置，但车库门关得死死的。你找到一把扳手，倾斜身体奋力撬门，但过了一会

441

儿，你猛然意识到，身体的一侧蹭到了车库门上的灰尘，可是这个机械装置仍然无法启动。你现在不仅来不及了，而且饥肠辘辘、身上又湿又脏，被困在车库里。你感觉如何？如果你和大多数人一样，那么你会回答"倍感压力"。

我想要问你以下共情问题，同时希望你能自问："'压力过大'究竟是什么意思？"当你进入所谓压力过大状态时，你做何感受？你生气吗？为自己感到羞愧吗？你焦虑吗？困惑吗？惊慌吗？盛怒吗？抑郁吗？还是说，以上七种情绪兼而有之？你想哭吗？当好几件事凑到一起阻碍你的行动时，你感觉如何？你迟到时感觉怎么样？当你犯错、看起来毛手毛脚或无可奈何时，你内心有何感受？当家用电器、工具、汽车和设施制造公司纷纷让你失望时，你又做何感想？当时间安排冲突，需求接踵而来令你不堪重负时，你会有什么感觉？当你无法掌控自己的生活时，你又会怎么想？

"压力过大"不是这些问题的正确答案，因为压力不是一种情绪。"压力"一词甚至都不属于情感世界；它是物理学和工程学上的术语，被定义为一个物体对另一个物体施加的推力，或者一个物体反作用于所受外力的阻力。有趣的是，这个词适用的对象是物体，也就是无生命的客体。如今，它已经成为情绪方面的词汇。情绪领域对压力的定义几乎等同于工程学给出的定义，它让我们把自己看成受外力作用的物体，而非生机勃勃、反应敏捷、足智多谋的有机体。在缺乏实用情感词汇的文化中，"压力"一词已经成为情感领域的通用词汇。当今时代，但凡我们感到悲伤、盛怒、害怕、兴奋、疲惫、失望、羞愧、哀伤、惊慌，甚至是自杀性抑郁，这时的自身状态通通可以用"压力"一词来描述。这在某种程度上反映出当代共情意识淡薄或情绪流动不畅。

在上述压力情境中，实用情绪词汇丰富的人会做何反应？我们每个人的处理步骤都不尽相同，但是打电话通知所有客人，请他们帮忙做饭或变更派对地点，结果会不会有所改观？花点时间哭一场，体会一下美妙派对不翼而飞的感受，从而恢复活力，为即将到来的派对做准备不好吗？打电话给电力公司，询问供电服务何时恢复正常，怎么样？对着车库门大声抱怨，数落它的不配合（不妨用扳手敲打几次），这样你就可以清除障碍、准备行动，重获修复力和幽默感，这又将如何呢？重新安排时间呢？把派对地点改到餐厅或公园，是个好主意吗？让邻居帮你修车库门或带你去熟食店，事态会如何发展？如果你害怕别人认为你是失败者，你会怎么想？当你让别人失望时，满怀羞耻地干坐着，会酿成什么后果？诚实地对待自己的情绪又将如何？

如果你在应对压力时，能把它当作有生命、会呼吸、有感情的存在，你就能想出上百种不同的应对方法。你可以进行各种有关情绪特征的实验并筛选出特定的方法去应对问题、创伤和压力，这些方法能够帮助你增强意识、丰富资源、加强自身完整性，以及更好地应对内心深处的问题（压力出现时，你内心深处的问题总会暴露出来）。你的使命不是创造压力全无的完美生活（完美主义绝对能够证明你正在丧失流动性），而是要学会在压力源出现时随机应变。

压力反映了有机生命体与外界各种牵制力量之间的关系，你面对外力时的反应（而非外力本身）决定了事态的发展。在压力情境下，痛苦的过度反应并不一定会产生，可替代的反应方式多种多样。所谓"压力"（它表现为肾上腺素增加，压力感产生，身体紧张感出现），实质上只是一种基于恐惧的准备反应。它试图激活你，让你为变化和不测做好准备。它是正常的健康反应。压力反应不会产生问题，变化或不安等压力源同样不会。可是，当你失去敏捷度、流动性、丰富性和活力，并且成为无生命的物体时，麻烦就出现了。

当你体内丧失流动性和敏捷性时，哪怕是微不足道的小事都会成为你的压力源。事实上，恋爱和失业都会让你焦虑不堪。坠入爱河会使你丢弃底线，这通常会迫使你去面对关于信任和亲密感的最深层问题，而失业会破坏你社会地位和经济状况上的安全感，这可能会迫使你质疑甚至完全重新规划你的职业和生活。如果你能立足现实、保持专注，尊重挑战期间出现的情绪，你就能灵活敏捷、足智多谋地应对它们。但如果你没有掌握任何情绪技能，这两种挑战可能会将你击垮。事实上，任何风吹草动都足以将无技能的人击倒。例如，错过某次约会、某同事投来不善的目光或者丢失一串钥匙等。问题的关键不在于压力源的大小，而在于应对能力的高低。

如果你无力应对生活中的那些失望、突如其来的变故、压力和打击，你可能会把"压力"当作挡箭牌，躲在它身后。这是我们的惯常做法。我们都会隐藏真实的情绪，告诉别人我们只是压力很大，这样一来，我们就不必详细解释紧张行为背后的愤怒、焦虑或强忍的泪水。类似的便利还有：我们不必质疑减压购物是为了掩盖抑郁或绝望；我们不必解除基于压力的上瘾症和分心症，这样就可以继续掩盖惊慌、盛怒或创伤记忆；我们无须改变压力影响下的饮食和保健习惯，这样就可以继续掩盖我们的情绪困扰、智能紊乱、身体疲惫或精神萎靡。当我们以"压力过大"为托词时，便无须进行解释，也不必质疑自身行为的合理性。最重要的是，我们不用放慢速度去感受任何事情。当我们压力过大时，我们就不再对自己负责；我们化为一块写满世间烦恼的石板；我们变成了物品——不再是充满活力和用心求索的有机体，只是成了时间表、公用事业公司、财政、性格冲突、疾病、天气、创伤以及生活本身的受害者。

当你感到压力过大时，要明白你已丧失踏实感、流动性、敏捷性、幽默感、本能、边界建立能力，并且与心灵故园失去了联系。类似于深呼吸和放松的减压练习都很可取（尽管相比之下哭泣更能让人放松），但如果你不采取措施，也不过问自己的感受，失衡仍会存在，它必将带来充满压力的痛苦。如果你能学会使用着眼现实、建立保护性边界的技能来应对压力源，你就能全面地洞察压力情境。

举例来说，如果你感到胃疼难忍、脖子酸痛、肌肉紧张或僵硬、食欲强烈或其他任何身体感觉，你可以询问身体这些感觉存在的意义是什么，你可以与身体协调配合，而非逃避不适感。你也可以与情绪建立联系。如果你害怕，你可以问问自己有什么感觉以及需要采取哪些行动。如果你很生气，有太多事情让你心烦意乱，你可以打破边界，（有意识地）抱怨，仿佛明天就是世界末日。如果你想哭，就哭出来吧！如果你内心充满莫名的焦虑和困惑，你可以质疑自身意图的正当性，减轻不确定感。如果你无法承受长久的绝望，你可以发问："必须释放什么？"然后你就能恢复活力。如果你感到抑郁，你可以询问能量的去向。如果你十分疲惫，你可以洗个热水澡，小憩一会儿。无论你有怎样的感受，你都可以运用自身技能去解决问题，那些问题深刻而痛苦，总是隐藏在压力情境背后。

　　你也可以审视自己的想法。如果你的思维陷入混乱或极度活跃的状态，那就试图找出一条摆脱困境的道路，你可以重新联系起基于恐惧的直觉和本能，把秩序和焦点带入混乱的内心。你也可以与自身的雄鹰本性深入地建立联系（而不是滥用它的想象能力来逃脱当前的处境），并询问它以探明方向。你可以关注你的梦想和幻想，你可以在压力情境下停下脚步，以雄鹰般锐利的眼光观察局势。举例来说，如果你总是在让别人失望时感到非常羞愧，或者你总是不愿意寻求帮助，也许你会发现这次停电让你终于有机会直面这些问题。当你能在幻想精神的帮助下观察生活时，你就会明白，日复一日的生命流动与其说是关于时间表、工作或派对的，不如说是关于延伸和挑战自己的，这样你才能生活得更充实。如果你能让火性雄鹰自然地参与进来，你会发现这次断电并不是在冒犯你或扰乱你的计划，而是在为你制造与邻居见面并合力解决问题的机会，是在促使你求助兄弟姐妹和朋友，以新的方式与父母建立联结，甚至会促使你改善与电力公司的关系以及买个太阳能电池板。你真的不知道事情为什么会这样发展，也不清楚每天都有什么事情在等着你——就像你无法确定你认为的错误、阻碍和压力是否真像你以为的那样。

我们无法操控充满变数的世界，但我们可以培养心灵的流动与平衡，还可以在应对一切刺激（紧张性刺激等）时疏导真诚、谋略、幻想、见解和情绪。这样一来，我们就可以做好准备工作，从容应对将来的变故与不测。

压力本身不是问题，压力是生活中必要甚至神圣的一部分。生活中没有了压力的存在，你将无法经受考验、脱颖而出、迎接挑战，也无法获得足够的资源。甚至连"压力"这个词也在提醒我们，压力的另一层含义是对某种事物的强调、凸显和重视。当你感到压力很大时，你会用各种方式放慢自己的脚步，去留心、重视、注重（尽管是无意识地）你内心出现的重要问题。在压力过大时，你的关键任务不是争取过上零压力的生活，也不是打造无懈可击的心灵，而是以诚实且尊重灵魂的方式处理你的压力反应。压力总是能揭示出重大的问题，因此，如果你能充分利用现有的技能和资源涉入压力反应，你就能走进灵魂最深处。如果你试图避免压力的产生或抑制压力反应（或以有失妥当的方式表现出压力过大的行为），你将无法获得必需的敏捷性以应对生活中充满压力的流动，这些流动都富有力量且无法预测。

如果你身体的接地能力强、柔韧性好，那么这种灵活性将帮助你足智多谋地应对变幻莫测（通常是不稳定的）的环境。如果你思维敏捷、适应力强，智能和注意力将帮助你思考、筹谋和规划，去面对一切机遇和逆境。如果你在情绪上清醒且敏捷，那么水性天赋将赋予你丰富的情绪能量，去承受你遇到的任何困苦或欢乐。如果你在精神上自知，并愿意接纳幻想、梦想和白日梦，那么火性力量将帮助你卓有远见地看待生活中的万事万物——从大喜大悲到世俗烦恼。如果你在各元素和智能间培养一种平衡，你的心灵故园将变得无比丰饶，它不仅拥有你本人的全部智慧，还将享有数十万年来祖先的智慧结晶，这意味着你的力量、理智、情感智慧及幻想都将更加丰富，远远超出你自身的需要。在拥有充足的资源并获得充分的平衡性后，无论面对"有害的压力"，还是"有利的压力"，你都无须逃避。事实上，一旦你掌握了技能，你就能像那些最具洞察力的老师一样拥抱应激反应。

从表面上看，以这种方式保持清醒似乎要耗费很大力气，但事实上，过上自知生活所需的精力（和金钱）远少于歇斯底里地逃离压力并诉诸逃避、上瘾、行为混乱、精神分裂等缓解压力的分心状态所需的精力（和金钱）。意识会在现实中发现美与慰藉，而分心总是贪得无厌，追求新奇与个性。

发掘压力和抵抗力的巧妙作用

当我们抗拒当下的流动时，压力过度反应就会出现。虽然我们都已经学会将抵抗力病态化（并逃避压力），但这些情境背后还隐藏着更加深刻的真相。我想在词典里查一下"抵抗力"的定义，它也是个物理学（和化学）词汇。抵抗力是指反对、抵抗或反抗某种行为或某件事的能力。例如，电路中的电阻器会干扰并阻断电流，从而将电能转化为热能，而化学电阻器则会起到阻止腐蚀剂（如某种酸）的作用，保护物质不受腐蚀或免于分解。在物理学和化学领域，电阻器可以创造变化，也可以起到保护作用。电阻具备一种近乎点石成金的能力，它可以利用对立能力将一种事物转换成另一种事物。

在情感领域，抵抗力具有同样的特性。在"上瘾症"一章中，我引用了一句佛偈："对抗痛苦将使痛苦加倍。"这句偈语曾被用来告诫人们不要去抵抗。但与此同时，审视你的抵抗是你通往觉悟之路的必经站点，但还有另一种更加深刻的真相切实存在。如果抵抗行为带来单纯的不适感，并将其转变为难以承受的痛苦，那么这意味着抵抗力拥有点石成金的神奇能力，它可以利用寻常烦恼、不安情境或计划变更使你陷入问题的核心处。如果你已经学会将抵抗病态化，抑或是你的练习或态度导致你忽略任何形式的抵抗（并避免痛苦），那么你可能会错失成为真正共情天才的机会。在你强迫性的虚假平静下，你实际上已丧失了应对和改变的能力，难以获得直觉，无力挑战自我，也无法洞察内心深处的问题。

斯宾诺莎有句经典名言："当我们能够清晰而准确地描述痛苦时，痛苦就不再是痛苦了。"这句格言告诉我们，只有与苦难为伴，直至获得真知灼见，才能求得解脱。如果你明白抵抗力可以神奇地使你陷入痛苦，并且知道正确应对这种痛苦将使你直接获得洞察力和治愈力（仪式中幸福的第三阶段），那么也许你就能够学会把抵抗视作神圣的举动，而这种举动可以将最平凡的情境或事件转变为走向觉醒、获得启迪和丰富灵魂的良机。

抵抗力本身不是问题，它实际上是情绪炼金术赐予你的礼物。如果你能尊重抵抗力，并清醒地意识到痛苦（和应激反应），你就能变得足智多谋且能力超群，这是不计代价追求冷静和理性的人难以想象的。你的任务不是消除抵抗力，而是去拥抱它，去找出你抵制的事物、抵制的原因；去找出令你紧张（和不自觉重视）的事物以及其中的原因；去理解你为什么让灵魂彻底停滞，让自己陷入痛苦的神圣领域。对灵魂中存在的问题加以掩饰不会带来真正的觉醒，将情绪或情绪抵抗力病态化同样不会；只有当你允许情绪、抵抗力和痛苦去接触、提醒甚至严重地扰乱你时，真正的觉醒才会出现。渡过激流是唯一出路。

发自内心地去拥抱抵抗力炼金术般的力量并与其合作，这肯定会使你更加清醒，而且还会提升你为文化增添治愈力的能力。在更加广阔的世界里，如果我们作为一个物种想要获得生存所需的洞察力，就需要有意识地抵制和忍受许多事情：种族主义、好战、暴虐、愚昧、性别歧视、年龄歧视、重商主义、对自然界的盘剥和对第三世界民众的剥削、对赞颂的贪婪、环境恶化、童年和老年时代的缺失、阶级分化、以牺牲所有生物利益为代价来增强企业权力结构，等等。如果你能够与抵抗力炼金术般的魔力进行合作，你不仅会成为你个人心灵深处的守护者，还会成为转变人类意识、维护社会公正、增强文化治愈力的心灵卫士和枢纽。这在未来将会得到印证。

第二十八章

情绪是人类与生俱来的语言：
美满生活的艺术

　　根据现今人类进化史相关研究，现代人类最早出现于约十九万五千年前。学术界对人类最早习得语言的时间仍有分歧，有学者认为大约可追溯到40000~50000年前。在此期间，人类与其他灵长类动物分开进化，发明了语言并以此为媒介分享他们对过去、现在和未来的看法，甚至交流纯粹的幻想。人与人之间能够传播知识、技能、经验、思想、梦想和幻想。语言智能为人类历史上一切灿烂文化的繁荣发展奠定了基础。

　　如果你根据上述内容进行计算，不难发现前语言时代历时之久足有现今语言时代的三倍。但这并不意味着人类在十四万五千年的时间里都愚不可及。如果你曾经和动物待在一起，你就会明白在语言正式形成之前，我们已经能够清晰地交流，只不过形式有所不同，我们通过触摸、手势、姿势、眼神、表演、发声、幽默和情感来传递信息。

时至今日，仍在继续。

人类这一共情物种简直令人难以置信，对大多数人来说，我们对非言语和前语言技能的依赖远远超过了对口头或书面语言的依赖。通过共情能力和语前沟通技巧，我们可以传达出对触觉艺术、视觉艺术和音乐艺术的热爱，对自然和感官的钟爱，对肢体幽默的喜爱，还有对动物和婴儿的宠爱。我们初始的身份是共情者。纵观人类进化史，我们使用共情能力的时间比使用语言的时间长了三倍。当你踏上共情之旅时，记住这一点很有必要。情绪是你最初使用的语言，是你与生俱来的语言。它们所承载的光辉和力量能与其后产生的语言相提并论（也许更胜一筹）。

你是一位共情者，而作为共情者，你能够处理情绪，因为你有能力识别和欢迎这些独一无二的实体。这意味着你能够调用无限的信息。你可能会被某些情绪击垮，因为水元素的领域极其活跃且动荡频繁。但从不跌倒不值得骄傲；能够在每次跌倒后利用情绪赋予你的活力站起来，才算是一种荣耀。你的共情能力无法保证你永不跌倒，但它能使你更加聪明能干、足智多谋，更擅长应对心灵深处的变化，更有能力过上绚烂多姿、活力无限、意义非凡的生活。它们会赋予你以下能力：自由流动与蜿蜒前行；在奇怪、异常之地停下脚步；去体验特殊、惊奇甚至棘手的事情；还有，以开放的思想和探索的心态尽全力应对世事。

当你获取足够的资源、游刃有余地应对情绪时，你会发现情绪变得更加强烈。但这只是表象，实际上，你应对及辨别情绪的能力在不断提升。这就好像当你进行良好的体育锻炼时，你就会更加擅长识别及定位先前忽略的身体知觉。所以，当你掌握更多技能时，你就更容易注意到情绪，而情绪的水域也会变得更加浑浊。如果你有类似体验，请祝贺自己。这表明你的水元素已恢复健康状态！

如果你曾经学习过现实中水体生态的知识，你不难回想起，但凡是水源充沛的湖泊、溪流和海洋，其水体都不是完全清澈的。比如说，湖泊中含有大量的有机物（这会使水体看起来非常浑浊）。生态学将这种湖泊命名为富营养湖或"食料丰富"湖泊。虽然清澈透明的湖泊令人赏心悦目，但它缺乏长年流动所需的有机物（这种湖泊被称作贫营养湖或"食料较少"湖泊）。水体状况最为健康的湖泊既包括富营养区域，又包括贫营养区域。因为有机物过多（且流动不足）最终会淤塞湖泊，而有机物贫乏的清澈湖泊实际上即将走向干涸。这些规律同样适用于你的灵魂深河。

你的情感领域也应该包含大量的物质（甚至要包含难以名状的物质）：你的愤怒和恐惧应该在必要时刻出现；你的悲伤、丧恸和抑郁应该清楚你对它们十分欢迎；你的忌妒和嫉妒应当在你身上自由流动；你的仇恨、羞耻、快乐和满足应该可以随时随地进入你的生活；你心灵内部的一切流动都应该被滋养和鼓励。再回想一下状态良好的湖泊：有时湖泊的许多区域是清澈的；有时湖泊中的藻华可以作为鱼类和昆虫的食料，而鱼类和昆虫又会反过来补给湖泊的营养；有时（通常在春季和秋季）湖面会上涨，湖底的淤泥会向上涌动，给整个湖泊送来有机物。同样地，当你滋养你的内在水域时，你的心灵中也会形成富有生机的循环，因为各种情绪都是充满活力的实体，它们的存在是合理的，它们在特定的时间内涌流、现身，而且它们富有智慧。这种智慧凝结了数十万年的经验，而你根本不可能吸纳全部智慧。不过，作为共情者，你能够利用心灵中呈现出来的事物。

即使你运用共情能力处事，你也不会卓尔不群、无懈可击；但你能够与情绪、身体、多元智能、雄鹰般的天性、心灵故园协调配合，这才是你的与众不同之处。实际上，你会因此而为世界创造更多的价值。与生俱来的共情能力会帮助你处理深层问题，陪你熬过巨大的痛苦，带你进行深入的冒险，并引导你与所有生物建立密切联系。

扩展神圣空间：理解情绪圣所

在每种情感领域中，你都学习了对自身及他人情绪予以尊重从而创造神圣空间。随着共情工作的深入，你将会更加清醒地认识到周遭的痛苦，更愿意去帮助自己身边踏上痛苦旅程的朋友。这一转变具有重要意义，因为这意味着你的世界更愿意容纳情绪和情绪意识。不过，这也意味着你的情绪机敏性会更加频繁地发挥作用，因为你身边的一些朋友可能正在经历难以缓解的情绪混乱，其中的原因多种多样（神经失衡、成瘾、孤立、解离、创伤性后遗症、抗拒恢复、执迷于失衡的练习方法，等等）。看见别人反复进入情绪或创伤反馈环路，你很难无动于衷、冷眼旁观。而得知自己无能为力后，只会让你更加心痛。

当人们深陷创伤和混乱（并且不想要获得任何帮助）时，他们似乎陷入了困境。但在很大程度上，他们是在灵魂中最幽深、最黑暗处英勇地执行艰巨的任务。如果你能将神圣空间的概念延伸至此，把黑暗中的他们看作代表着圣所的实体，你就如同仍在战壕中抵抗苦难的灵魂战士，你就能圣化他们的旅程，并转变你对他们的态度。如果你能改变看法，尊重内心混乱的人，钦佩他们的力量、欣赏他们的勇气，你就能改变自身行为举止。你将不再为他们而焦躁或视他们为残缺紊乱的受害者，也不会使他们加倍蒙受屈辱。倘若你能把他们当作圣所去看待，当作灵魂战士去尊重，你将能减轻他们的负担并为他们最终走向治愈做出贡献。为了更好地做到这一点，你可以识别出他们的主导情绪，从而了解他们得到的馈赠及面临的挑战，并发现他们象征着何种圣所。

第一种，愤怒圣所，或者说那些持续抵抗愤怒、狂怒、冷漠、羞耻和仇恨的人，他们承载着诸多馈赠和挑战，包括边界建立能力、荣誉、自我保护能力和社会正义。第二种，悲伤圣所，或者说那些长期应对悲伤和绝望的人，他们则承载着关于释放多余成分、恢复活力和尊敬失去的良机和挑战。第三种，哀恸圣所，他们承载的是深刻的变革性损失和哀悼仪式。第四种，恐惧圣所，或者说那些持续面临恐惧、焦虑、担忧、困惑、惊慌或惊恐循环的人，他们所获得的馈赠及面临的挑战涉及本能、直觉、行动和迈向仪式中幸福的第三阶段。第五种，嫉妒和妒忌圣所，他们承载着深刻的社会学意识、忠诚和安全。第六种，抑郁圣所，他们承载着关于巧妙停滞、恢复本真自我的良机和挑战。第七种，自杀性冲动所构建的圣所，他们承载着神圣馈赠和挑战涉及深刻转变、自由和重生。良机与挑战交织在每次斗争、每种创伤、每种情绪以及每块痛苦区域中。

对于那些心灵混乱的人，如果你能把他们看作寻求灵魂深处救赎的圣所或战士，那么你会对他们的磨难增添一层神圣色彩，而非对他们的处境感到绝望。虽然你是出于好意，但你的关心（及对其终止痛苦的期望）可能对他们造成干扰，因为他们现在刚好在以其必需的方式进行自我缓解。请记住，他们只有全然投入并理解当下的痛苦，才能彻底解脱。在明白这一点后，你对他们的期待才会更加恰当、更加有利。你不会再祈求他们的痛苦（这是丰盈的生命中必不可少的一部分）赶快消失，你会珍视他们的苦难并衷心希望他们变得更加清醒、强大且敏捷，更善于在灵魂深处完成治愈过程。如果他们思想开放、愿意接受新技能，你也可以向他们示范你的共情能力。

你无法了解人们处于痛苦状态的根本原因，你也无法预知他们何时能够清晰而彻底地理解痛苦存在的意义，但你能够相信他们固有的应变能力和治愈能力。为表示信任，你可以默默地向他们鞠躬致谢，感谢他们心无旁骛地扛下痛苦和磨难，感谢他们成为圣所的象征去揭示、理解并解决世界上存在的困苦。

守护自身圣所

你也代表着意识、共情能力和流动的圣所。你应该照看好自己这座圣所，并借助整合所有自我成分的活动来增强自身平衡性和敏捷度。留点时间去进行艺术创作、聆听音乐，去感受和思考，去放松心情和做白日梦，去阅读和学习，去锻炼和跳舞，去感知万事万物、寻求自我慰藉，好好休息、保持合理睡眠，努力工作、体验紧张刺激的生活，还有纵情地嬉笑玩乐。请尊重你的多元智能、身体感觉、精神幻想、情感现实（以及对抱怨的需求）和心灵故园。你是不可替代的圣所，情绪、思想、感觉、幻想、梦想和才华川流不息、汇入世界。你是独特的共情者、骁勇善战的灵魂战士、天地间的稀世珍宝。

感谢你与我一同踏上这段旅程，并全心全意地进行这项工作。感谢你存在于世，使世界对共情能力、情绪和感性之人更加友善。我经常以这句话作为结束语："愿祝福与宁静同在。"但是，鉴于这句话已不足以涵盖你的全部技能，我想以此作结：福祉常伴愤怒、恐惧与满足；福祉永随沉痛的悲伤、纯真的快乐以及嫉妒；福祉流连于激动不已的幸福、深刻的丧恸、适度的羞耻；福祉萦绕于别出心裁的抑郁、珍贵的苦难、前仰后合的开怀大笑。最后，愿祝福和圆满与你同在。

致谢

关于致谢,貌似有一套按部就班的流程,比如最后感谢自己的配偶及家人,真让人忍俊不禁。

倘若没有我丈夫蒂诺·普兰克的支持,我的写作事业不可能象现在这样大放异彩。对我而言,他不只是我的丈夫,还是我的合伙人、编辑、幸存者同伴以及至交。当初,我只是一名食不果腹的单身母亲。蒂诺从我身上看到了天赋和激情,支持并鼓励我把内心的浩繁卷帙用笔墨呈现出来。他带我加入男子俱乐部,让我结识达格拉部落的马列多马和索邦夫、罗伯特·勃莱,并使我有幸拜读詹姆斯·希尔曼以及迈克尔·米德的作品。我们一起阅读,一起写诗;我们一起学习荣格的理论,一起治疗童年创伤;我们还携手共建了我的出版和教学事业,并肩成为灵魂战士,一同辞去新世纪的工作。蒂诺对我的爱陪我熬过灵魂的无情暗夜,带我迎来曙光绚烂的黎明,他给了我坚信爱非情绪的理由。

2003年,我结束在新世纪的工作后,一蹶不振。感谢以下诸位,在我堕落时搭救并珍视我(除蒂诺外):我那热情、可爱却不着调的儿子伊莱·麦克拉伦;我争强好胜的朋友,也是我的歌唱搭档南希·菲汉;我的写作搭档,社会语言学教授托尼·沃特斯;我的另一写作伙伴,社会学家詹贾·拉里奇;《笑树的谱系》创作者，伟大的彭尼·奥斯丁·威尔逊；曾经舍弃宗教的瑜伽修行者米克·古德曼；怀疑论者罗伯特·卡罗尔；怀疑论者特里·桑德贝克和他的妻子莎伦·比林斯；还有我的兄弟姐妹、父母和整个大家庭。

关于这本书的写作，我要感谢真言出版社（Sounds True）的塔米·西蒙。早在1999年，他就知道我不属于新世纪，而我花了很长时间才明白。谢天谢地，塔米是对的，感谢他让我重新开始我的职业生涯。同时，我也要感谢塔米生命中的挚爱朱莉·克莱默，她帮助我清晰地表达了作为一名教师和社会科学家的心声。

黑文·艾弗森接手了这份篇幅庞大的手稿，对其进行了细致、系统的编辑。清晰的新书稿让我以全新的视角审视此书。在真言出版社，佛教研究爱好者文斯·霍恩为这本书制作了配套音频，我们一起度过了一段美好的时光。此外，我还要感谢其他几位热心而幽默的同事，凯莉·诺塔拉斯、詹姆·施瓦尔布、阿伦·阿诺德、马特·利卡塔、安娜·弗里克、玛乔丽·伍德尔、阿莱格拉·休斯顿和雪莉·罗森。

我也很感激每周和我一起在圣平克医院相约唱歌的同伴们，他们全都非常有趣：朱迪、朱迪丝、琳达、伊登、肖恩、南希、玛丽、桑迪、丹妮尔、坎迪斯、娜芙拉，有时还有伊莱。能够结识你们，我欣喜万分。

诚然，我也十分感谢你赏光阅读此书。写作既是建立感情，又是与人对谈。借由此书，你肯花时间去聆听、去反思、去体会自身感受方式，这实为我莫大的荣幸。十分感谢！

注释

[1] 还有一些初步证据表明，自闭症患者的镜像神经元有缺陷，这意味着他们在察言观色上有一定障碍，因此想要做到正常社交需费一番周折。
然而，2007年，我有幸与一群大学生自闭症患者共事。我本以为，我之所以处于孤独症谱系的另一个极端是因为我过度依赖镜像神经元。实际上，我发现自闭症患者和我一样，也觉得人类这种生物非常嘈杂，还有点让人摸不着头脑。我还发现，我喜欢独处时的行为方式——安静、平静，对自己和他人的缺点极其坦诚。这也是我与许多自闭症朋友相处的首选模式。尽管很多人认为自闭症患者对人类行为视若无睹，但我觉得许多自闭症患者对人们的种种行为极其敏感，而且其感知方式也与众不同，致使他们不得不应对混乱不堪的超负荷感官。

[2] 在辞去新时代出版社工作后的那段时间，我写下的生活记事《错过冬至与发现世界》记录了我六年间的转变，在我的网站（karlamclarer.com）上可以看到。

[3] 克里斯托夫等人的论文《功能磁共振成像过程中的经验采样揭示了默认网络和执行系统对精神漫游的贡献》（*Experience Samoling During fMRI Reveals Default Network and Executive System Contributions to Mind Wandering*），发表于《美国国家科学院院刊》（*Proceedings of the National Academy of Sciences*）106期，No.21（2009）:8719 – 8724。

[4] 实际上，斯宾诺莎是这样写的："情绪是令人痛苦的，一旦我们对它有了清晰而准确的认识，它便不再令人痛苦。"但是，情绪并不令人痛苦。所以他只说对了一半。

[5] 虽然在当前的讨论背景下，我将部落仪式吹捧得很积极，但我并非有意忽视以下事实：有些部落会执行男性割礼、女性割礼等仪式。我不是说部落居民在某种程度上胜于现代人。我们都只是人类，我们每一个人都把人类与生俱来的光辉与残暴体现得淋漓尽致。而如何对待这些荣光与劣根，则取决于我们自己。

[6] 《你的一岁》《你的两岁》等。路易丝·贝茨·艾姆斯和弗朗西斯·伊尔格写了一系列关于一至十四岁儿童发育阶段的书。这些书可以帮助童年受创幸存者了解创伤过程中的经历，以便逐渐了解他们现在的创伤行为，并以合理的方式将其治愈。

[7] 如果你担心把看似不愉快的情绪释放到地球内会对其造成不良影响，请记住：我们的星球经历过火山爆发、冰河时代、洪水、飓风、闪电袭击和分裂陆块的地壳运动。你的偏执、恐惧、悲伤、愤怒，甚至是自杀性冲动，都无法与塑造我们星球的原始力量相提并论。你是一个地球人，在我们居住的星球上，你所感受到的一切都是熟悉、适宜且美好的。

[8] 从来没有人质疑过积极暗示的效果，直至心理学家乔安娜·伍德和她的同事们在滑铁卢大学进行相关测验。他们研究发现，积极暗示会弱化低自尊人群的自信心，它只会对已经拥有高自尊的人产生适度的正面影响。（发表于 2009 年 7 月《心理科学》刊物上）。他们还发现，比起一直保持积极想法的人，那些时而积极时而消极的人自我感觉较好。作为一名社会科学家同时又是共情者，看到这样的结果我心满意足地笑了笑。

[9] 参见吉尔·博尔特·泰勒博士的著作《富有远见的脑卒中》（纽约：维京出版社，2007）。她在此书中描述了左脑卒中的刺激使她感到精神合一。

[10] E. A. 霍姆斯等人的论文：《玩电脑游戏"俄罗斯方块"能减少对创伤的回忆吗？一条源自认知科学的建议》，PLoS ONE 4, No.1 (2009)。

[11] 惊慌和惊恐的语言学史很有趣。惊慌的词源取自古希腊众神中潘神的名字。在众多身份中，潘神还曾经是个牧羊人，每当羊不吃草、往山上逃窜时，早期的希腊人就会说这是潘在吓唬这群羊、拿它们取乐，所谓"潘的恐吓"在他们中间流传开来。奇妙的是，正如有些人在感到羞耻时会使用"内疚"一词，当人们心生畏惧时，"惊恐"从我们的词典里消失，被"惊慌"取而代之。惊恐是种情绪状态，但当它来临时，我们更愿意和潘神一起在火元素的国度里遨游！

[12] J. H. 福勒和 N. A. 克里斯塔基斯的论文《大型社会网络中幸福的动态传播：弗雷明翰心脏研究二十年的纵向分析》，发表于《英国医学杂志》337（2008 年 12 月）：12338。

北京市版权局著作合同登记号：图字01-2023-0695

图书在版编目（CIP）数据

情绪的力量 / (美) 卡拉·麦克拉伦著；杨佳慧，
袁念念译. -- 北京：台海出版社，2023.8
书名原文：The Language of Emotions: What Your Feelings Are Trying to Tell You
ISBN 978-7-5168-3539-5

Ⅰ.①情… Ⅱ.①卡… ②杨… ③袁… Ⅲ.①情绪—
自我控制—通俗读物 Ⅳ.①B842.6-49

中国国家版本馆CIP数据核字（2023）第079799号

情绪的力量

著　　者：〔美〕卡拉·麦克拉伦	译　　者：杨佳慧　袁念念
出 版 人：蔡　旭	责任编辑：俞滟荣

出版发行：台海出版社

地　　址：北京市东城区景山东街20号　　邮政编码：100009
电　　话：010-64041652（发行，邮购）
传　　真：010-84045799（总编室）
网　　址：www.taimeng.org.cn/thcbs/default.htm

E - m a i l：thcbs@126.com

经　　销：全国各地新华书店
印　　刷：河北鹏润印刷有限公司
本书如有破损、缺页、装订错误，请与本社联系调换

开　　本：880毫米×1230毫米　　　　1/32
字　　数：320千字　　　　　　　　　印　　张：15
版　　次：2023年8月第1版　　　　　印　　次：2023年8月第1次印刷
书　　号：ISBN 978-7-5168-3539-5

定　　价：58.00元

版权所有　　翻印必究

在喧嚣的世界里，

坚持以匠人心态认认真真打磨每一本书，

坚持为读者提供

有用、有趣、有品位、有价值的阅读。

愿我们在阅读中相知相遇，在阅读中成长蜕变！

好读，只为优质阅读。

情绪的力量

策划出品：好读文化 　　　　　监　　制：姚常伟

责任编辑：俞滟荣 　　　　　　产品经理：程　斌

文字编辑：云　爽 　　　　　　营销编辑：陈可心

装帧设计：仙　境 　　　　　　内文排版：书虫图文